电化学机械复合加工技术

庞桂兵 等 著

科学出版社

北京

内 容 简 介

电化学机械复合加工技术是难加工零件的重要加工手段之一，在航空航天、国防军工、核电能化等领域有着广泛应用。本书从电化学机械复合加工的理论、工艺、特点、应用、发展和装备等方面逐层递进并展开，系统介绍了该技术的基础理论、主要影响因素、表面形貌特性和表面精度特性、工艺实施方式、光整加工技术、精准光整加工技术、工艺加工设备等七个方面的内容。

本书可供机械制造、航空航天、国防军工、核电能化等领域从事特种加工的工程技术人员使用，也可供相关专业的师生参考。

图书在版编目(CIP)数据

电化学机械复合加工技术 / 庞桂兵等著. —北京：科学出版社，2023.6

ISBN 978-7-03-073485-3

Ⅰ. ①电… Ⅱ. ①庞… Ⅲ. ①电化学-化学机械加工-复合加工-技术 Ⅳ. ①TG669

中国版本图书馆 CIP 数据核字（2022）第 192568 号

责任编辑：张　庆　赵晓廷 / 责任校对：彭珍珍
责任印制：吴兆东 / 封面设计：无极书装

科学出版社出版
北京东黄城根北街 16 号
邮政编码：100717
http://www.sciencep.com
北京市金木堂数码科技有限公司印刷
科学出版社发行　各地新华书店经销
*
2023 年 6 月第　一　版　开本：720 × 1000　1/16
2024 年 9 月第三次印刷　印张：14
字数：282 000

定价：142.00 元

（如有印装质量问题，我社负责调换）

作 者 简 介

庞桂兵，教授、博士生导师，从事特种精密加工和智能仪器技术研究，主持和参与国家自然科学基金等纵向项目 17 项、横向项目 20 余项，发表学术论文 90 余篇（被重要检索工具收录 30 余篇），获得授权国家发明专利 22 项、省部级科学技术奖多项；研究成果在中国原子能科学研究院、中国计量科学研究院等多家企事业单位应用，创造了良好的经济效益和社会效益。

樊双蛟，大连工业大学副教授、硕士生导师，从事工业工程和特种精密加工技术研究。

宋金龙，大连理工大学研究员、博士生导师，从事非传统加工工艺与技术研究。

马宁，沈阳航空航天大学副教授、硕士生导师，从事非传统加工技术与装备研究。

作者简介

前　言

天下万物，相生相克。特种加工正是基于矛盾论思想，辩证地利用各类能量场与物质之间的相互影响关系，扬长避短、趋利避害，达到加工目的。电化学加工通过离子溶解去除材料，实现物质形态变化，具有不受材料硬度制约、工具无损耗等优点，是特种加工的一种重要的能量利用方式。但是，每一种加工方法既有优点，又有缺点。通过不同能量场之间的复合实现加工，达到扬长避短、优势互补，成为特种加工领域解决问题的重要思想和手段，相应地出现了多种不同能量场相复合的加工方法。针对电化学加工的不足，研究者研发了和其他能量场相复合的多种加工方式，电化学机械复合加工就是其中比较成功的一种。

20 世纪五六十年代，国际上开始研究电化学机械复合加工技术，苏联、日本和中国在这方面的研究工作较早。目前比较早期的资料是苏联科学家进行的阳极机械法金属加工的研究报道，随后日本学者和中国学者也开展了电化学研磨加工等相关工作。

20 世纪七八十年代，电化学机械复合加工技术逐渐走向实用化，日本和中国在这方面的研究较多。例如，日本日立造船株式会社、大阪工业大学等机构的研究者在不锈钢板、不锈钢管、部分曲面零件的电化学机械复合加工工艺规律、应用方式等方面进行了卓有成效的研究工作，并获得了实际应用。这一时期，中国的大连理工大学作为国内率先开展电化学机械复合加工技术研究的机构，在该工艺的基础理论、工艺规律、应用实施等方面开展了大量的研究工作，取得了丰富成果，先后在轧辊表面、模具型腔表面、不锈钢镜面板表面、化工反应釜表面等零件表面实现了应用。随后，国内其他高校或研究院所也开展了相关工作。

电化学机械复合加工技术的发展过程，也是研究者对其加工机理、工艺规律与应用方式等方面的认识不断完善和系统化的过程。在电化学作用和机械作用对阳极整平过程的影响方面，有学者提出了选择性阳极溶解效应等观点；在电化学作用和机械作用的结合方式方面，有学者提出了中性阴极法和复合阴极法等分类方法；在与机械加工方法复合方面，有学者研究了电化学磨削复合加工、电化学珩磨复合加工、电化学砂带磨抛复合加工、电化学油石超精复合加工、电化学研磨复合加工、电化学磨料复合加工、电化学磁粒复合加工等多种复合方式。这些研究工作为电化学机械复合加工提供了理论支撑和实际应用参考。

作者在大连理工大学攻读博士学位期间，针对圆柱齿轮电化学机械复合加工问题开展了较为系统的研究，提出了浸泡式阴极展成法电化学机械复合加工的原理与实施方式，探索了工艺规律，研制了技术装备，在齿面质量、齿轮精度、齿轮修形等方面取得了良好的加工效果。到大连工业大学工作后，作者继续进行电化学机械复合加工技术研究，针对轴承、齿轮等重要基础件表面质量与精度问题，从能量场调控视角思考电化学机械复合加工的精度和表面质量问题，围绕光整过程中如何使零件形成特定形状和光整过程中如何同时提高零件精密度，开展了场调控电化学机械复合精准光整加工的理论、工艺与装备研究，同时努力推进制造工艺与装备成果的应用，研究成果已服务于核电装备、半导体装备、生物医药装备等领域的关键部件制造，并取得了良好效果。

本书主要由庞桂兵教授撰写，樊双蛟副教授参与了第 3 章的撰写，宋金龙研究员参与了第 6 章的撰写，马宁副教授参与了第 4 章的撰写。在本书成稿过程中，黄昆、王葱葱、朱肖飞、闫兆彬、黄柳等研究生在图形绘制、格式编辑等方面提供了很多帮助。本书内容主要来源于作者庞桂兵的研究工作，部分内容借鉴了其他研究者的成果。

本书的出版和书中部分研究工作得到了国家自然科学基金项目（51675072、51975081）和辽宁省“兴辽英才计划”创新领军人才项目（XLYC1802093）的资助，在此对相关机构的支持表示感谢！

谨以此书向为电化学加工乃至特种加工的研究和推广事业做出贡献的研究者和工程技术人员致敬！

限于作者水平，书中难免有不足之处，请同行专家和广大读者批评指正。

庞桂兵

2022 年 10 月

目　录

第1章　电化学机械复合加工基本理论

1.1　电化学加工原理

电化学加工是基于电化学反应实现加工的工艺技术，它通过调节阴阳极之间的电压，为电极上某种反应物分子提供足够的反应能量，当达到该种物质的电化学分解电位时，发生电化学反应而实现加工。电化学反应过程可以实现多种形式的产品制造，如电解炼铜、电解制备氧气或氢气、电解处理废液等。在机械制造领域中，电化学加工指的是利用电化学反应的阳极过程去除材料而实现零部件加工的技术。

1.1.1　电化学加工的基本原理

1. 电化学加工体系的基本组成

电化学反应体系如图 1.1（a）所示，阳极和阴极置于电解液中，分别接到电源的阳极和阴极。导电回路由三部分组成：连接电源和阴阳极之间的导线、电解液、阴阳极与电解液之间的界面。通过自由电子进行导电的金属导线，称为第一类导体；通过电解质离子进行导电的电解液，称为第二类导体。导电过程中，通过阴阳极界面发生的电化学反应可实现第二类导体和第一类导体之间的相互转换，转换过程中阴阳极表面材料发生还原反应或氧化反应，阳极氧化反应实现电化学加工。电化学加工与机械加工的重要区别之一是阴极与被加工零件不接触，而是阴阳极之间隔着电解液并以其为导体产生电化学反应实现加工。

电化学加工体系如图 1.1（b）所示。其中，连接电源正极进行氧化反应的电极称为阳极，连接电源负极进行还原反应的电极称为阴极。电化学加工使用阳极过程，因此工件接正极，工具接负极。电解液循环系统通过泵、管路、阀等部件实现电解液在加工体系中的输送、循环及开关等控制。电源为电极上的反应物质产生电化学溶解提供能量。电化学加工体系通过夹具对工件和工具进行夹持，来完成电化学加工，并采用导线来连接电源和工件以及工具[1]。

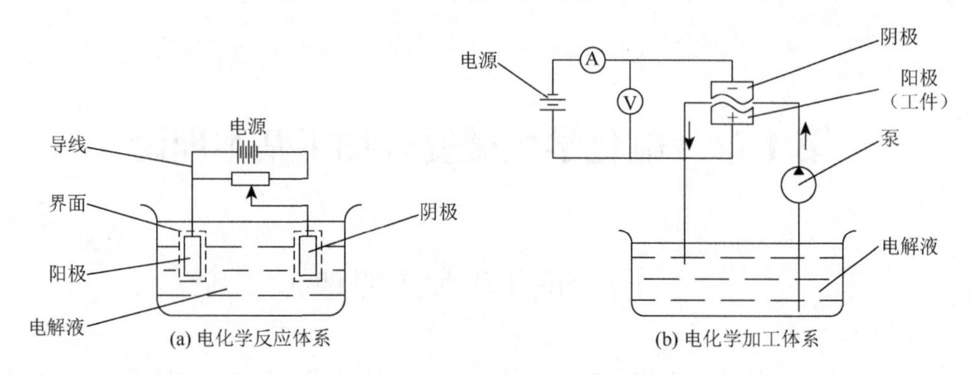

(a) 电化学反应体系　　(b) 电化学加工体系

图1.1　电化学加工基本体系

2. 电化学加工过程

当外电源通过导线把电子送到负极时，负极上多余的电子会通过静电作用吸引电解液中的正离子（正极则吸引负离子）到电极附近，当电压达到某种离子的电化学分解电位时，就会发生电子得失的电化学反应，正离子到负极参与还原反应，负离子到正极参与氧化反应。电解液/电极（正极和负极）界面上发生的电化学反应产生了正负极界面的电子得失，由此实现了第一类导体和第二类导体的连接与过渡。

以铁材料工件的电化学加工为例，在负极发生了得电子的还原反应：

$$2H^{+} + 2e = H_2\uparrow$$

在正极发生了铁原子失电子的氧化反应：

$$Fe - 2e = Fe^{2+}$$

可见，电极和电解液界面的电化学反应就像一座桥梁，实现了导电载流子的切换（电子导电和离子导电的过渡与切换），从而实现了电化学加工。电解液/电极界面上如果产生不了载流子的切换，那么电化学反应系统就处于断路状态，实现不了电化学加工。

电化学加工除了在电极界面上发生电化学反应，极间电解液中也发生着一系列传质过程。在电化学加工的理论研究和生产实践中，通常把电极和电解液界面在电流通过时发生的一系列变化称为电化学电极过程，包括以下方面[2]。

（1）反应粒子向电极表面迁移（包括电迁移、对流、扩散），称为液相传质步骤；

（2）反应粒子在电极表面或附近液层中进行某种转化，如吸附、络合离子配位数的变化，称为前置转化步骤；

（3）反应粒子在电极两相界面得失电子，称为电化学反应步骤；

（4）反应产物在电极表面脱附或附近液层中复合、分解、歧化或发生其他化学变化，称为随后转化步骤；

（5）反应产物从电极表面向溶液深处扩散，或进一步生成新相，如气体从电极表面析出，固相从溶液中沉积到槽底。

1.1.2　电化学加工的相关概念

1. 平衡电位和稳定电位

平衡电位是指金属在其自身盐溶液中形成的电极电位，例如，铁在氯化亚铁溶液中，电极上发生的正逆反应为

$$Fe \rightleftharpoons 2e + Fe^{2+}$$

一定反应时间后，正逆反应速度会达到动态平衡。从宏观上看，Fe 和 Fe^{2+}的量不再改变，电解液/电极界面的电位差也不再改变，形成了电极反应电量和物量上稳定的双电层，此时的电位就是平衡电位。

如果金属不在其自身盐溶液中，而是在其他溶液中，例如，铁在盐酸溶液中，其正逆反应为

$$Fe - 2e \longrightarrow Fe^{2+}$$

$$2H^{+} + 2e \longrightarrow H_2\uparrow$$

经过一段时间，电极也对应一个不变的电位差，电量上达到动态平衡，但是物量上是不平衡的，因为该反应的逆反应不是亚铁离子的还原，而是氢离子得到电子变成氢气从溶液中析出，铁则不断溶解。为与前述的平衡电位（电量和物量均达到动态平衡）相区别，称此电位为稳定电位（电量达到动态平衡，而物量未平衡）。电化学加工的工件材料可能是铁质材料，也可能是其他某种金属材料，使用的电解液可能是非自身盐溶液的其他某种电解液，如 NaCl 或 $NaNO_3$ 等，电化学加工的电极是 Fe/NaCl 或 Fe/$NaNO_3$ 等，其电极电位为稳定电位。

2. 电极的极化与钝化

实际电化学加工中，电极上的反应与平衡状态相差很大，这主要是由电极的极化所导致的。

上述平衡电位是在没有加外电源的情况下，金属在某种溶液中由于电极体系本身能量向最低状态转变的趋势而造成电极自发的得失电子行为，从而产生的正逆反应达到平衡状态时所形成的电位差。当没有外加电流通过时，电极体系在平衡电位下处于热力学平衡状态。当有外加电流通过时，电极的平衡状态被打破，电极电位偏离平衡电位，产生过电位。电流通过电极而导致电极电位偏离平衡值的现象称为电极的极化。由电极反应本身的迟缓性造成的电极电位的偏移称为电化学极化，由扩散阻力造成的电位偏离平衡状态的现象称为浓差极化。

描述电流密度与电极电势之间关系的曲线称为极化曲线。对应阳极或阴极的极化曲线分别称为阳极极化曲线或阴极极化曲线。极化曲线以电极电位为横坐标，以电极上通过的电流密度为纵坐标，极化曲线可通过实验方法测得。

按电化学反应原理，阳极的溶解速度随电位增加应当逐渐增大，但实际上当电极电位达到某一值时，阳极溶解速度达到最大值，此后随电极电位增加反而大幅度降低，这种现象称为钝化。如图 1.2 所示，从 *A* 点开始，随着电极电位增加，电流密度增加，电极电位超过 *B* 点后，电流密度随电极电位增加迅速减至最小，这是因为在阳极表面产生了一层高电阻、耐腐蚀的阳极氧化膜。*B* 点对应的电极电位称为临界钝化电位，对应的电流称为临界钝化电流。电极电位到达 *C* 点以后，随着电极电位继续增加，电流密度保持在一个基本不变的数值上，该电流密度称为维持钝化电流密度，直到电极电位达到 *D* 点后，电流密度才再次随着电极电位的上升而增大，表示阳极又发生了氧化反应，*DE* 段称为过钝化区[3]。一般地，金属在电化学阳极溶解过程中的极化曲线可分为四个区：活性溶解区、过渡钝化区、稳定钝化区和过钝化区。

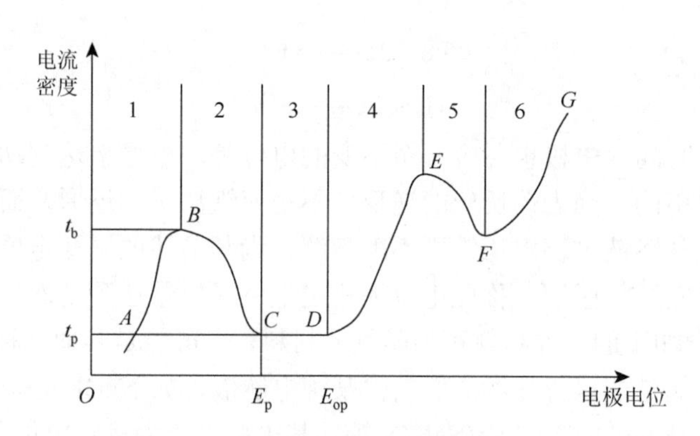

图 1.2　典型的阳极极化曲线

t_p-维持钝化电流时的电流密度；t_b-达到临界钝化电位时的电流密度；E_p-维持钝化电流时的电位；E_{op}-进入过钝化区时的电位

采用非线性电解液的电化学加工，就是利用其加工中的钝化作用使非加工面或已加工面得到保护，在过钝化区实现加工，从而改善加工的精度和表面粗糙度。对电化学加工而言，研究钝化现象主要是研究如何利用其优点和避免其缺点。

3. 电化学加工的电场及流场

电解液是连通电化学加工阴极和阳极的介质，电解液的流动状态与其电荷分布状态之间相互影响，又共同影响电化学溶解的速度场，从而直接影响电化学加工的效率、精度和表面粗糙度。

按照电场存在的形式，可分为静电场、导电介质中的电场和有电流通过的导电介质中的电场，其中静电场是研究一般电场问题的基础，而电化学加工中的间隙电场则属于导电介质中的电场类型。如果要维持导电介质中有恒定电流流动，则导电介质需与外加电源相连，即电化学加工的电场属于有源电场。

在阴极、阳极、电解液构成的电极体系中，极间电场在时间和空间上的分布受到多方面因素的影响，如阳极材料、阳极表面状态、阴极形状、电解液特性、电解液流场特性等，它们之间相互关联、相互影响。研究电化学加工电场就是通过控制工艺参数进而控制电场分布，达到特定的加工目的。

加工间隙中的流场可分为稳定区流场和进出口流场，稳定区流场又包括主流场与辅助流场。主流场是指加工区电解液的主要供、排液方式，即控制电解液总的流向，它对加工区的压力、流速、流量、流程、温度和电解产物等具有主导性的影响。而辅助流场是为了保证主流场稳定均匀而进行的一些辅助性的流场设计。研究电化学加工的流场就是要通过合理地设计主流场与辅助流场，达到特定的加工目的。

4. 电化学加工的材料去除规律

电化学加工的去除量服从法拉第定律，即电极界面上发生的电化学反应的物质的量与所通过的电量成正比。

法拉第定律描述了在电极界面上发生反应的元素的质量与通过的电量之间的关系，即

$$W = kQ = kIt \tag{1.1}$$

式中，W为发生反应元素的质量，g；Q为通过电极界面的电量，A·s或A·min或A·h；I为电流，A；t为电流流过的时间，s或min；k为电化学当量，g/(A·s)或g/(A·min)。

法拉第定律是自然科学中最严格的定律，但在实际生产中，电化学加工的金属去除量有时不符合式（1.1），原因是有其他因素的影响，如电极上发生了副反应或电极材料产生了机械剥落等。副反应会消耗一部分电量，使实际的金属去除量小于按式（1.1）计算的值；材料的机械剥落则会使实际金属去除量大于按式（1.1）计算的值。另外，还有可能是阳极金属含多种成分等原因导致其以几个不同的化合价溶解，理论计算时采用的化合价不等于实际溶解的化合价，也会产生实际值与计算值的偏差。为此，引入电流效率η的概念：

$$\eta = \frac{\text{实际反应的物质的量}}{\text{理论计算的物质的量}} \tag{1.2}$$

5. 电化学加工的表面整平机理

电化学光整加工能实现阳极整平实质上是阳极粗糙表面上微观凸点和微观凹

点处溶解速度不一致的结果，目前关于造成这种不一致的原因大致有两种解释：一种是尖峰效应观点；另一种是成膜效应观点。

尖峰效应观点认为，在电化学加工过程中，尖峰处的电场分布更为集中，因此溶解速度比凹谷处的溶解速度快。如图 1.3 所示，在阴阳两极间充当导电介质的是电解液和阳极膜，显然图 1.3 中 *A*、*B*、*C*、*D* 这几处阴阳极间电阻较小，所承受的电力线密度较大，极间电流主要用于溶解该处的金属，随着电化学反应的进行，微观表面不平度逐渐降低，阳极表面实现整平。而成膜效应观点认为，在电化学加工过程中，阳极表面生成一层超饱和析出的金属盐膜，这层膜具有比电解液大得多的电阻率，沉积于被加工金属的表面，凹谷处的阳极膜较尖峰处厚，尖峰处较凹谷处总是先溶解，导致了尖峰和凹谷处的溶解速度差。

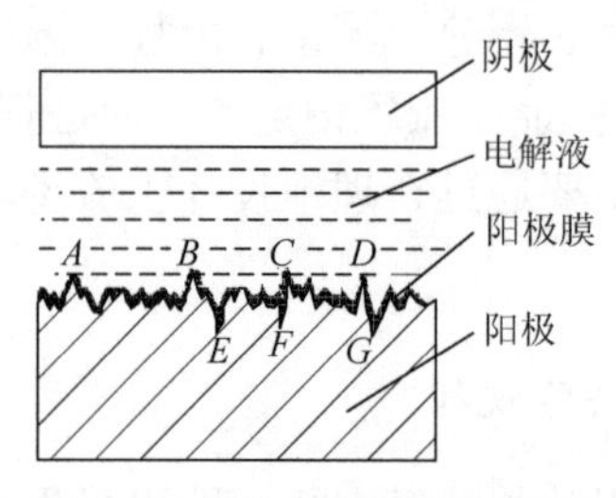

图 1.3　电化学光整加工原理

尖峰效应和成膜效应均能从已有的实验结果中得到支持，利用电化学加工进行倒角、倒棱或去毛刺证明了整平过程中的尖峰效应，而电化学加工过程中的极化现象，以及在一定加工时间内工作电流随时间不断降低的特性则证明成膜效应也确实存在。有观点认为，在加工中这两种效应同时存在。

1.1.3　电化学加工的特点

电化学加工具有如下优点。

（1）加工范围广。电化学加工几乎可以加工所有的导电材料，并且不受材料的强度、硬度、韧性等力学、物理性能的限制，加工后材料的金相组织基本上不发生变化。电化学加工常用于加工硬质合金、难熔金属、高温合金、淬火钢、不锈钢等难加工材料。

（2）生产率高，且加工生产率不直接受加工精度和表面粗糙度的限制。电化学加工能以简单的直线进给运动一次加工出复杂的型腔、型面和型孔，而且加工速度可以和电流密度成比例地增大。

（3）加工质量好。可获得一定的加工精度和较低的表面粗糙度，不产生飞边、毛刺等缺陷。

（4）可用于加工薄壁和易变形零件。电化学加工过程中，工具和工件不接触，所以不存在机械切削力，不产生残余应力和变形。

（5）工具阴极无损耗。电化学加工过程中，工具阴极上仅仅析出气体，而不发生溶解反应，所以不产生工具损耗。

电化学加工也具有一定的局限性，主要表现在以下方面。

（1）加工精度和加工稳定性受到多个因素影响，主要取决于阴极精度、极间间隙、流场和电场的稳定性等。上述影响因素及影响规律比较复杂，如加工间隙的实时检测和控制就比较困难。

（2）阴极和夹具的设计、制造通常比较困难，单件小批量生产的成本较高。同时，电化学加工所需的附属设备较多，占地面积较大，且对机床有防腐蚀性能等特殊要求，造价相对较高。

1.2　电化学机械复合加工原理

在电化学加工过程中，引入机械作用，通过电化学作用和机械作用的交替实现零件表层材料的去除就形成了电化学机械复合加工。由于电化学作用和机械作用在加工过程中交替进行，所以在一次交替作用过程中的电化学作用阶段，1.1节所讨论的电化学加工原理是成立的，但是从整个加工过程角度看，电化学作用和机械作用的交替所产生的相互影响，使得电化学机械复合加工产生了新的加工机理和规律。

1.2.1　电化学机械复合加工的基本原理

图 1.4 为电化学加工和电化学机械复合加工的基本原理，两者都是阴极、工件接电源负极、正极，阴极和工件之间通以电解液，电化学机械复合加工增加了机械刮膜单元，加工过程中机械刮膜单元及阴极与工件间具有相对运动，机械刮膜单元对电化学作用后的表面产生机械作用，电化学作用和机械作用的交替使工件表层材料得到去除。在电化学和机械刮膜的交替作用下，工件表面材料很快被去除，并达到一定的表面粗糙度[4]。

单纯电化学加工时，在外加电场作用下，随着加工的进行，阳极表面反应过程会达到一个动态平衡的状态。但是在电化学机械复合加工过程中，由于机械作用和电化学作用的交替，阳极表面呈现波动状态，这一点是电化学机械复合加工与电化学加工的本质区别，也是电化学机械复合加工具有独特加工特性的原因。

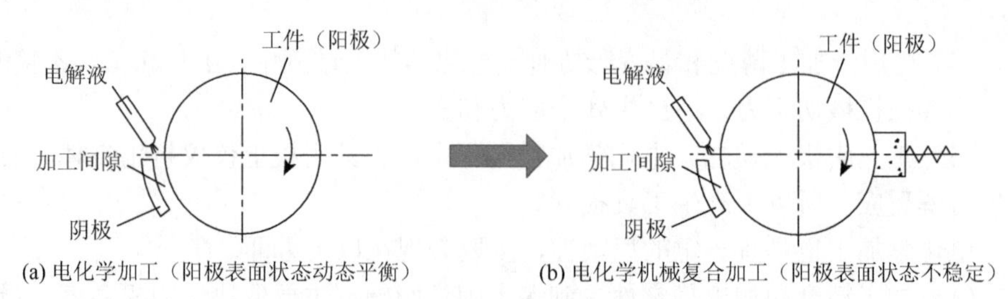

图 1.4 电化学加工与电化学机械复合加工的基本原理

1.2.2 电化学机械复合加工的材料去除机理

电化学机械复合加工中的机械刮膜作用如图 1.5 所示。在一定的电化学参数条件下，当阴极扫过阳极表面时，阳极表面会产生阳极膜，随后刮膜工具对阳极表面产生机械作用，阳极表面高点区域的阳极膜被刮除，该区域新鲜的金属基体暴露在电解液中，当下一轮电化学作用进行时，由于该区域阳极膜被破坏，电阻比其他区域小，该区域的电流密度比其他区域大，去除速度也快。较之单纯的电化学加工，电化学机械复合加工过程中的电化学作用在很大程度上发生在活化后的阳极表面，有利于提高电流效率，这就加速了阳极表面金属的溶解，从而使得单位时间内能去除更多的金属。

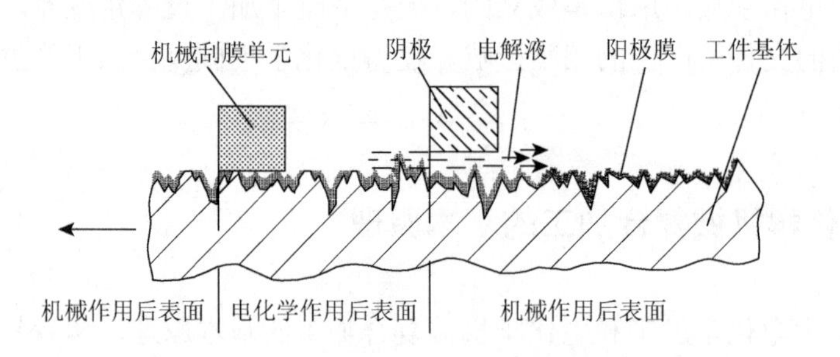

图 1.5 电化学机械复合加工中的机械刮膜作用

1.2.3 电化学机械复合加工的阳极整平机理

1. 选择性阳极溶解

图 1.6 是将图 1.5 所示的表面局部形貌放大后的轮廓和机械磨具磨粒的示意图。阳极表面高点区域的阳极膜被刮除，该点部位的新鲜金属基体暴露在电解液中，该部位比其他部位优先溶解，加速了高低点部位的去除速度差，使得阳极表面快速整平[5]。

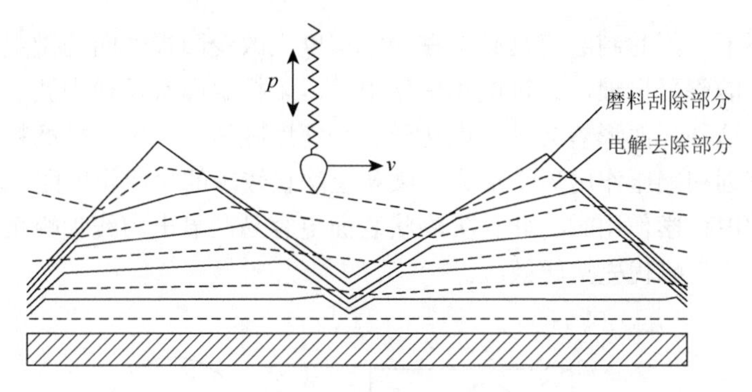

图 1.6　电化学机械复合加工的选择性阳极溶解

p-刮膜工具压力；v-刮膜工具移动速度

2. 侧向溶解效应和电场尖峰集中效应

侧向溶解效应是本书作者对电化学机械复合加工阳极整平提出的一种新的解释。图 1.7 为具有不同轮廓波长（用轮廓夹角表示），而有相同原始轮廓高度 L_0 的两个阳极微观轮廓溶解过程。$Z_{f\alpha}$为图 1.7（a）中经过 t 时间加工后，尖峰部位沿轮廓法线方向溶解深度在高度方向的下降量；$Z_{f\beta}$为图 1.7（b）中经过 t 时间加工后，尖峰部位沿轮廓法线方向溶解深度在高度方向的下降量；$V_{f\alpha}$为图 1.7（a）中经过 t 时间加工后，尖峰处沿法线方向的去除量；$V_{f\beta}$为图 1.7（b）中经过 t 时间加工后，尖峰处沿法线方向的去除量。可见，轮廓表面法向溶解深度相同时，图 1.7（a）所示轮廓在高度方向的溶解量要大于图 1.7（b），即在图 1.7 中，当$\beta>\alpha$时，在 $V_{f\beta}=V_{f\alpha}$条件下，$Z_{f\alpha}>Z_{f\beta}$。因此，如果将长波长的轮廓破坏为短波长的尖峰状轮廓，电化学作用导致的整平效果更显著。

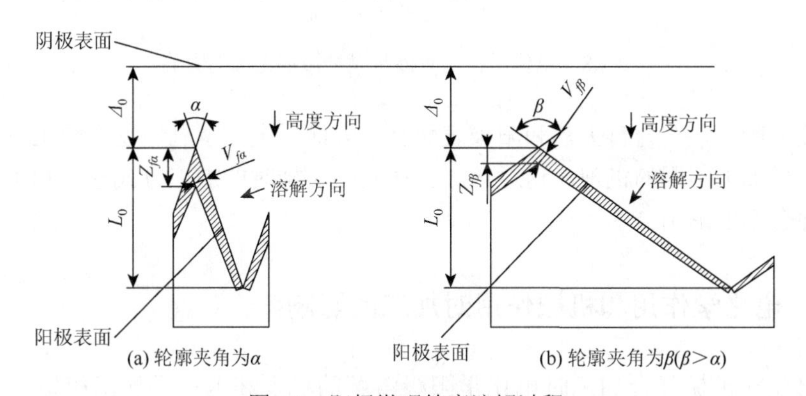

图 1.7　阳极微观轮廓溶解过程

图 1.8 所示的工件表面轮廓基本能反映真实的工件表面轮廓，而刮膜工具表面则是理想化后的表面。事实上，不管采用何种粒度的磨料，刮膜工具微观表面

总是凸凹不平，因此刮磨工具必然在一定程度上改变阳极表面的微观形貌。根据电化学加工的整平机理，经过电化学作用后，阳极表面有呈现为波长较长的轮廓波的趋势，这种表面形貌会导致电化学整平速度减缓。经过机械磨粒对试件表面的犁沟、刻划和碾压作用后，形成了微观上波长较短的尖峰状表面，如图 1.8 所示，当再次电化学作用时，此种尖峰状表面更容易凸显电力线尖峰集中和轮廓侧向溶解导致的尖峰优先溶解效应。

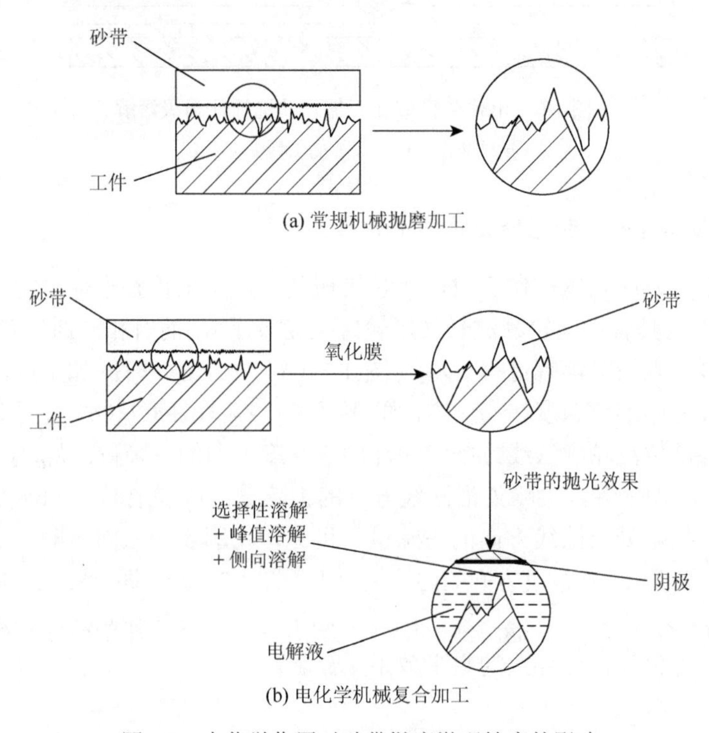

图 1.8　电化学作用对砂带抛磨微观轮廓的影响

综上所述，在材料去除和阳极表面整平方面，电化学机械复合加工呈现出了与电化学加工不同的机理，这对该工艺在具体实施时的加工方式选择和工艺参数控制都会产生影响。

1.2.4　电化学作用和机械作用对加工的影响

电化学机械复合加工时电化学阳极溶解的机理和电化学加工相似。不同之处是电化学加工时，阳极表面形成的阳极膜是靠活性离子（如氯离子）进行活化或靠提高电极电位去破坏阳极膜而使阳极表面的金属不断溶解和去除，加工电流很大，溶解速度也很快，电化学反应产物靠高速流动的电解液的冲刷作用排出。而电化学机械复合加工时，阳极表面形成的阳极膜是靠磨具的刮削作用去除的。因此，电化学加工时必须采用压力较高、流量较大的电解液泵，而电化学机械复合加工一般可采用小型泵。另外，电化学机械复合加工的阳极膜主要靠磨具磨料来刮除，电解液中含有活化能力过强的活性离子如 Cl^- 等会对加工有不利影响，所以多采用腐蚀能力较弱的钝性电解液，如以 $NaNO_3$、$NaNO_2$ 等为主要成分的电解液。

电化学机械复合加工作为光整加工工艺时，其目标是以尽可能高的生产效率获得尽可能低的表面粗糙度，而电化学作用和机械作用的复合与合理匹配是实现这一目标的手段，因此可以用图1.9来表示目标和手段之间的关系。

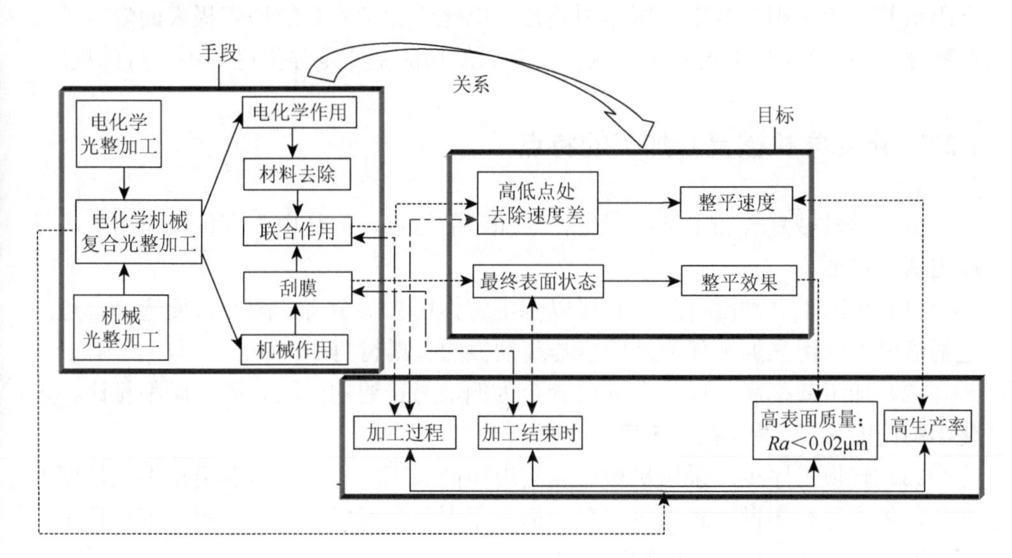

图1.9　电化学作用和机械作用对电化学机械复合加工的影响

根据以上分析，阳极表面呈现波动状态是电化学机械复合加工的核心特征，而这是由机械作用介入电化学加工过程所导致的，因此机械作用对阳极整平过程的影响是电化学机械复合加工与电化学加工在阳极反应机理及行为方面产生不同的主要原因。

阳极表面光整目标可分为阳极整平速度和阳极整平效果两方面，前者反映加工效率，后者反映加工质量。阳极整平速度取决于阳极表面微观高点和低点处的去除速度差，而阳极整平效果则取决于加工终了时的阳极表面状态。

对于阳极整平速度，对电化学机械复合加工的研究获得的大量结果证实该工艺具有非常高的整平效率。例如，对于6310轴承环滚道，将其表面粗糙度 Ra 值从大于0.6μm降至小于0.03μm，仅需要大约25s，如此之高的生产效率是单纯机械光整加工或是单纯电化学光整加工难以达到的。此外，阳极整平速度反映加工过程的快慢，其应当由加工过程中的工艺因素决定，而在加工过程中电化学作用和机械作用同时存在，因此可知阳极表面高低点处的去除速度差受电化学和机械两方面联合作用的控制，即机械作用的介入影响了电化学加工整平的效率。

对于阳极整平效果，电化学机械复合加工可以在短时间内将表面粗糙度 *Ra* 值从大于 1.6μm 一步降至小于 0.02μm，单纯电化学作用难以达到这种效果，而电化学机械复合加工则可以；另外，电化学机械复合加工的最终表面停留在机械作用阶段，因此阳极整平效果应当是由机械作用决定的。但需要指出的是，加工终了时的表面粗糙度值已经很低，机械作用导致的材料去除量很少。

由上述分析可知，阳极整平速度受机械作用和电化学作用两方面作用的控制，而阳极整平效果则主要由机械作用决定。电化学加工本身能使阳极表面峰谷处的溶解速度不一致，加工过程中机械作用介入的功能主要是强化这种不一致的程度。

1.2.5 电化学机械复合加工的特点

电化学机械复合加工继承了电化学加工的特点，但是由于有机械作用，也呈现出新的特征。

（1）可加工高硬度材料。它可以靠电解作用去除金属，因此只要选择合适的电解液就可以用来加工任何高硬度与高韧性的金属材料。

（2）加工效率高。以加工硬质合金为例，与普通的金刚石砂轮磨削相比，电化学磨削的加工效率高 3～5 倍。

（3）转换工序少。采用机械抛光实现镜面加工时，通常需要更换不同粒度的磨具，依次进行粗抛、精抛等工序；而采用电化学磨料光整加工时，可直接采用细粒度磨料，在一道工序中加工至镜面。

（4）加工精度与表面质量好。磨具主要用于刮除阳极膜，所以机械切削力和切削热都很小，不会产生磨削毛刺、塑性变形层、残余应力、微观裂纹等表面缺陷。

（5）磨具损耗量小。磨具的主要作用是刮除零件表面的阳极膜，较之金属基体，阳极膜的硬度低，因此磨具损耗量小。

（6）表面形貌优良。电化学机械复合光整加工是在电化学和磨具的共同作用下形成的表面微观几何形貌，表面微观几何形貌呈“高原型”，该类表面在耐磨性、耐腐蚀性及抗黏着性能等方面比机械加工的微观“尖峰状”表面更为优越。

类似于电化学加工，电化学机械复合加工也具有一些不利因素，如需要对机床、夹具等采取防腐防锈措施，需要增加通风、排气装置，需要增加电化学电源、电解液过滤/循环装置等附属设备。

第2章　电化学机械复合加工的主要影响因素

电化学机械复合加工作为光整加工工艺，主要影响因素见表2.1，包括电化学作用因素、机械作用因素、联合作用因素、工件材料因素和其他因素等。合理地选择和配置这些因素是电化学机械复合加工获得良好加工效果的基础。本章从电化学作用和机械作用两方面讨论电化学机械复合加工的主要影响因素对加工过程及加工效果的影响。电解液是电化学加工的基础，可单独作为一项影响因素进行讨论。因此，本章从电解液因素、影响阳极整平效果的因素、影响阳极整平速度的因素，以及影响材料去除量的因素等展开讨论。

表2.1　影响电化学机械复合加工质量的因素

工艺因素			工件材料因素	其他因素
电化学作用因素	机械作用因素	联合作用因素		
电解液成分与浓度、电解液流量及压力、电解液温度、电流密度、极间间隙、电化学作用时间	磨料种类与粒度、工作液磨料含量（采用流动磨料加工）、工具头转速、工具头压强、工具头进给速度、机械作用时间	电化学和机械作用交替频率、加工时间	工件材料成分与组织、工件表面原始状态（缺陷、夹杂物、油污等）、材料处理状态	环境清洁程度、加工区域流场均匀程度、磨料粒度均匀程度、工艺系统振动状况

2.1　电解液因素

2.1.1　电解液种类

根据电化学机械复合光整加工机理，电解液的主盐应在非线性电解液中选择，常见的非线性电解液主盐有硝酸钠（$NaNO_3$）、亚硝酸钠（$NaNO_2$）和氯酸钠（$NaClO_3$）三种。表2.2列出了这三种电解液的主要性能及相关参数。表2.3示出了几种常见电解液的导电性能。根据表中所列性能，经过对比发现硝酸钠水溶液各项性能参数指标比较适宜。

表2.2　三种常见非线性电解液的基本性能对比

电解质	电流效率	腐蚀性	消耗	排放	费用	安全性	综合评估
$NaNO_3$	中	中	低	NH_3	低	氧化剂、干燥易燃	成本较低；干燥有着火危险；电导率对温度敏感；工作电压高；有添加剂可改善非线性，常用作标准电解液

续表

电解质	电流效率	腐蚀性	消耗	排放	费用	安全性	综合评估
$NaNO_2$	低	低	中	NH_3	中	氧化剂、易燃、有毒	成本较高；有毒；阳极膜坚实，难去除；电流效率极低，常用作缓蚀剂
$NaClO_3$	高	高	高	Cl_2	高	强氧化剂、易燃、有毒	成本最高；有毒；干燥极易燃烧、危险；低浓度时电流效率低，高浓度时消耗大，杂散腐蚀明显；工作电压高

注：高、中、低的评价是针对表中三种电解质相对比较而言的，不涉及其他电解质。

表 2.3　几种常见电解液的电导率 κ（18℃）　[单位：$\times 10^4(\Omega\cdot cm)^{-1}$]

电解质	浓度			
	50g/mL	100g/mL	150g/mL	200g/mL
NaCl	672	1211	1642	1957
KCl	690	1359	2020	2677
$NaNO_3$	436	782	—	1303
KNO_3	454	839	1186	1505

2.1.2　电解液浓度

电解液浓度与电导率密切相关，进而影响加工效率和加工质量。一般情况下，$NaNO_3$为非线性电解液。但是，当浓度很高时，电解液也呈线性特征，虽然可以得到高的加工效率，但加工表面容易产生点蚀和杂散腐蚀，不易获得良好的加工精度和表面质量，而当浓度过低时，加工效率又很低。因此，选择电解液浓度时需要在加工质量和加工效率之间进行平衡。

利用失重法测得的不锈钢在不同浓度下电解液的去除效率如图 2.1 所示，去除效率随电解液浓度的增加而提高，电解液浓度在 15%～25%时去除效率平缓，去除量较为稳定。对轴承钢在电解液不同浓度条件下进行电化学机械复合光整加工实验，得到的电解液浓度与加工表面质量的关系如图 2.2 所示。由图 2.2 可知，随着电解液浓度的增加，加工表面质量逐渐恶化。综合考虑，为满足去除效率和加工表面质量的要求，电解液的浓度范围在 15%～25%较为合适[6, 7]。

2.1.3　电解液温度

电解液温度对电化学机械复合加工中电化学的作用效果具有三方面的影响：

①影响电解质离子的活化程度进而影响导电效率；②影响阳极膜的机械特性进而影响加工过程；③影响电化学和机械作用的工艺条件。

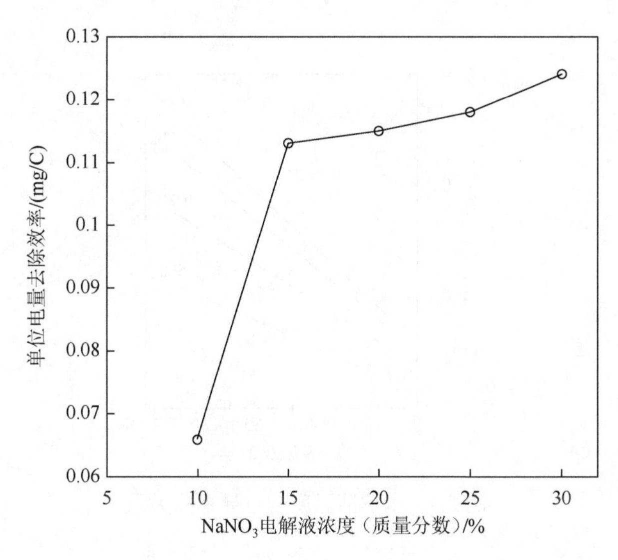

图 2.1　不同浓度 $NaNO_3$ 溶液的去除效率[7]

加工条件：不锈钢片，加工间隙为 0.5mm，极间电压为 20V，加工时间为 3min

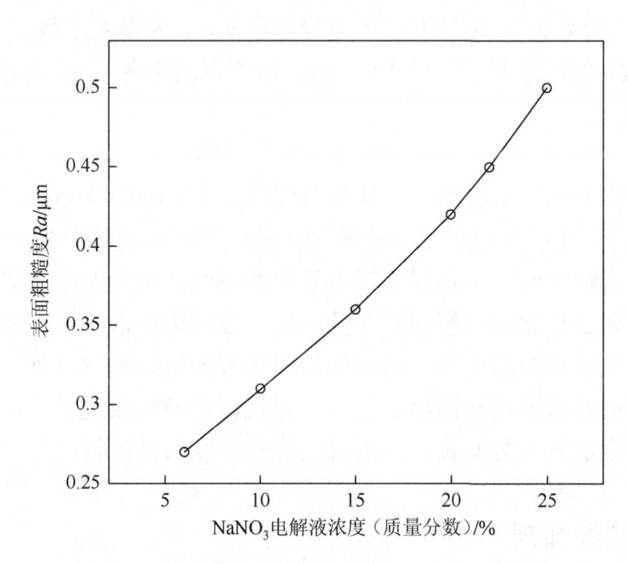

图 2.2　不同浓度 $NaNO_3$ 溶液的加工表面质量[7]

加工条件：GCr15，工件转速为 120r/min，加工间隙为 0.6mm，极间电压为 20V，加工时间为 1min

电解液温度升高会提高电解质离子的活化程度，导致外电场作用下导电离子的运动速度加快，从而提高电解液的电导率。图 2.3 给出了 $NaNO_3$ 溶液中电解液温度与电导率之间的关系曲线。由图可见，电导率随温度的升高而升高，两者大体上呈线性关系。

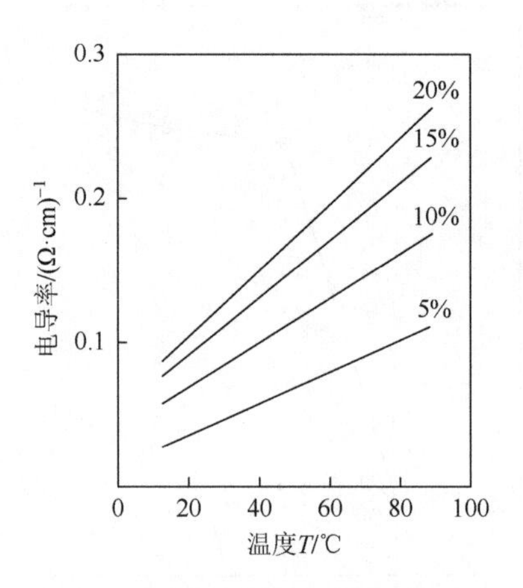

图 2.3　电解液温度与电导率的关系

在电解液稀溶液中，电导率随温度的变化关系为

$$\kappa_T = \kappa_{18}[1+\gamma(T-18)+\varepsilon(T-18)^2] \tag{2.1}$$

式中，κ_T、κ_{18} 分别为 T 及 18℃时的电导率；γ、ε 为温度系数。

一般地，温度不高时，式（2.1）中的二次项可以忽略，故电导率与温度之间几乎为线性关系：

$$\kappa_T = \kappa_{18}[1+\gamma(T-18)] \tag{2.2}$$

式中，几种常用中性盐电解液电导率的温度系数 $\gamma \approx 0.02(\Omega\cdot\mathrm{cm}\cdot℃)^{-1}$。

通常情况下，电化学机械复合光整加工的电解液为质量分数为 20%的 $NaNO_3$ 溶液，属于稀溶液范围，根据温度对电导率的影响，可知温度会影响加工效果。电解液温度过高还会加剧电解液水分的蒸发，导致电解液浓度在短时间内发生变化，同时会对工艺系统的变形、磨具的耐用性等产生影响。另外，电解液温度过高时，阳极膜很容易固化在阳极表面，导致机械刮膜效果变差。因此，从加工效果及工艺过程稳定性的角度看，应当对电解液温度加以控制。

2.1.4　电解液添加剂

电化学机械复合加工过程中，为了弥补主盐性能的不足，从提高加工效率、稳定加工过程，以及降低生产成本角度考虑，可以根据主盐的特点，添加一些添加剂[8]。添加剂的选择应从以下三方面考虑。

1. 增强电流效率

为提高 $NaNO_3$ 电解液的电流效率，可以添加提高电解液电导率的添加剂，如一些含氧酸盐、$KBrO_3$ 和 $NaClO_3$ 等，含氧酸盐在一定电位时会发生析氧反应：

$$2H_2O \longrightarrow O_2 + 4H^+ + 4e$$

此时在电极周围累积过量的 H^+，使电解液的 pH 减小，阳极膜及金属基体原子的溶解量加大，电流效率得到提高。

表 2.4 列出了一些添加剂对电解液电导率及电流效率的影响，可根据具体情况选择使用。

表 2.4　添加剂对电解液电导率及电流效率的影响

添加剂	添加量/(g/L)	电流效率/(mg/C)			电导率/$(\Omega\cdot cm)^{-1}$
		$25A/cm^2$	$7.5A/cm^2$	$2.5A/cm^2$	
—	—	0.104	0.011	0.004	0.126
$(NH_4)_2SO_4$	30	0.181	0.064	0.046	0.143
	100	0.197	0.084	0.048	0.180
$NaBrO_3$	30	0.178	0.027	0.004	0.127
	100	0.200	0.036	0.008	0.135
$KBrO_3$	30	0.170	0.028	0.006	0.131
	100	0.200	0.053	0.006	0.146
Na_2SO_4	30	0.163	0.053	0.030	0.133
	100	0.179	0.073	0.036	0.142
$NaClO_3$	30	0.160	0.042	0.008	0.133
	100	0.272	0.182	0.030	0.148
NH_4NO_3	30	0.150	0.013	0.008	0.145
	100	0.176	0.025	0.022	0.192
$(NH_4)_2S_2O_8$	1	0.140	0.037	0.041	0.126

2. 提高工艺稳定性

电化学机械复合加工金属时，阳极膜比较牢固、难以去除，可以考虑添加一些有机酸或其他盐类，如乙二胺四乙酸、柠檬酸或葡萄糖酸钠等，以软化阳极膜，使之方便去除，同时絮凝氧化物避免在阴极表面沉积，实现稳定加工。

3. 增强防腐性

加工碳钢材料时，电解液不可避免地会有腐蚀性，可加入适量的防腐剂。目前减缓腐蚀的主要方法是在电解液中加入缓蚀剂。由于电解液是水溶液，所以应当采用水溶性的缓蚀剂。

缓蚀剂通过三种方式起缓蚀作用：①有机类缓蚀剂在金属表面形成连续的吸附层，实现隔离缓蚀，特点是稳定性差；②无机盐类缓蚀剂在金属表面形成难溶的氧化膜或盐膜，实现隔离缓蚀，特点是成膜致密且附着力强，防腐性能优良；③缓蚀剂使阴离子移向阳极导致阳极金属钝化，抑制阳极极化过程实现缓蚀。

电化学加工本身利用的就是电化学腐蚀，而使用缓蚀剂的目的是减缓阳极的腐蚀，又势必影响电化学加工效率。因此，选择缓蚀剂应从防锈能力和加工效率两方面综合考虑。

常用的无机盐类缓蚀剂及其性质特点和适用范围如表 2.5 所示。在这几类缓蚀剂中，$NaNO_2$ 具有成本低、缓蚀性能好、易于获得、性质稳定和保存方便等优点，其作为金属缓蚀剂在机械加工行业得到了广泛应用。但是，$NaNO_2$ 分解生成的亚硝胺有很强的致癌性，因此从绿色制造角度考虑，$NaNO_2$ 作为缓蚀剂并不十分理想。

表 2.5　水溶性缓蚀剂的性质特点及适用范围

缓蚀剂	性质特点	适用范围
无水碳酸钠（Na_2CO_3）	白色粉末，溶于水，呈碱性	与亚硝酸盐复配，适用于黑色金属防锈
亚硝酸钠（$NaNO_2$）	白色结晶，吸潮后变淡黄色，易溶于水	适用于钢铁制件及设备防锈， 不能用于铜等有色金属防锈
磷酸钠（Na_2PO_4）	白色结晶，易溶于水，呈碱性	适用于钢铁、铝、镁及其合金防锈
磷酸氢二钠（Na_2HPO_4）	白色结晶，易溶于水，呈碱性	适用于钢铁、铝、镁及其合金防锈
硅酸钠（$nNa_2O\cdot mSiO_2$）	无色透明黏稠的半流体，呈弱碱性	适用于钢铁、铝、镁及其合金防锈
三乙醇胺[$(CH_2CH_2OH)_3N$]	无色或淡黄色黏稠液体	适用于黑色金属防锈
六次甲基四胺（CH_6N_4）	白色结晶	适用于黑色金属防锈
碳酸铵[$(NH_4)_2CO_3$]	白色结晶，易溶于水，有良好的挥发性	适用于黑色金属防锈

以轴承钢为实验对象，在同样条件下，在质量分数为 20%的 $NaNO_3$ 溶液中加入不同配比的缓蚀剂，以 24h 内不发生锈蚀为考核指标，获得的电解液对试件腐蚀状况的影响如表 2.6 所示，以未加入缓蚀剂的 $NaNO_3$ 溶液为电解液的试件严重锈蚀，5 种复合电解液都获得了较好的防锈效果。同时，在质量分数为 20%的 $NaNO_3$ 溶液中加入表 2.4 所示添加剂的不同配比，进行了加工效率的对比实验，得到的 η-i 曲线（图 2.4）表明，3#复合电解液的加工效率与 $NaNO_3$ 电解液的加工效率相当，不但防锈性能好而且没有影响原电解液的加工效率。

表 2.6　缓蚀剂的防锈性能实验

电解液	pH	电解液成分及配比	碳钢	轴承钢
1#复合电解液	8～9	$NaNO_3$300g + $A_1$700g + 水 1200g	无锈蚀	无锈蚀
2#复合电解液	14	$NaNO_3$300g + $B_1$40g + 水 1200g	无锈蚀	无锈蚀
3#复合电解液	13	$NaNO_3$480g + $C_1$20g + $C_2$100g + $C_3$120g + $C_4$120g + 水 2400g	无锈蚀	无锈蚀
4#复合电解液	13～14	$NaNO_3$300g + $D_1$60g + $D_2$40g + 水 1200g	无锈蚀	无锈蚀
5#复合电解液	7～8	$NaNO_3$300g + $E_1$20g + $E_2$40g + $E_3$60g + 水 1200g	无锈蚀	无锈蚀
20%$NaNO_3$ 溶液	7	$NaNO_3$200g + 水 800g	严重锈蚀	严重锈蚀

注：1. 实验条件为室温、浸泡溶液 10min、空气干燥 24h。

2. A_1、B_1、C_1、C_2、C_3、C_4、D_1、D_2、E_1、E_2、E_3 表示不同种类的缓蚀剂。

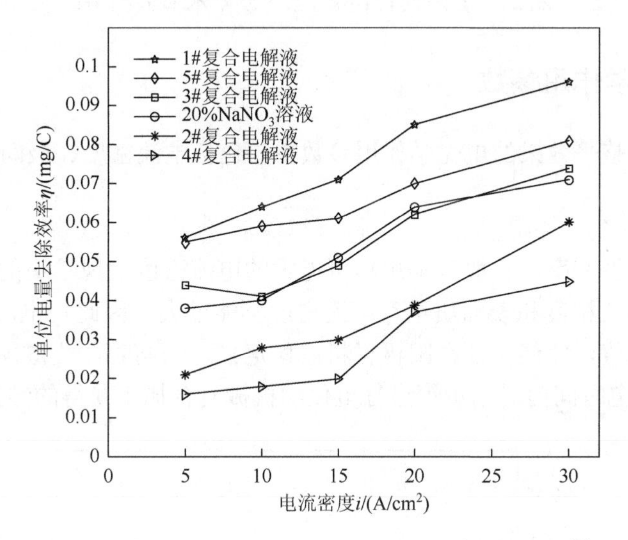

图 2.4　添加不同的缓蚀剂后电化学加工效率的对比[7]

加工条件：不锈钢片，加工间隙为 0.4mm，极间电压为 25V，加工时间为 3min

2.1.5　电解液的选择

电化学机械复合加工电解液的选择应当遵循质量、效率、安全、成本、稳定性、环保六个方面的原则。

（1）质量方面。在非加工状态下，电解液对工件的化学或电化学腐蚀应尽可能低，加工时，能够获得良好的最终质量（包括表面粗糙度、精度等）。

（2）效率方面。电解液不仅应具有较高的电导率，还应具有良好的阳极活化溶解能力和钝化溶解能力，降低阳极膜的硬度和与基体间的结合力。

（3）安全方面。电解液应避免使用强酸性溶液或强碱性溶液，应具有较低的可燃性，避免产生可燃性反应生成物。

（4）成本方面。电解液在加工过程中的消耗应尽可能小，能够回收循环利用，产生的阳极产物的隐蔽性及过滤性好。

（5）稳定性方面。电解液在加工过程中的消耗应尽可能小，性能应稳定，不受温度变化、长期存放等影响。

（6）环保方面。电解液成分本身应无毒无害，在加工过程中，少产生或不产生有害气体，容易进行加工废液的排放和无毒无害化处理。

选择电解液时，应当依据上述原则，首先确定电解质的主盐成分，然后根据应用场合的具体需要，确定添加剂的种类及比例。

2.2　影响阳极整平效果的因素

2.2.1　电化学作用参数

影响阳极整平效果的电化学作用参数主要包括电流密度、极间间隙。

1. 电流密度

为了提高生产率，一般应采用尽可能大的电流密度实现较快的去除速率。但是为了提高加工精度和表面质量，电流密度不能过大。因此，电流密度 i 应当在一定范围内取值，才能保证在阳极材料被稳定去除的同时，获得预期加工效果。图 2.5 为在固定时间内对轴承钢进行电化学机械复合加工获得的结果。由图可知，

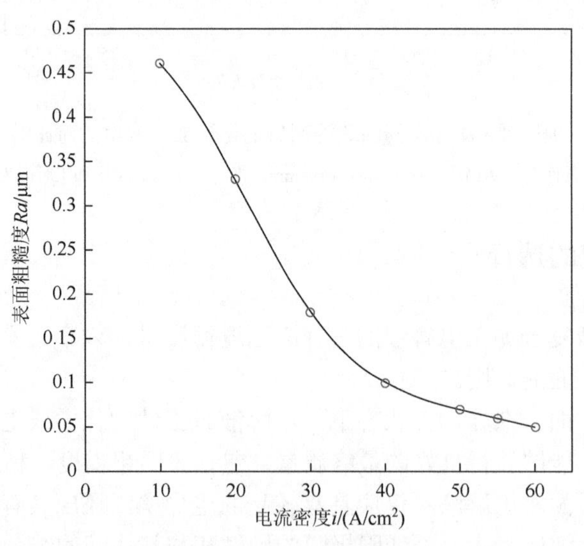

图 2.5　电流密度对表面粗糙度的影响[7]

加工条件：GCr15，工件转速为 120r/min，加工间隙为 0.4mm，极间电压为 25V，磨料粒度为 18μm，加工时间为 1min

随着电流密度的升高，单位时间内的表面粗糙度降幅增大。当然，此表面粗糙度并非在该工艺条件下所能达到的最佳表面粗糙度，而是特定时间内所能达到的最佳表面粗糙度，是在保证加工效率条件下获得的表面加工质量。

2. 极间间隙

极间间隙的变化导致极间电流变化，电流效率也随之变化。间隙大则电流密度低，加工表面金属去除量小，反之，则电流密度高，金属去除量大。理论上，极间间隙越小，电化学机械复合加工的整平能力越强，零件的加工效果也越好。但在实际中，过小的极间间隙，也会导致加工间隙内的电解产物不易被电解液冲走，使加工状态不稳定，甚至产生短路而损伤加工表面。

2.2.2 机械作用参数

影响电化学机械复合加工的机械作用参数主要包括磨料粒度、磨料种类、磨具压力。

1. 磨料粒度

在其他加工条件相同的情况下，采用磨料粒度分别为 6.5μm、10μm、12μm、18μm 的磨具，加工原始表面类似的工件，获得的表面粗糙度结果如图 2.6 所示。由图可以看出，较小的磨料粒度能获得较好的表面质量。但是采用粒度过小的磨

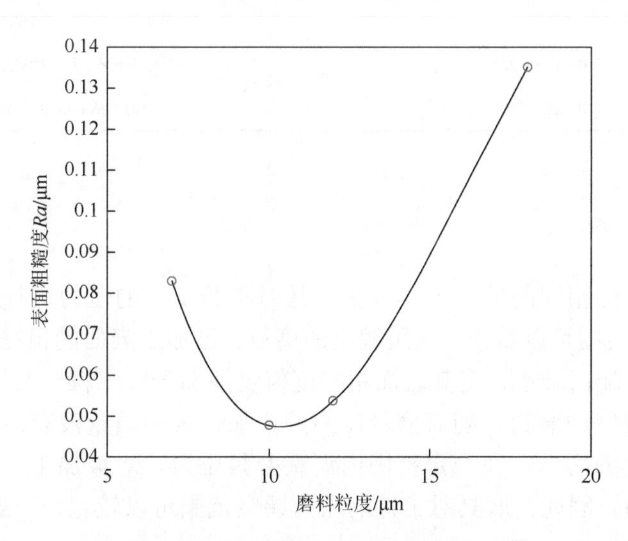

图 2.6　磨料粒度对工件表面质量的影响[7]

料时，表面粗糙度又有增大的趋势。这是因为，当磨粒直径过小时，不能有效去除表面阳极膜，选择性阳极溶解作用受限，这在一定程度上降低了表面质量。大粒度的磨料去除阳极膜的能力虽然较强，但是由于阳极膜的厚度有限，容易去除工件基体金属，也会影响加工表面质量。对于不同的加工材料，采用不同的电化学和机械作用参数时，最佳的磨料粒度也有差别，需要通过实验确定。

2. 磨料种类

表面加工质量与采用的磨料种类密切相关。表 2.7 给出了几种常用的磨料，如白刚玉（Al_2O_3）精微粉、绿碳化硅（SiC）精微粉、金刚石微粉等，几种磨料各自有适合加工的范围。表 2.8 是磨料粒度与所能达到表面粗糙度的关系，欲获得不同的表面粗糙度值，需采用不同粒度的磨粒。

表 2.7　常用的镜面抛光磨料性能和特点

磨料种类	成本	性能及适用范围
金刚石微粉	高昂	锋利，切削力大，常用于超硬材料的光整加工
白刚玉精微粉	一般	锋利，切削力大，常用于淬火钢、合金钢、高碳钢和薄壁类零件的光整加工
绿碳化硅精微粉	较高	锋利，性硬脆，常用于硬质合金和各种高硬材料的光整加工

表 2.8　磨料粒度与表面粗糙度值的关系

表面粗糙度 *Ra*/μm	磨料粒度
＜0.01	W1.0～W2.5（精微粉）
≤0.01～0.025	W2.5～W5.0（精微粉）
≤0.025～0.05	W5.0～W10.0（微粉）

3. 磨具压力

在其他条件相同的情况下，调整磨具对实验试件的压力进行加工，结果如图 2.7 所示。由图可以看出，采用较粗的磨粒，已加工表面的粗糙度值大体上随磨具压力的增加而减小，但其表面粗糙度值仍然高于较细粒度磨料加工的表面。而对于较细粒度的磨料，随着磨具压力的增加，表面质量没有出现显著改善。对于固定粒度的磨具，在一定范围内调整磨具压力，对被加工表面的质量没有产生明显影响。因此，磨具对工件的压力调整范围可以较宽，一般可以在 0.1～0.3MPa 内选取。

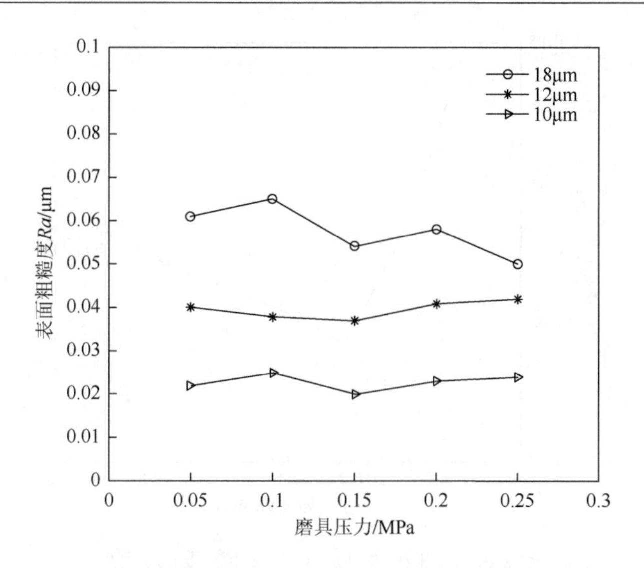

图 2.7　磨具压力对表面粗糙度的影响[7]

2.2.3　公共作用参数

1. 工件转速

电化学机械复合加工过程中，由于机械作用和电化学作用相互交替进行，工件转速实际上决定了单次电化学作用和机械作用交替过程中两者的作用时间。在机械磨具没有附加运动的条件下，工件转速变慢。对电化学作用而言，作用时间越长，阳极表面去除量越多，阳极膜生成效果越好；对机械作用而言，作用效果越弱，阳极膜去除效果越差，反之亦然。理想的情况是：每次交替过程中电化学作用生成的阳极表面高点处的氧化膜在该次交替过程中得到充分去除。因此，工件转速也是电化学机械复合加工过程中直接影响电化学作用和机械作用两者匹配效果的重要因素。

图 2.8 为工件转速对加工表面粗糙度的影响。在其他条件相同的情况下，表面粗糙度值在一定范围内随工件转速的增加而减小，工件转速超过一定值后，表面粗糙度值又会增加。其原因在于，加工过程中，由于工件转速增加，机械作用效果增强，提高了去膜能力，加工效果更明显，因此表面粗糙度降低。当工件转速超过某一值后，电化学作用不充分，阳极膜还未来得及生成，就进行下一次机械作用，在去膜过程中机械作用过度切削工件基体，容易导致工件表面粗糙度的恶化和磨具损耗的加剧。

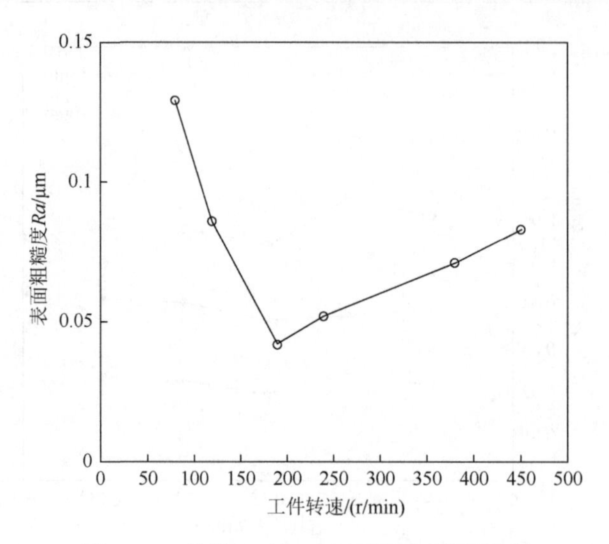

图 2.8　工件转速对加工表面粗糙度的影响[7]

加工条件：工件为45#钢，加工间隙为0.45mm，极间电压为25V，加工时间为2min，磨料粒度为18μm

2. 加工时间

电化学机械复合加工时间越长，电化学作用和机械作用的交替次数越多，阳极表面去除量越多，在工艺条件合适的情况下所能达到的加工质量就越好。图 2.9 是加工时间对表面粗糙度的影响。由图可知，随着加工时间增长，表面粗糙度值越来越低。

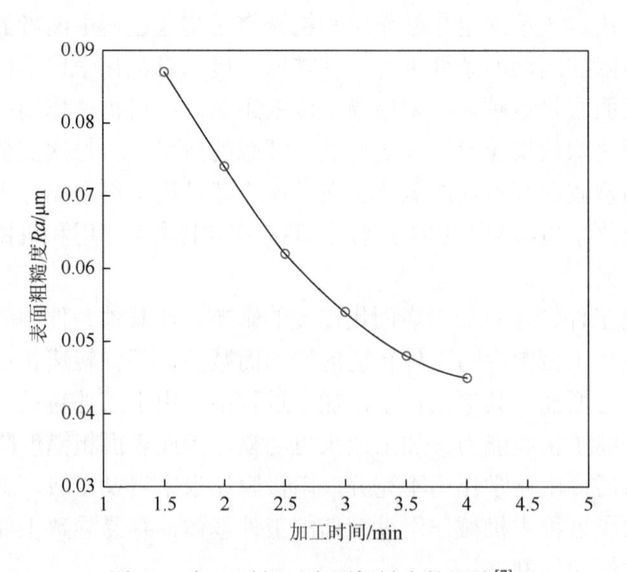

图 2.9　加工时间对表面粗糙度的影响[7]

加工条件：工件为45#钢，加工间隙为0.6mm，极间电压为18V，磨料粒度为18μm

3. 工件材料及表面状态的影响

（1）工件的金相组织及热处理状态对加工质量具有重要影响。金相组织中碳化物分布均匀，有利于提高加工表面质量和电流效率。一般而言，单相组织的材料具有较好的加工性能，而多相组织的材料加工性能较差，此时采用复合电解液及特殊的电参数能在一定程度上提高加工质量。

（2）原始表面状态对加工质量也有影响。一般情况下，只要材料的原始表面比较平整，表面粗糙度 *Ra* 在 3.2μm 以下，均可直接进行加工。但材料原始表面若有夹渣、起皮等缺陷或者有油污及其他附着物，则会对电化学作用的均匀性产生影响，需要进行预处理（清洗等）。

4. 环境影响因素

电解液及加工环境的清洁程度对加工效果具有很大的影响，特别是对于表面质量要求很高的工件，任何粗的硬颗粒进入加工区都会划伤加工表面。环境的清洁性和磨料粒度的均一性也很重要。另外，工艺系统的振动对加工质量会产生影响，应进行适当控制。

2.3　影响阳极整平速度的因素

2.3.1　电化学作用因素

产生阳极膜是电化学机械复合加工快速、大幅度降低表面粗糙度的必要条件，电化学作用需在特定的阳极极化区工作，与电化学成型加工相比，电化学机械复合加工中采用的电流密度要小得多。但是，电化学机械复合加工中的电化学作用对阳极溶解效果的影响规律与单纯电化学加工并无本质区别，因此在一定范围内加强电化学作用强度可以使整平速度提高。电化学作用强度由两方面决定：一是电流密度；二是电化学作用时间。

研究表明，在一定范围内，电流密度的升高有利于整平速度的提高，但这一范围与具体的工艺条件（如电解液流速、极间间隙以及机械作用与电化学作用的复合方式等）有关，即最佳电流密度由具体的工艺条件决定。当工艺条件发生变化时，最佳电流密度也随之变化，不同工艺条件下的最佳电流密度则需要在该工艺条件下由实验确定。

电化学作用时间（在此处指两次机械作用之间的电化学作用时间）由两片刮膜工具之间的阴极厚度和工件与阴极之间的相对运动速度决定。工件与阴极之间的相对运动速度又反映了电化学作用与机械作用的交替频率。研究发现，在合适的电化学作用强度条件下，通过适度提高两种作用的交替频率，可以使整平速度加快。阴极厚度则与工艺的具体实现方式有关，保证一定的阴极厚度是产生电化学作用的必要条件。

2.3.2 机械作用因素

影响机械作用效果的因素主要包括刮膜工具的磨料粒度、刮膜工具对工件的压力、刮膜工具相对工件的摩擦速度和摩擦距离（指工件表面任意点处两次电化学作用之间所承受的机械摩擦长度）。其中，磨料粒度和刮膜工具对工件的压力决定刮膜工具与工件表面的接触状态，因此是主要因素[9]。

1. *磨料粒度*

图 2.10 是电化学机械复合光整加工对 1Cr18Ni9Ti 平面试件采用不同粒度磨料进行加工得到的实验结果。由图可知，分别采用 180#、320#和 W14 的 Al_2O_3 磨料进行加工，在不同的加工阶段，三者产生的表面粗糙度值降低速度不同。在前约 120s 加工时间内，180#磨料比其他两者都快；而在前约 500s 加工时间内，320#磨料比 W14 的整平速度要快。对于每种磨料，当加工到一定时间后，表面粗糙度值不再降低，表明每种尺度的磨粒对应一个“极限表面粗糙度值”，即加工时间再长，表面粗糙度也不会再改善。“极限表面粗糙度值”的存在，说明电化学磨料加工最终的表面粗糙度值取决于加工所采用的磨料粒度。

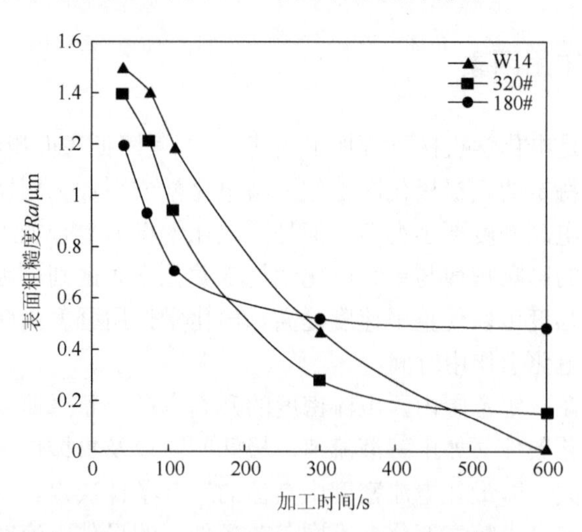

图 2.10 磨料粒度对整平速度的影响[10]

综合磨粒对加工效果和效率的影响，在合理的加工条件下，磨料粒度越细，所能得到的表面粗糙度值也越低，磨粒应根据所要求的表面粗糙度以及具体的加工条件来选取和决定。

2. 工具压力

图 2.11 是电化学机械复合光整加工对 1Cr18Ni9Ti 平面试件在特定加工时间内，采用同一种粒度磨料加工时，不同刮膜工具压力对整平速度的影响。随着刮膜工具压力在一定范围内增加，表面粗糙度降幅增大，说明其降低速度加快。

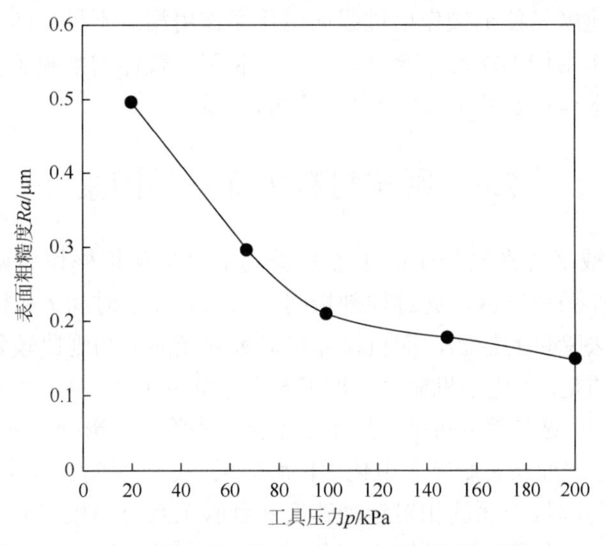

图 2.11　刮膜工具压力对整平速度的影响[10]

对于产生上述现象的原因，需结合机械作用对阳极表面微观形貌的改变来分析。当采用极细粒度的磨料加工时，刮膜工具表面近似为平面，与阳极表面接触时只刮除阳极表面高点处的阳极膜及部分金属，整个表面的轮廓形貌并未发生根本性变化；当采用较大粒度的磨料时，刮膜工具微观表面较为粗糙，在一定的压力条件下，不仅对阳极表面微观轮廓尖峰部位产生作用，还会对其他部位产生作用，这就改变了阳极表面微观形貌，较长的轮廓波被重新破坏为波长较短的微尖峰，根据电化学加工特点，这有利于整平速度的提高。

2.3.3　公共作用因素

刮膜工具相对工件的摩擦速度和摩擦距离是影响机械作用的重要因素，两者大小与机械作用具体的实现方式有关。摩擦距离由刮膜工具厚度决定，摩擦速度由刮膜工具和工件之间的相对运动速度决定。摩擦距离对电化学作用效果的影响是通过影响机械作用后的表面状态而产生的，从这个意义上讲，它与磨料粒度、刮膜工具压力对电化学作用的影响类似；而摩擦速度则不同，它不仅对机械作用具有影响，还影响电化学作用时间，一般而言，摩擦速度越高，电化学作用时间

（两次机械作用之间的电化学作用时间）越短。这表明，两者在影响电化学作用效果时所处的地位不同，后者的变化对于电化学作用的影响更为敏感。实验证明，当其他条件不变时，在一定程度上提高刮膜工具自身运动速度可以有效地加快阳极表面粗糙度的降低，但是速度过高时又会起到相反的效果。这是因为过低的摩擦速度使机械作用介入电化学作用的程度不够，阳极整平主要依赖于电化学作用，而过高的摩擦速度又使机械作用过强而电化学作用相对不足，两种情况下，机械作用和电化学作用均不能形成合理匹配。这表明，较佳的刮膜工具自身运动速度在相应的电化学作用条件下存在一个合适的范围。

2.4 影响材料去除量的因素

电化学机械复合光整加工的去除量受到电化学和机械作用两方面因素的影响。从电化学作用角度讲，通过控制极间电压 U、加工时间 t 和极间间隙 Δ 的变化，可以实现去除量的控制，而机械作用对去除量的影响则比较复杂。

值得注意的是，电化学机械复合加工的去除量明显大于电化学和机械单独作用时去除量的叠加，这是因为机械作用不仅本身对去除量有影响，更重要的是机械作用通过影响阳极表面状态影响了电化学作用效果，进而又对去除量产生了影响。

刮膜工具与阳极表面的相对运动速度和刮膜工具对阳极表面的压力是影响机械作用的两项主要因素，这两者对去除量的影响分别如图 2.12 和图 2.13 所示。由图可知，在其他因素不变的条件下，去除量随着相对运动速度的提高而增大，也随着工具压力的增大而增大。

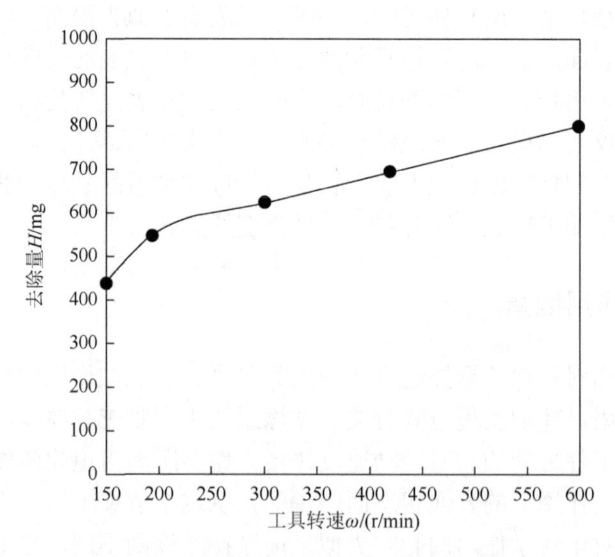

图 2.12 相对运动速度对去除量的影响[10]

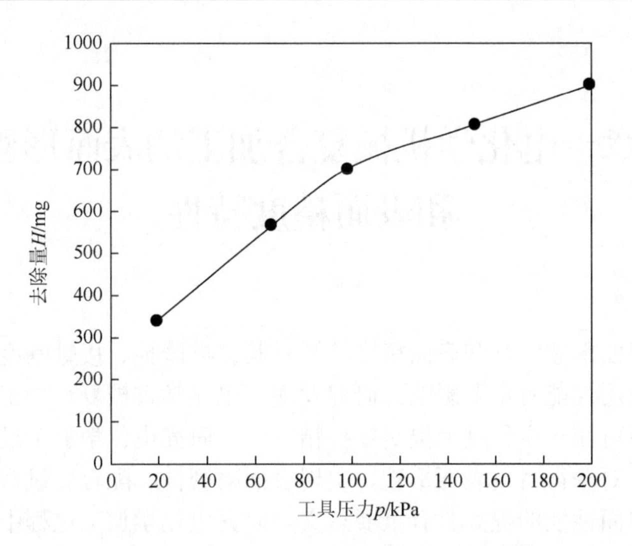

图 2.13　刮膜工具压力对去除量的影响[10]

由实验结果可知，机械作用对去除量具有很大的影响。在同样的加工时间内，不对电化学作用参数做调整的情况下，机械作用的介入能使去除量增加近 3 倍，即对于同一阳极表面，机械作用的有无导致的去除量分布差异相差近 3 倍。

第3章　电化学机械复合加工的表面形貌特性和表面精度特性

零件的表面形貌特性和表面精度特性对其摩擦磨损、接触刚度、疲劳强度、抗腐蚀性等使用性能有重要影响。研究发现，电化学机械复合加工不仅可改善零件粗糙度，还可在一定程度上提高零件精密度。研究电化学加工过程中表面形貌的变化规律，对获得特定表面形貌、实现表面耐磨性、配合质量、抗黏附性、抗疲劳强度等方面性能的提高具有重要意义。研究电化学加工过程中各项工艺参数对精度特性的影响，可以提高其在改善零件精度方面的可控性，为挖掘电化学机械复合加工的精密加工潜力提供基础。

3.1　电化学机械复合加工的表面形貌特性

3.1.1　表面形貌特性及其对使用性能的影响

1. *表面微观形貌的几何特征*

零件表面微观形貌的二维几何特征如图 3.1 所示。图中所示为零件表面某一法向截面的几何轮廓，表面轮廓线表达了零件表面的二维几何特征，可以通过接触式表面轮廓仪测量获得。对其进行谐波分析，可得此表面轮廓线由波峰和波长不同的“三阶”波组成。形状 A 为一阶谐波，它反映了宏观不平度，属于加工精度的研究范畴，一般是由机床或工件的挠曲或导轨的误差引起的。形状 B 为二阶谐波，它反映了表面波纹度，是由加工过程中的振动、材料组织不均匀，以及传

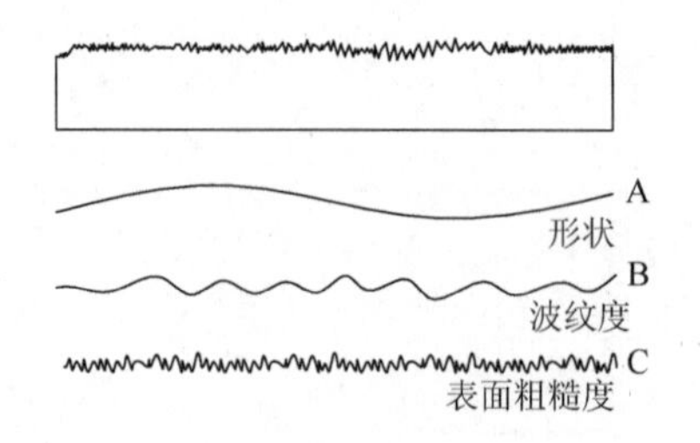

图 3.1　表面微观形貌的二维几何特征

动误差等形成的，周期明显，且波距较大。形状C为三阶谐波，它反映了表面粗糙度，是指加工表面上具有的较小间距和峰谷所组成的微观几何形状特征，主要与加工方法及工艺过程有关。

2. 加工工艺对表面形貌特性的影响

不同加工工艺得到的微观几何形貌特征可能会存在较大的差异。图3.2为不同加工工艺的零件表面在高倍显微镜下显现的形貌特征。磨削加工或铣削加工表面的轮廓凸凹不平，表面微观几何形貌呈现条纹状的加工纹路，波峰波谷形状非常尖细，波纹度也较大，通常称为“尖峰状”表面形貌。电火花加工表面有明显的凹坑，但是凸凹变化的剧烈程度比磨削表面小得多，表面形貌是由圆滑的小凹坑所形成的，轮廓表面上减少了随机出现的尖刺，呈现出“波浪状”表面形貌[11]。而电化学机械复合加工的表面由于电化学和机械的联合作用机理，材料去除对象主要是微观表面的尖峰突起，对凹谷的整平作用较弱，其微观形貌表现为缓变、均匀、细密的平整表面，表面粗糙度较小，呈现“高原状”表面形貌。

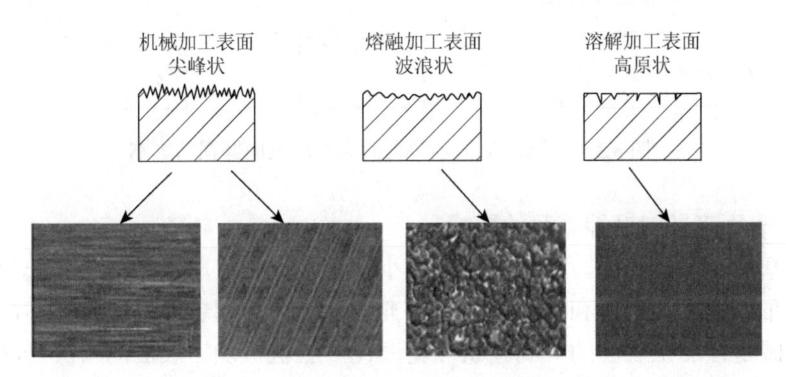

图3.2　不同加工工艺的零件表面形貌特征

3. 零件表面形貌对使用性能的影响

表面质量不仅反映零件外观性能，而且对零件的耐磨性、抗疲劳强度、耐腐蚀性及接触刚度等方面产生一定程度的影响，影响自身使用性能的同时，还影响工件之间的配合特性，进而影响到整个设备的使用性能及寿命。

1）表面形貌对初磨损的影响

通常情况下将零件表面的摩擦磨损过程分为三个阶段[11]：初磨损阶段、稳定磨损阶段和过磨损阶段。表面微观几何形貌的轮廓形状和加工纹理方向对机械零件在磨合期的初磨损状态有显著影响。图3.3为不同加工工艺得到的表面形貌及磨损过程。从图中可以看出，由于表面轮廓形状的差异，表面摩擦副之间的实际接触面积会发生很大变化。摩擦副的表面形貌如果呈现“尖峰状”，那么在接触压力作用下尖峰易于折断，形成的碎屑存在于摩擦副之间，容易产生磨料磨损。众多的微凸体尖峰，容易刺穿油膜，导致摩擦副表面直接接触，进而产生胶合；如果表面形貌为“高原状”，那么微凸体被折断或发生塑性变形的概率较小，过程缓慢，摩擦副不易发生黏着磨损、磨料磨损和胶合等失效形式。“高原状”表面增加了接触面积，因此表面粗糙度降低，不仅改善了润滑条件、降低了接触应力，还减少了疲劳磨损发生的可能性。

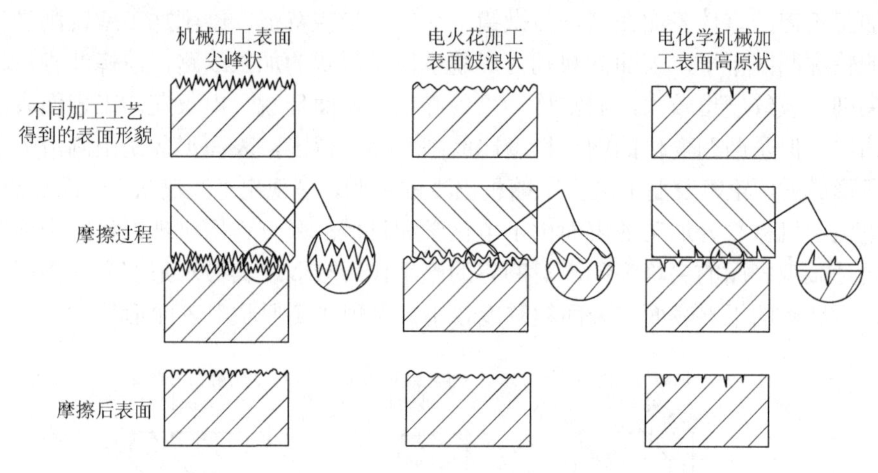

图 3.3　不同加工工艺的表面形貌对表面磨损的影响

2）表面形貌对摩擦系数的影响

在摩擦磨损系统中，摩擦系数的大小在很大程度上取决于微观凸起等表面特征的分布、性质、结构和形状。实验研究表明，在相同表面粗糙度的情况下，电化学机械复合加工表面的“高原状”轮廓比一般机械加工表面的“尖峰状”轮廓更为耐磨，摩擦系数也更小，主要原因是表面轮廓微观凸起的半径增大，轮廓支承长度率增加，实际接触面积增加，减小了摩擦阻力。

3）表面形貌对精度保持性的影响

零件的精度保持性是指零件在使用过程中抵抗原始制造精度不断丧失的能力。零件表面间相互接触是机械装配的物理实现。真实零件表面互相接触时，通常是表面轮廓尖峰之间首先接触，或是两表面犬牙交错、相互嵌入，经过一段时间的相互作用，接触表面微观尖峰被折断、挤压、碾平，使零件表面光滑化。表面粗糙度越大，精度变化就越大。一般机械加工表面呈现“尖峰状”微观几何特征，如果表面存在划痕、裂纹等缺陷，将引起应力集中，长时间使用会产生疲劳裂纹，造成疲劳破坏；而“波浪状”和“高原状”表面轮廓较为平缓，波谷的曲率半径比磨削等机械加工零件表面的曲率半径大，表面应力集中的敏感性减弱，耐疲劳强度大幅度提高，进而可以提高零件的精度保持性。

4）表面形貌对接触刚度的影响

接触刚度是零件结合面在外力作用下，抵抗接触变形的能力。“尖峰状”的表面形貌接触时，微凸体面积较小，会产生较大的压力，导致接触面变形，使尖峰折断，划伤表面。“高原状”的表面形貌很大程度上消除了机械切削所形成的尖峰，表面轮廓平缓，表面粗糙度较小，实际接触面积增大，单位面积的压力减小。相比较而言，电化学机械复合加工表面的接触刚度优于一般机械加工表面。

5）表面形貌对疲劳强度的影响

疲劳强度是指材料经无限多次交变载荷作用而不会产生破坏的最大应力，也称为疲劳极限。零件由于表面粗糙和表面划痕、裂纹等缺陷，将引起应力集中，导致表面轮廓谷底处应力增大，容易造成疲劳破坏。由于电化学机械复合加工的材料溶解去除原理，改善表面粗糙度的同时，能显著改善因机械加工所造成的烧伤、裂纹、深痕等隐形缺陷，避免工件应力集中，提高疲劳强度。

6）表面形貌对耐腐蚀性的影响

零件在潮湿的空气中或在腐蚀性介质中工作时，腐蚀性介质会积存在表面凹谷中，形成化学腐蚀和电化学腐蚀。零件表面粗糙度越大，凹谷越深、越尖锐，腐蚀性介质积存的可能性就越大，腐蚀作用也就越强，反之亦然。电化学机械复合光整加工会在加工过程中在工件表面形成氧化膜，氧化膜的强度比自然形成的吸附膜的强度高，相对致密牢固，可以提高零件的耐腐蚀特性。另外，每一个轮廓峰谷都是一个腐蚀源，腐蚀源越多，表面产生腐蚀的概率就越大，同时腐蚀沿轮廓斜面进行，腐蚀速率也越快，而电化学机械复合光整加工形成的“高原状”表面轮廓起伏平缓，也有利于提高耐腐蚀性。

7）表面形貌对黏附性的影响

在相同的表面粗糙度情况下，“尖峰状”表面形貌具有十分致密的尖峰和凹谷的空间排列，“尖峰状”微观表面会对尖峰和凹谷之间黏附的物料产生较大的包紧力，因此“尖峰状”表面形貌零件对接触介质的黏附性较强。而电化学机械复合光整加工表面的微观几何形貌特征表现为“高原状”，抗黏附性优于一般机械加工表面。

3.1.2　电化学机械复合加工表面形貌的形成机理

电化学机械复合加工结合了电化学作用和机械作用，其表面微观几何形貌形成的过程大致为：先利用电化学阳极溶解作用使零件表面形成一层很薄的氧化物薄膜（氧化膜），再利用合适的磨具对工件进行机械刮膜活化。在刮膜过程中，由于磨具压力较小，对金属构成的切削作用较弱，主要刮除表面微观凸点处的氧化膜，使该处金属得到活化。而微观凹点处因磨具接触不到，未被刮膜活化。当被活化的表面重新面向阴极时，开始新一轮的电化学去除。此时，微观凹点由于有氧化膜的保护作用，将阻碍进一步的电化学成膜去除；微观凸点因被刮膜活化，表面将再被电化学作用去除一层，重新形成氧化膜。然后，继续刮膜活化再成膜去除，循环往复，使加工表面微观凸点得到迅速去除，表面得到迅速整平。由此可以形成最终的电化学机械复合加工表面微观形貌。

在以上过程中，存在三种作用对表面微观形貌产生影响，分别是选择性阳极溶解效应、尖峰电力线集中效应、微观形貌侧向溶解效应。

1. 选择性阳极溶解效应

一般认为，电化学机械复合加工有利于阳极表面整平的原因主要是选择性阳极溶解，即阳极表面电化学作用后产生了氧化膜，高点处的氧化膜在受到机械作用时比低点处的膜更容易去除，故在下一次电化学作用时，高点处的金属去除速度更快，从而有利于阳极整平。选择性阳极溶解效应具有使阳极表面微观形貌轮廓呈现“高原状”趋势的特性。

2. 尖峰电力线集中效应

在电化学加工过程中，尖峰处的电力线更为集中，溶解速度比凹谷处的溶解速度更快，如图 1.3 所示。随着光整加工的进行，微观表面不平度逐渐降低，阳极表面达到整平效果。尖峰电力线集中效应具有使阳极表面微观形貌轮廓圆弧化的特性。

3. 微观形貌侧向溶解效应

在研究粗糙表面整平时，往往从微观轮廓峰谷与阴极的距离差入手，即从粗糙表面高度方向研究阳极表面整平。而实际上，电力线垂直于被加工表面，所以电化学溶解沿被加工表面法向进行，这一点无论对于宏观表面的电化学成型加工还是微观表面的电化学整平都应当成立，即从微观尺度讲，阳极表面溶解沿微观轮廓表面的法线方向进行，只是在零件整体尺度上观察时，阳极表面沿高度方向有尺寸变化。但是，研究阳极表面整平是要考察微观表面不同点处溶解的差异，因此就有必要从微观轮廓表面的法线方向研究溶解过程，不同点处法线方向的溶解最终反映为高度方向上的尺寸变化，也可称为“侧向溶解”。针对“侧向溶解”效应，作者建立了阳极表面微观几何形貌的法向溶解模型进行分析研究[12]。

单从几何角度考虑，对于具有不同波长的阳极表面微观轮廓，在沿各自表面法线方向溶解深度一定的条件下，反映到轮廓高度方向的下降量却有差异。为了对这一问题进行深入分析，本节建立如图 3.4 所示的阳极表面微观轮廓溶解过程模型。

另外，图 3.4 给出了零件宏观表面的法线方向（高度方向）及微观表面轮廓的法线方向（也称为侧向）。图 3.4（a）和图 3.4（b）分别表示具有相同波幅、不同波长的两个微观轮廓波。为了便于分析，图 3.4（a）和图 3.4（b）所示轮廓均取对称形状，并且由于两者高度相同，可用角度 α、β 表示波长。图中，L_0 为轮廓的原始高度，图 3.4（a）的轮廓波长度小于图 3.4（b）的轮廓波长度，即 $\alpha<\beta$。$Z_{f\alpha}$为图 3.4（a）中经过 t 时间加工后，尖峰部位沿轮廓法线方向溶解深度在高度方向的下降量；$Z_{f\beta}$ 为图 3.4（b）中经过 t 时间加工后，尖峰部位沿轮廓法线方向溶解深度在高度方向的下降量；$Z_{g\alpha}$为图 3.4（a）中经过 t 时间加工后，谷底部位沿轮廓法线方向溶解深度在高度方向的下降量；$Z_{g\beta}$ 为图 3.4（b）中经过 t 时间加工后，谷底部位沿轮廓法线方向溶解深度在高度方向的下降量；$V_{f\alpha}$为图 3.4（a）中经过 t 时间加工后，尖峰部位沿法线方向的去除量；$V_{f\beta}$ 为图 3.4（b）中经过 t 时间加工后，尖峰部位沿法线方向的去除量；$V_{g\alpha}$为图 3.4（a）中经过 t 时间加工后，谷底部位沿法线方向的去除量；$V_{g\beta}$ 为图 3.4（b）中经过 t 时间加工后，谷底部位沿法线方向的去除量。

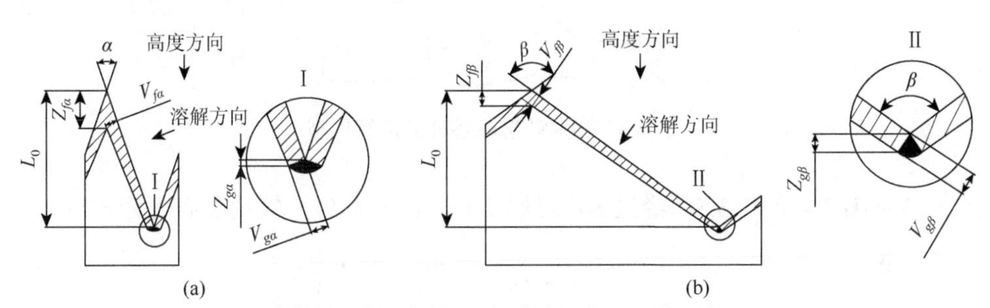

图 3.4　阳极表面微观轮廓溶解过程模型

电化学加工中微观表面电流分布受多种因素影响，以电化学阳极溶解过程在理想状态下进行时处理微观表面上的电流分布为例，进行了以下假设：

（1）阴极表面理想光滑。

（2）欧姆定律在整个加工间隙直到电极表面是公允的，加工间隙中电化学液的电导率在空间和时间上都是恒定的，电极的电位在每个电极的表面和加工过程中都是常值，金属阳极溶解过程的电流效率在加工零件表面恒定。

（3）由于光整加工的去除量较之极间间隙很小，所以不计阳极表面金属去除带来的极间间隙变化。

对微观表面上的金属材料去除则进行了以下处理：

（1）金属溶解始终沿阳极微观表面法向进行。

（2）当微观表面轮廓两个以上方向的金属溶解区重合时，叠加区域为金属去除部分。

根据法拉第定律，经过加工时间 t 后，阳极表面微观轮廓上某点处沿法线方向的去除量可表示为

$$V = \frac{\eta\sigma\kappa Ut}{\varDelta} \tag{3.1}$$

式中，η 为电流效率；σ 为电化学物质的体积电化学当量，$\mathrm{mm^3/(A \cdot s)}$；$\kappa$ 为电化学液的电导率，$(\Omega \cdot \mathrm{mm})^{-1}$；$U$ 为间隙电化学液的电压降，V；t 为加工时间，s；$\varDelta$ 为阳极轮廓上某点到阴极的距离（不同点处的距离不同，因此 $\varDelta$ 在整个加工表面为一变量）。

从式（3.1）可以看出，一定加工时间后某点的去除量是 $\varDelta$ 的函数。

图 3.5 为微观轮廓峰谷处的溶解模型，设轮廓波的原始高度为 L_0，在尖峰处的极间间隙为 $\varDelta_0$，则谷底处的间隙为 $\varDelta_0 + L_0$，且从峰到谷，$\varDelta$ 值呈线性增加。

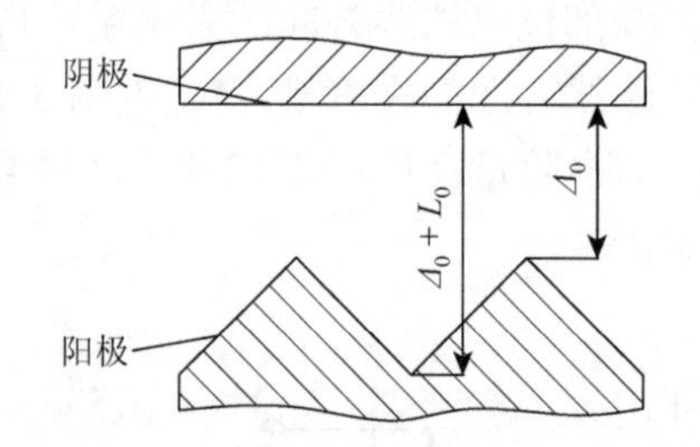

图 3.5　微观轮廓峰谷处的溶解模型

结合图 3.4 和图 3.5，经过 t 时间加工后，图 3.4（a）的轮廓高度为

$$L_\alpha = L_0 - \frac{\eta\sigma\kappa Ut}{\sin\left(\dfrac{\alpha}{2}\right)\cdot\varDelta_0} + \frac{\eta\sigma\kappa Ut\cdot\sin\left(\dfrac{\alpha}{2}\right)}{\varDelta_0 + L_0} \tag{3.2}$$

图 3.4（b）的轮廓高度为

$$L_\beta = L_0 - \frac{\eta\sigma\kappa Ut}{\sin\left(\dfrac{\beta}{2}\right)\cdot\varDelta_0} + \frac{\eta\sigma\kappa Ut\cdot\sin\left(\dfrac{\beta}{2}\right)}{\varDelta_0 + L_0} \tag{3.3}$$

显然，$L_\alpha < L_\beta$，即轮廓波长短则有利于阳极整平。

因此，在不同轮廓波长度条件下，整平效果之差就可表示为

$$\begin{aligned}\Delta L &= L_\beta - L_\alpha \\ &= \eta\sigma\kappa Ut\left[\sin\left(\frac{\alpha}{2}\right) - \sin\left(\frac{\beta}{2}\right)\right]\left[\frac{1}{\varDelta_0\sin\left(\dfrac{\alpha}{2}\right)\cdot\sin\left(\dfrac{\beta}{2}\right)} + \frac{1}{\varDelta_0 + L_0}\right]\end{aligned} \tag{3.4}$$

在前述假设条件下，η、ω、σ 和 U 均可视为常量，即对于一定时间，$\eta\sigma\kappa Ut$ 可写成一常数 C，因此有

$$\Delta L = C\left[\sin\left(\frac{\alpha}{2}\right) - \sin\left(\frac{\beta}{2}\right)\right]\left[\frac{1}{\varDelta_0 \sin\left(\frac{\alpha}{2}\right)\cdot\sin\left(\frac{\beta}{2}\right)} + \frac{1}{\varDelta_0 + L_0}\right] \tag{3.5}$$

由上述研究可以发现，从侧向溶解角度出发，整平效果不仅与轮廓高度有关，还与轮廓波长度有关。式（3.5）表明，轮廓波长度特征对整平效果具有影响，两轮廓波夹角的差值越大，轮廓波整平效果之差就越明显。

以上通过分析不同波长条件下阳极整平的差异，研究了表面形貌特征对整平效果的影响，下面量化研究阳极整平随轮廓波长度变化的规律。

式（3.5）是在不考虑谷底处溶解情况下得出的，在这种条件下，当轮廓沿法向溶解进行 t 时间后，在谷底会出现一个微小尖峰（图 3.4 中黑色区域），但事实并非如此，因为在轮廓沿法向溶解的同时，谷底处也进行着溶解。但是，由于与轮廓法向溶解同时进行，就不能简单地认为谷底的溶解是沿图中黑色部分表面法向去除一定厚度的金属，而必须考虑溶解的过程。为了更清楚地讨论这一问题，将图 3.4 中黑色区域放大，如图 3.6 所示。图 3.6 分别示出三种不同的情况，图 3.6（a）中轮廓波夹角大于 90°，图 3.6（b）中轮廓波夹角小于 90°，图 3.6（c）中轮廓波夹角等于 90°。为能反映溶解的过程，将被溶金属看作微小时间段内溶解金属量的累积。以图 3.6（a）为例来讨论溶解过程，设经过微小光整加工时间 Δt，轮廓沿法向下降深度为 Δh，如图 3.6（a）中的 I 区域所示，经过下一个加工时间 Δt，轮廓沿法向下降深度为 Δh，如图 3.6（a）中的 II 区域所示。以此规律，在每个 Δt

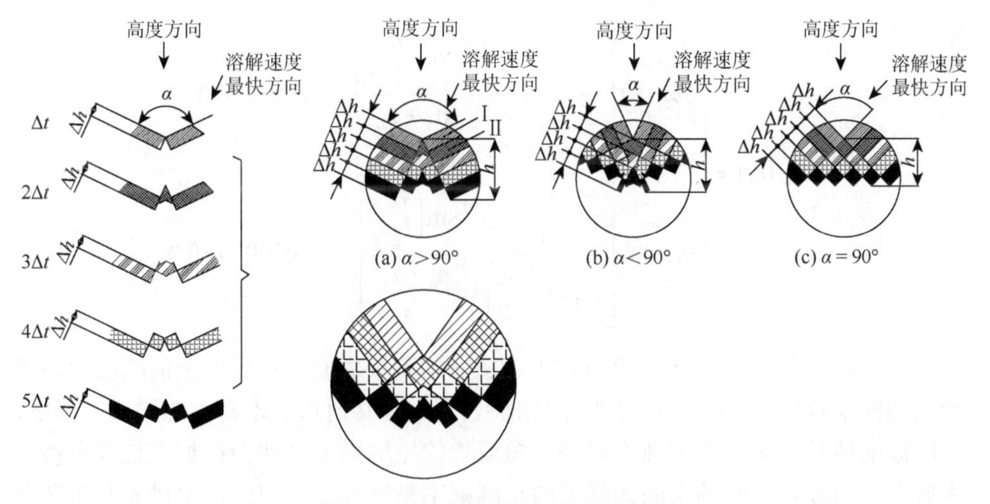

图 3.6　微观轮廓谷底处溶解状况

加工时间内，溶解部分均为在前一个 Δt 时间后形成的轮廓表面沿法线方向下降 Δh 的区域，由此可知 $n\Delta t$ 加工时间段后的轮廓形状，图 3.6（a）中示出了这一过程。研究不同轮廓波夹角条件下的谷底去除情况，发现有规律可循。图 3.6 示出了三种情况下的溶解规律：第一种情况下，沿轮廓表面法线方向的溶解速度最快；第二种情况下，沿轮廓表面切线方向的溶解速度最快；第三种情况下，溶解速度最快方向则是沿轮廓表面切线方向（轮廓波夹角等于 90°，因此也可看作沿轮廓表面法向）。

根据以上规律，可以推导出经过 t 时间后，三种条件下轮廓谷底下降的最大高度可统一表示为

$$V_g=\begin{cases}\dfrac{\cos\left(\dfrac{\alpha}{2}\right)\eta\sigma\kappa Ut}{\varDelta_0+L_0}, & \alpha\in(0,90^\circ)\\[2ex] \dfrac{\sin\left(\dfrac{\alpha}{2}\right)\eta\sigma\kappa Ut}{\varDelta_0+L_0}, & \alpha\in[90^\circ,180^\circ)\end{cases} \tag{3.6}$$

由式（3.6）可知，经过特定加工时间后轮廓谷底的下降高度与轮廓波夹角有关，当夹角为 90°时，下降量最小，为 $\sqrt{2}/2V_g$；当夹角偏离 90°时，无论其是增大还是减小，下降量都会增加。从图 3.5 还可以看出，轮廓谷底随着加工的进行具有平坦化的趋势。

下面讨论考虑轮廓谷底处溶解规律时轮廓波夹角对阳极整平的影响。用 $Z_{f\beta}(\alpha)$ 表示考虑轮廓谷处溶解情况时轮廓峰处和轮廓谷处的下降高度差，即整平效果随 α 变化的函数，可以推导出经过 t 时间加工后：

$$Z_{fg}(\alpha)=\begin{cases}\eta\omega\sigma Ut\left[\dfrac{1}{\varDelta_0\sin\left(\dfrac{\alpha}{2}\right)}-\dfrac{\cos\left(\dfrac{\alpha}{2}\right)}{\varDelta_0+L_0}\right], & \alpha\in(0,90^\circ)\\[3ex] \eta\omega\sigma Ut\left[\dfrac{1}{\varDelta_0\sin\left(\dfrac{\alpha}{2}\right)}-\dfrac{\sin\left(\dfrac{\alpha}{2}\right)}{\varDelta_0+L_0}\right], & \alpha\in[90^\circ,180^\circ)\end{cases} \tag{3.7}$$

式（3.7）就是在上述假设条件下，建立的阳极表面微观尺度上的法向溶解模型或侧向溶解模型。根据上述研究，阳极表面微观几何形貌本身对整平具有影响，轮廓波的波长越短，整平速度越快，短波长的轮廓微尖峰就会在加工过程中被最先整平，而波长较长的反映为波度的轮廓则不易被整平。因此，电抛光等工艺在

加工初期的粗糙度值降低速度是很快的，随着加工的进行，微尖峰被迅速整平，阳极表面主要呈现为波度，整平速度随之降低。

因此，微观形貌侧向溶解效应使电化学机械复合加工的阳极表面轮廓波总体上呈现增长趋势。

3.1.3　电化学机械复合加工表面微观形貌的几何评价参数

为了说明实际加工的工件表面与理想的绝对光滑、平整的表面存在的微观几何误差，通常采用零件表面的二维轮廓线来评价零件表面的微观几何形貌特征。评价量值上，采用表面粗糙度相关参数来评价。一般从以下三个方面进行评价。

（1）与微观不平度高度特性有关的表面粗糙度参数。表面粗糙度的评定最常用的指标有轮廓算术平均偏差 *Ra*、轮廓均方根偏差 *Rq* 和轮廓最大高度 *Rz*。

（2）与微观不平度间距特性有关的表面粗糙度参数。研究中发现，除表面微观不平度的高度特性外，横向间距在某些场合也对零件的性能有影响。当需要反映抗振性、抗腐蚀性、润湿性、摩擦特性等要求时，就需要附加轮廓间距特性参数。主要参数是轮廓单元的平均宽度 *RSm*。

（3）与微观不平度形状特性有关的表面粗糙度参数。仅用高度方向和横向间距的参数，还不足以表明表面粗糙度的全部特性，有时不能反映对零件性能的影响情况。两表面轮廓微观不平度的高度和横向间距虽然完全相同，但由于轮廓曲线在峰和谷之间的形状不同，将对零件的使用性能产生不同影响，因此还需要表征微观不平度的形状特性参数。主要参数是轮廓支承长度率 *Rmr*。

针对电化学机械复合加工形成的表面形貌，主要选用 *Ra*、*RSm*、*Rmr* 这三个参数进行分析研究。在表面形貌特征参数中，表面轮廓算术平均偏差 *Ra* 反映了表面轮廓高度特征，它影响零件的摩擦磨损性能、配合质量、疲劳强度、抗腐蚀性等多方面性能；轮廓单元的平均宽度 *RSm* 反映了表面轮廓宽度特征，它影响零件表面抗黏附性、表面润湿性等性能；轮廓支承长度率 *Rmr* 反映了表面形状特性，它影响零件表面接触强度、配合质量、精度保持性等性能。

电化学机械复合光整加工过程中，开始时零件表面轮廓算术平均偏差 *Ra* 值会快速降低，继续增长加工时间，*Ra* 值降低的速度变慢，然后趋于一个稳定值。由于前面所述的电化学作用对微观形貌的影响，轮廓单元的平均宽度 *RSm* 有增长的趋势。表面轮廓支承长度率曲线又变成顶部斜率较小而根部斜率较大的情况，微凸体经过电化学的作用，有圆弧化趋势。由于电化学机械复合光整加工特殊的加工机理，零件表面逐渐形成“高原状”的表面形貌特征。

3.1.4 电化学机械复合光整加工表面微观形貌的影响因素

影响电化学机械复合光整加工表面微观形貌的因素主要有两个方面：机械作用因素和电化学作用因素。机械作用参数主要包括刮膜工具磨料粒度、刮膜工具相对工件的摩擦速度、刮膜工具对工件的压力等；电化学作用参数主要包括电流密度、极间间隙、电化学作用时间等。

1. 机械作用对工件表面微观几何形貌的影响

1）阴极表面形貌

由电化学机械复合光整加工机理可知，工件本身在电解液中通过电化学阳极溶解作用和机械刮膜作用，逐渐形成最终的表面。当加工进行时，随着工件表面金属材料的不断溶解，工具阴极不断地向工件表面进给，工具阴极表面形状有向工件相对部分复映的趋势，加工时间越长，复映的效果就越强，尤其是在小间隙加工条件下，影响尤为显著。当然，由于机械作用的交替，复映的主要是那些较为宏观的轮廓。

2）工具压力和粒度

在电化学机械复合光整加工过程中，机械光整加工不仅可以清除被加工金属零件表面的氧化膜，而且是作为保证最终加工表面质量的重要手段。刮膜工具压力和磨料粒度决定刮膜工具与工件表面的接触状态。当采用极细粒度的磨料时，刮膜工具表面近似为平面，与阳极表面接触时只刮除阳极表面高点处的阳极膜及部分金属，整个表面的轮廓形貌并未发生根本性变化。当采用具有一定粒度的磨料时，刮膜工具微观表面较为粗糙，在一定的压力条件下，不仅对阳极表面微观轮廓尖峰部位产生作用，还会对其他部位产生作用，这就改变了阳极表面微观形貌，较长的轮廓波会被重新破坏变为波长较短的微尖峰。

3）工具与工件相对运动速度和轨迹

刮膜工具相对工件的摩擦速度不仅对机械作用有影响，而且影响电化学作用时间。摩擦速度的提高强化了机械作用效果而弱化了两次机械作用之间的电化学作用，使得阳极表面形貌趋向于机械加工表面。工具相对工件的运动轨迹应当尽可能避免重复，这点类似于机械珩磨或研磨加工，杂乱的运动轨迹使得单次机械加工的痕迹在后续加工中被去除，能够避免出现尖峰状表面形貌。

2. 电化学作用对微观几何形貌的影响

除机械作用外，电化学作用对工件表面几何形貌也具有重要影响。电化学机械复合加工中的电化学作用对阳极溶解效果的影响规律与单纯电化学加工时并无本质区别，电化学作用强度主要由电流密度和电化学作用时间两方面决定。

在一定范围内，电流密度的增加加大了单位时间内的阳极材料去除，电化学溶解效果变得显著，电化学溶解所形成的表面形貌特征明显，过大的电流密度会导致电化学腐蚀微坑等出现，表面形貌恶化。极间间隙不仅影响电化学加工的电场分布状态，也影响表面微观形貌。电化学作用时间（在此处指两次机械作用之间的电化学作用时间）由两片刮膜工具之间的阴极厚度和工件与阴极间相对运动速度决定。电化学作用时间增长也会使得电化学溶解所形成的表面形貌特征明显，导致表面微观几何形貌的变化。

3.2　电化学机械复合加工的表面精度特性

传统上讲，对于电化学机械复合加工的认识是将其作为改善零件表面质量的一种光整加工技术，以提高被加工工件表面质量，降低微观几何不平度、波纹度为主要目的，不以纠正形状误差为主要目的。而理论上讲，电化学机械复合加工中，电化学作用和机械作用以及两者作用的交互都会影响材料去除量的分布，进而影响精密度。目前一些研究也证明了这一点。

3.2.1　电化学作用对精度的影响及调控

电化学机械复合加工过程中，电化学作用通过两个方面影响材料去除：一方面是通过影响机械作用效果影响材料去除，主要是通过影响阳极膜来实现；另一方面是电化学作用本身对材料去除具有影响。

关于电化学作用对阳极膜的影响，目前主要有两种观点即成相膜理论和吸附理论。成相膜理论认为阳极金属与溶液发生作用，生成一种致密的、覆盖性能良好的、与基体金属牢固结合的保护膜。当薄膜无孔时，会阻碍金属与溶液的接触，电化学反应停止；当薄膜有孔时，在孔中仍可能发生金属阳极溶解反应，接触面积减少，导致金属溶解速度大大降低，转为钝化状态。吸附理论认为钝化是由于在金属表面上吸附着氧或含氧粒子，吸附膜的厚度至多只有单分子厚，某些情况下使阳极金属钝化只需要很小的电量，如此小的电量至多只能在表面形成单分子吸附层。金属表面所吸附的单分子层，不一定需要将表面完全遮盖，只要最活泼的、最先溶解的表面区域上吸附着单分子层，便能使金属钝化，从而抑制阳极极化效应。无论从哪一种观点看，电流密度是影响阳极膜的最主要因素。但由于阳极膜对表面粗糙度整平具有至关重要的影响，所以电流密度的调控应当更多地从表面粗糙度角度考虑。

关于电化学作用本身对阳极材料去除的影响，电化学作用影响精度的主要参数是电流密度和加工时间，通过控制电化学作用因素精确控制电化学机械复合加工的去除量，可以通过三种方式实现：一是采用时变电场，即在阴极移动过程中，电场强弱发生改变，使得去除量发生改变；二是控制电化学作用时间，即电场移动速度发生改变，进而改变去除量；三是改变阴极形状，使得阴阳极极间间隙形成非均匀分布，进而形成极间电场非均匀分布实现去除量的改变。

3.2.2 机械作用对精度的影响及调控

电化学机械复合加工中的机械作用总是作用于阳极表面电化学作用后的区域，因此对阳极材料去除效果的影响是通过去除阳极膜进而影响电化学作用效果而实现的。基于此认识，本书作者提出了非均匀机械作用调控电化学机械复合加工的表面质量与精度的机制及方法，并且相关研究获得了国家自然科学基金的资助。电化学机械复合加工的工件成型是多次电化学-机械交替作用产生的去除量累积的结果，成型精度取决于电化学与机械交替作用过程中去除量在恒机械作用条件下的稳定性和变机械作用条件下的敏感性特征。由于机械作用的目的是去除零件表面钝化膜而非金属基体，所以避免了金属基体的高硬度等物理力学特性对工具状态稳定性带来的不利影响，从而有利于提高去除量的稳定性和敏感性特征，也就有利于提高去除量累积的精确性[6]。

对材料为GCr15，直径为18mm的圆柱滚子，采用碳化硅砂纸磨具，进行不同磨料粒度、加工时间、磨削压力和磨削速度的刮膜实验，获得了电化学机械复合加工去除量的稳定性和敏感性特征，如图3.7所示。由图可知，磨料粒度的敏感性最高，但通常一道工序内并不更换磨料，即磨料粒度不变，所以在此条件下，各参数的敏感性由高到低排序为加工时间、磨削速度、磨削压力。

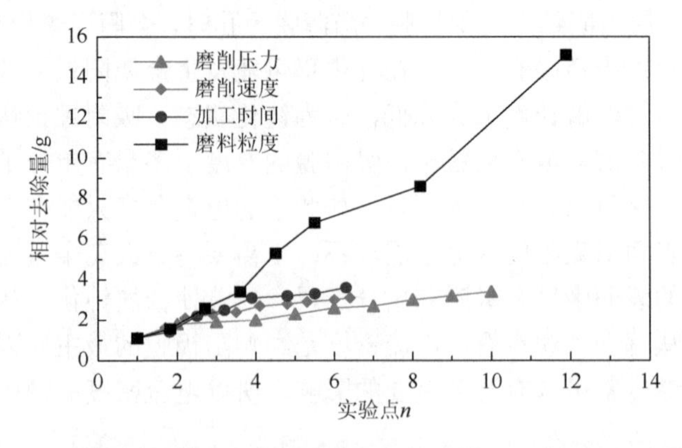

图3.7 电化学机械复合加工去除量的稳定性和敏感性特征分析[6]

这一顺序也是从机械作用角度控制电化学机械复合加工去除量，进而提高电化学机械复合加工精度的参数选择顺序。需要说明的是，以上参量是基本的机械作用参量，在具体实施电化学机械复合加工时，用这些参数反映机械作用强度并非最恰当的。例如，在平面电化学机械复合加工时，用摩擦距离反映机械作用强度更为恰当。

3.2.3 电化学机械复合加工的实施方式对精度影响的特点

电化学机械复合加工的实施方式对精度也具有重要影响，在不同的实施方式情况下，对精度的影响规律也不相同。电化学作用的电流密度和电化学作用时间决定了去除量，而机械作用中的研磨工具对工件的压力和研磨工具与工件之间的摩擦距离决定了去除量。这两者复合于同一过程中时，又会共同影响零部件的精密度。在设计加工方案和阴极及刮磨工具结构时，应当综合考虑电化学作用和机械作用对去除量的影响。下面通过圆环状平面的电化学机械复合加工来说明这一问题[13]。

圆环状平面的电化学机械复合加工原理如图 3.8 所示。在阴极上附着研磨工具，阴极和工件之间留有间隙，当电解液流过电极间隙时产生电化学作用。工件以 ω_1（rad/s）的速度自转，研磨工具以 ω_2（rad/s）的速度绕工件轴向旋转产生机械研磨作用，同时以 ω_3（rad/s）的速度自转。刀具与工件之间通过相对回转运动来提高研磨作用在整个表面上的均匀性。加工时，电极间隙不变，所以电流密度不变，电化学作用下的去除量仅取决于电化学作用时间，研磨工具对工件的压力保持不变，研磨作用的去除量仅取决于工具摩擦距离。因此，可以假设去除量与电化学作用的加工时间和机械研磨作用的摩擦距离成正比，加工时间和摩擦距离在不同点上的分布决定了整个加工表面去除量的均匀性。本书分别采用盘状阴极和环状阴极来比较加工过程中电化学加工时间和摩擦距离的变化规律。

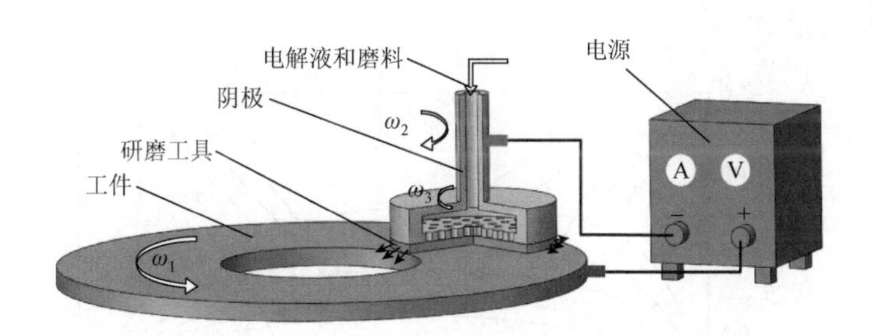

图 3.8　圆环状平面的电化学机械复合加工原理

对于盘状阴极，电化学作用范围如图 3.9 所示[14]。图 3.9 中，ψ 为任意点 A 的同心圆上两个阴极边缘与工件中心之间形成的夹角；r_{O1} 为工具阴极的中心到工件中心的距离；r_A 为工具阴极上任意点 A 到工件中心的距离；d_1 为工具阴极的直径。由图 3.10 可知，任意点 A 处的电化学加工时间 t_A 取决于阴极边缘与点 A 相交的时间间隔。显然，该时间等于线 A_1O 和 A_2O 之间的夹角与研磨工具和工件之间的相对角速度之比，从而得到电化学作用时间为

$$t_A = \frac{\psi}{\omega_1 + \omega_2} = \frac{2\arccos\left[r_{O1}^2 + r_A^2 - \left(\frac{d_1}{2}\right)^2 \Big/ (2r_{O1}r_A)\right]}{\omega_1 + \omega_2}, \quad r_A \in [r_1, r_2] \tag{3.8}$$

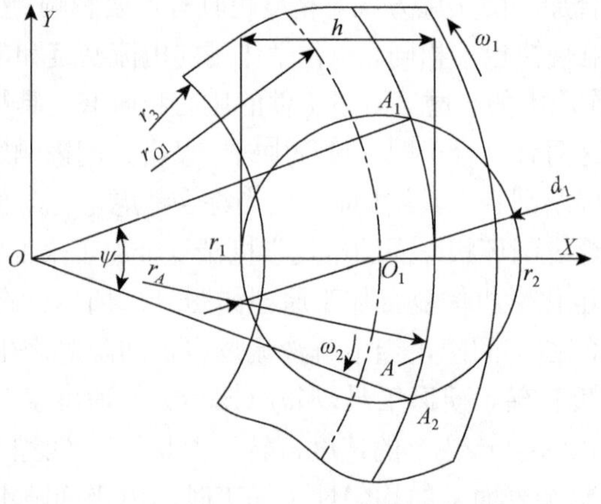

图 3.9　盘状阴极的电化学作用范围

根据式（3.8），对盘状阴极电化学作用时间的仿真结果如图 3.10 所示。结果表明，在阴极边缘电化学作用时间为零，在边缘附近变化剧烈，接近阴极中心时变化平缓。阴极旋转半径与阴极直径之比越大，电化学作用时间的变化越平缓。由此可得，采用盘状阴极时，阴极直径应大于工件宽度，阴极旋转半径与阴极直径之比应尽可能大。

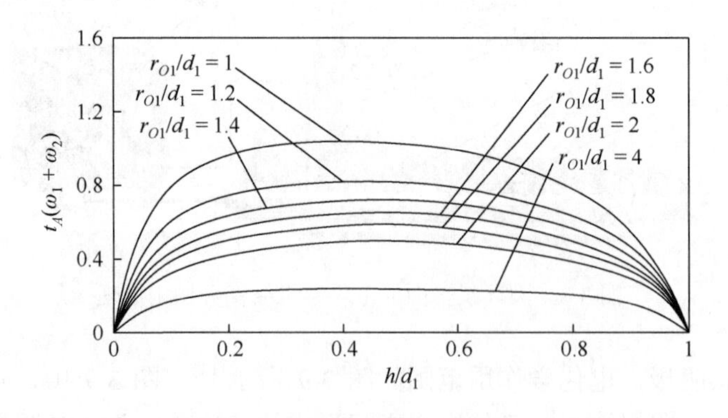

图 3.10　盘状阴极电化学作用时间的仿真结果

当采用环状阴极时，电化学作用范围如图 3.11 所示，其与盘状阴极的区别在于空心区没有电化学作用。图 3.11 中，d_2 为环状阴极的内圆直径。由图可以推导出电化学作用时间为

$$t_A = \frac{2\left\{\arccos\left[r_{O1}^2 + r_A^2 - \frac{\left(\frac{d_1}{2}\right)^2}{2r_{O1}r_A}\right] - \arccos\left[r_{O1}^2 + r_A^2 - \frac{\left(\frac{d_2}{2}\right)^2}{2r_{O1}r_A}\right]\right\}}{\omega_1 + \omega_2}, \quad r_A \in [r_3, r_4] \tag{3.9}$$

$$t_A = \frac{\psi}{\omega_1 + \omega_2} = \frac{2\arccos\left[r_{O1}^2 + r_A^2 - \frac{\left(\frac{d_1}{2}\right)^2}{2r_{O1}r_A}\right]}{\omega_1 + \omega_2}, \quad r_A \in [r_1, r_3] \cup [r_4, r_2] \tag{3.10}$$

根据式（3.9）和式（3.10），对环状阴极电化学作用时间的仿真结果如图 3.12 所示。结果表明，电化学作用时间在阴极内边缘为零，在靠近内边缘和外边缘处急剧变化，但在 r_3 和 r_4 之间以及靠近阴极中心处变化平缓。阴极旋转半径与阴极直径之比越大，电化学作用时间的变化越平缓。由此可得，采用环状阴极时，阴极内径应大于工件宽度，阴极旋转半径与阴极直径之比应尽可能大。

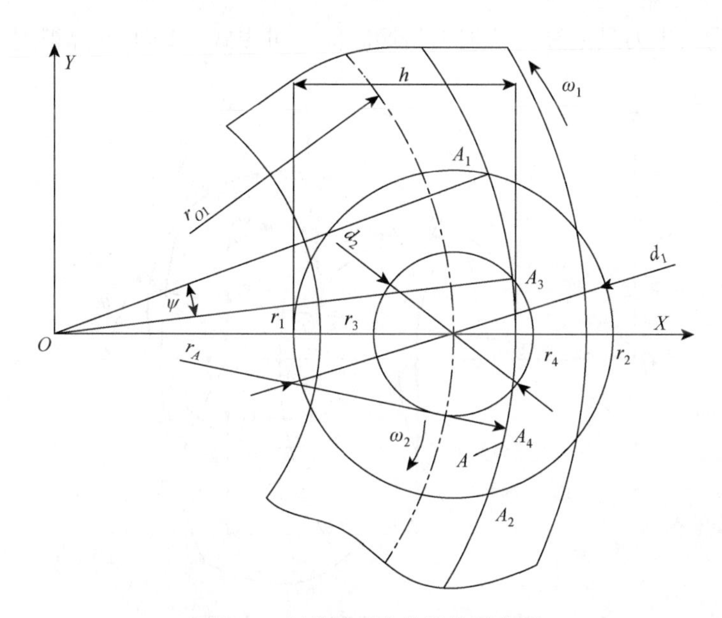

图 3.11　环状阴极电化学作用范围

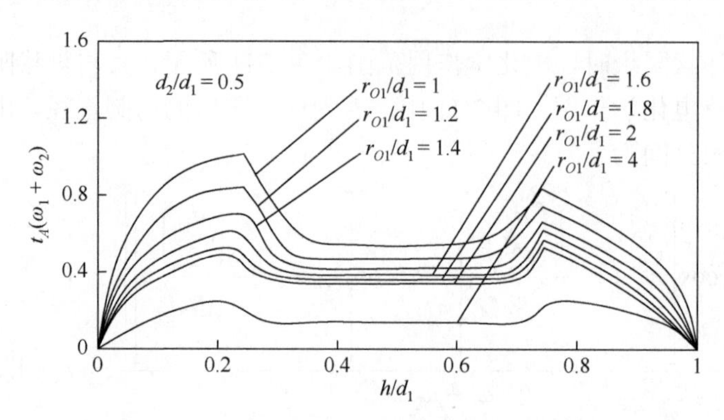

图 3.12　环状阴极电化学作用时间的仿真结果

对于盘状工具，研磨作用范围如图 3.13 所示。用 v_N 表示 N 点处研磨工具与工件之间的相对速度，则 v_N 由工件旋转引起的 v_1、刀具绕 O 点旋转引起的 v_2 和刀具旋转引起的 v_3 组成。由于刀具围绕点 O 旋转，θ_2 是时间的函数，定义刀具中心与 X 轴相交的时间为零，则时间 t 处的 θ_2 可以表示为

$$\theta_2(t)=a\cos\left[r_{O1}\sin\frac{(\omega_1+\omega_2)t}{O_1N}\right] \tag{3.11}$$

研磨工具与工件 N 点之间的摩擦距离可以表示为

$$L_N=2\int_0^{t_a}v_N(t)\mathrm{d}t \tag{3.12}$$

式中，t_a 为一半刀具通过 N 点时的研磨时间，可由式（3.8）计算得到。

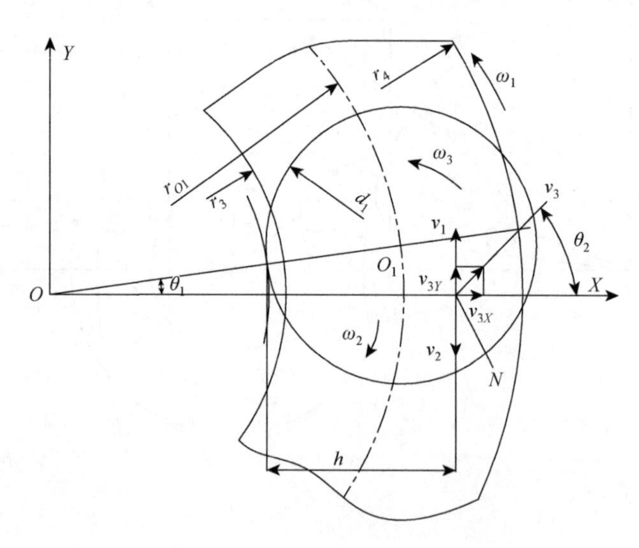

图 3.13　盘状工具研磨作用范围

根据式（3.11）和式（3.12），在工具外径等于工件宽度的条件下，得出对盘状工具摩擦距离的仿真结果，如图3.14所示。结果表明，阴极边缘的摩擦距离为零，在边缘附近变化剧烈，而在研磨工具中心附近变化平缓，工件角速度与研磨工具旋转角速度的比值越大，摩擦距离的变化越平缓。以上结果表明，采用盘状研磨工具时，研磨工具的直径应大于工件的宽度，工件角速度与研磨工具旋转角速度之比应尽可能大。

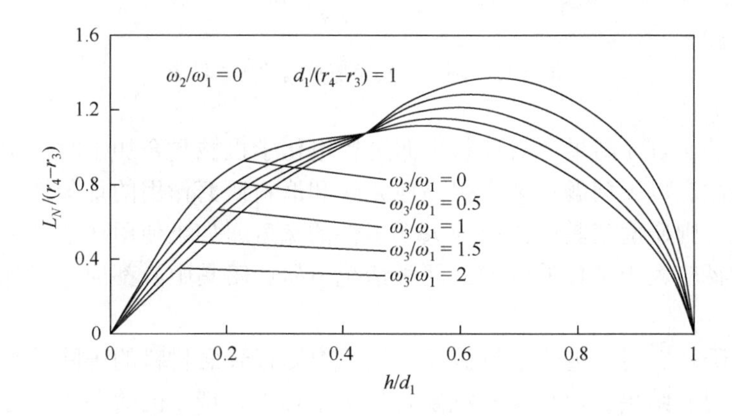

图3.14　盘状工具摩擦距离的仿真结果

对于环状工具，需要判断刀具是否位于随机点 N 上，判断条件可由式（3.13）得到

$$\begin{cases} x^2 + y^2 = r_A^2 \\ (x - r_{O1})^2 + y^2 > \left(\dfrac{d_1}{2}\right)^2 \end{cases} \tag{3.13}$$

如果满足式（3.13）的条件，则摩擦距离由式（3.12）计算，t_a 由式（3.8）确定。如果不满足式（3.13）的条件，则可通过式（3.14）计算摩擦距离：

$$L_N = 2\int_{t_b}^{t_a} v_N(t)\,\mathrm{d}t \tag{3.14}$$

式中，t_a 可由式（3.8）获得；t_b 由式（3.9）和式（3.10）获得。

图3.15为研磨工具外径等于工件宽度、内径等于外径2/5时摩擦距离的仿真结果。由图可知，在阴极外缘摩擦距离为零，在阴极边缘急剧变化，但在中心附近和 r_3 与 r_4 之间变化平缓。工件角速度与研磨工具旋转角速度之比越大，摩擦距离的变化越平缓。以上结果表明，使用环状研磨工具时，研磨工具的内径应大于工件的宽度，并且工件角速度与研磨工具旋转角速度之比应尽可能大。

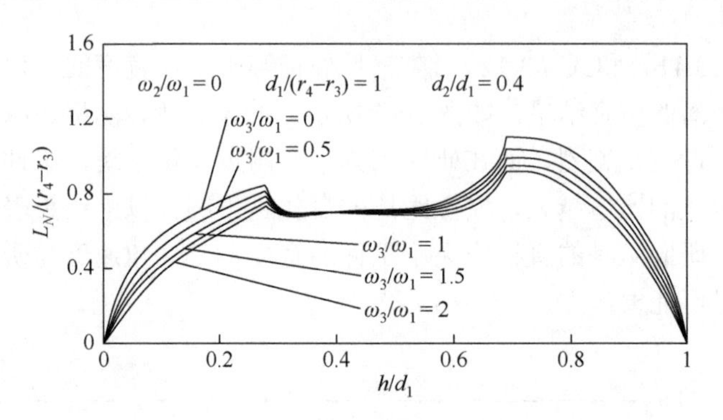

图 3.15 环状工具摩擦距离的仿真结果

综合以上研究结果，对环状平面进行电化学机械复合加工时，阴极和磨具的设计要注意以下问题：为了提高电化学和磨料研磨作用的均匀性，如果使用盘状工具，则研磨工具的外径应大于工件的宽度；如果使用环状工具，则研磨工具的内径应大于工件的宽度；两种情况下研磨工具中心都应与工件内外缘中心重叠。

上述研究表明，电化学机械复合加工中阳极表面材料的去除是电化学和机械联合作用的结果。电化学机械复合加工条件下，精度的改善需要综合考虑两者对表面材料去除量的影响来设计加工方案，从而合理选择阴极和刮磨工具，确定电化学和机械加工参数。同时这也意味着，电化学机械复合加工具有从根本上改善零件精密度的能力，是具有高精度零部件跨尺度精确成型潜力的一种加工技术。

3.3 电化学机械复合加工获得的表面形貌和精度实例

轴承滚道的表面粗糙度、波纹度、形状精度直接影响轴承使用性能（振动、噪声、传动精度等）和寿命，对滚道进行光整加工是改善滚道表面形貌和精度的重要手段。本节以滚动轴承滚道为加工对象，分析在较优化的工艺条件下电化学机械复合加工能获得的滚道表面粗糙度、波纹度和形状精度特性[14, 15]。

3.3.1 对表面粗糙度的改善

图 3.16 为加工前后滚道表面轮廓的对比，图 3.17 为加工前后滚道表面轮廓支承长度率 *Rmr* 值的对比。加工后，表面粗糙度获得大幅降低，轮廓支承长度率曲线形态也发生了显著改变，说明微凸体形态更加匀称，表面尖峰沟壑变化趋于缓和。

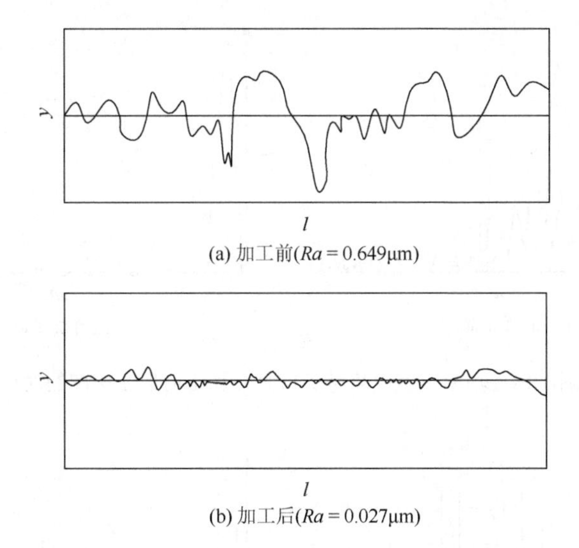

(a) 加工前($Ra = 0.649\mu m$)

(b) 加工后($Ra = 0.027\mu m$)

图 3.16　轴承滚道电化学机械复合加工前后表面轮廓的对比

3.3.2　对波纹度的改善

图 3.18 为加工前后滚道波谱图的对比，图 3.19 为加工前后滚道波速度的对比。从图中可以看出，电化学机械复合加工后波纹度和波速度两项指标都有大幅度降低，说明轴承滚道轮廓起伏波纹度得到有效降低。

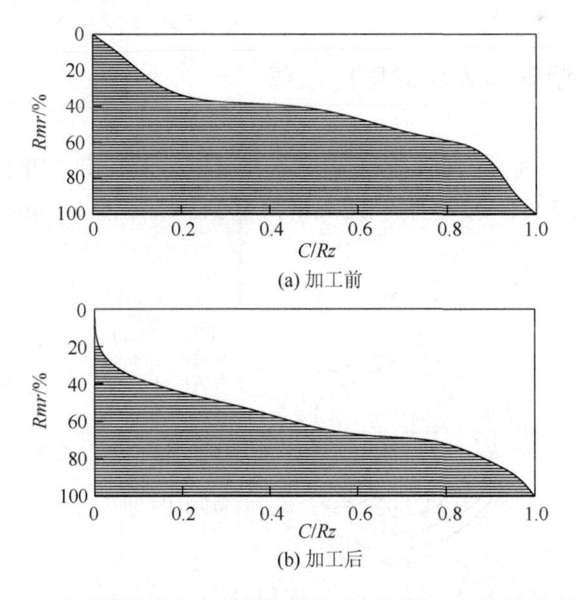

(a) 加工前

(b) 加工后

图 3.17　轴承滚道表面电化学机械复合加工前后 *Rmr* 值分布对比

C-距离工件轮廓峰顶处的高度；*Rz*-工件轮廓最大高度

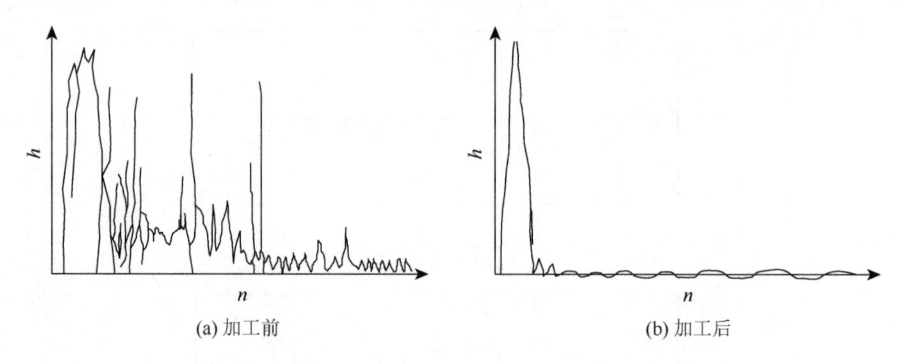

(a) 加工前　　(b) 加工后

图 3.18　轴承滚道电化学机械复合加工前后波谱图的对比

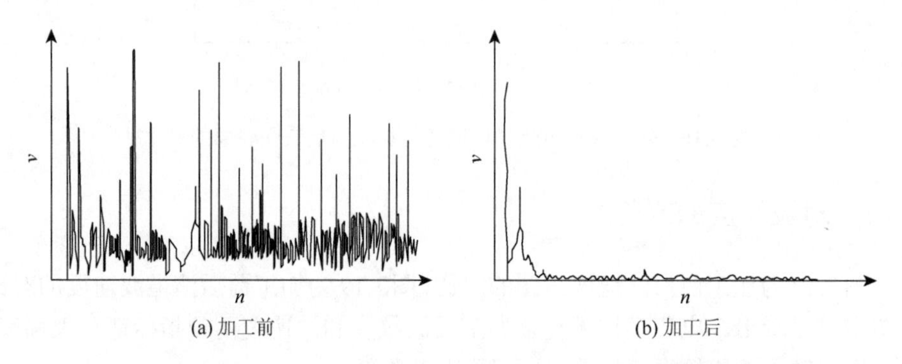

(a) 加工前　　(b) 加工后

图 3.19　轴承滚道电化学机械复合加工前后波速度的对比

3.3.3　对形状精度和表面轮廓的改善

图 3.20 为加工前后圆度轮廓的对比。从图中可以看出，加工后表面轮廓明显改善，零件表面圆度由加工前的 2.23μm 降低到加工后的 1.15μm。

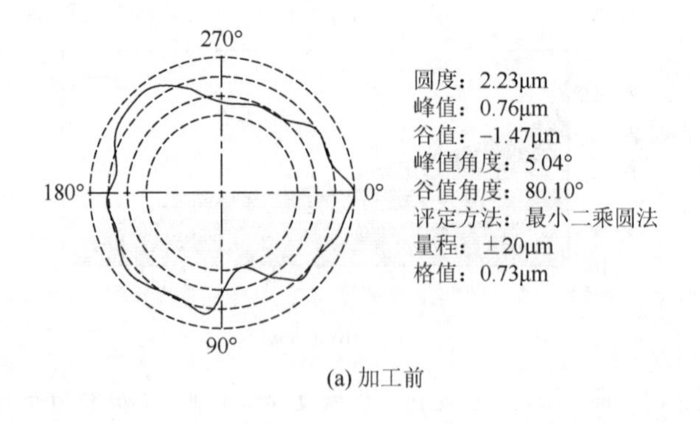

(a) 加工前

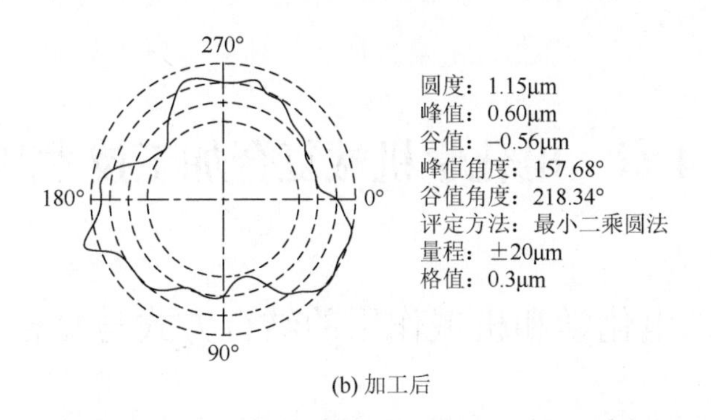

(b) 加工后

图 3.20　电化学机械复合加工前后的圆度轮廓对比

通过上述实例分析可以看到，电化学机械复合加工在大幅度降低滚道表面粗糙度值的同时，还可在一定程度上提高零件精密度，是高性能零部件加工的一种有效方式。同时，可以发现电化学机械复合加工后的表面微观几何形貌呈“圆弧状”，滚道轮廓支承长度率改善，表面波纹度平缓，表面圆度误差显著减小，这些指标的改善有利于提高接触刚度，改善轴承运转特性，降低轴承振动和噪声，提高工作性能和寿命。

第4章　电化学机械复合加工技术基础

4.1　电化学和机械作用的结合方式与复合方法

电化学机械复合加工技术可采用不同的结合方式和复合方法，在同一工艺过程中复合电化学作用和机械作用。本节介绍电化学机械复合加工不同的结合方式和复合方法，以及各自的优缺点和适用场合。

4.1.1　电化学和机械作用的结合方式

电化学和机械作用的结合方式主要受到磨具种类和被加工表面形状的影响。

按照磨料自身的组织形式，以及磨料与工件之间在加工过程中的相对位置，常见的磨具可分为固结磨料磨具和自由磨粒磨具两种类型。按照磨具的硬度和在加工过程中是否能保持固有形状，固结磨料磨具又可分为硬质磨具和软质磨具，常见的硬质磨具有砂轮、油石、玻璃纤维等，软质磨具有砂带、百洁布、聚氨酯抛光皮等。采用固结磨料磨具的加工方式主要有：采用油石作为工具的超精加工、珩磨加工；采用砂轮作为工具的磨削加工；采用砂带、百洁布、聚氨酯抛光皮等作为工具的抛磨加工。自由磨粒磨具按照磨料的约束与施压方式，即磁场施压、机械力施压、压力场施压等，对应的有磁力研磨加工、磨粒研磨加工、挤压磨粒珩磨加工等。对于每一种工艺，应用于不同的表面时，又受到具体结构和尺寸的影响，这些都会对电化学作用和机械作用的结合方式产生影响。

就目前研究而言，关于电化学作用和机械作用的复合方式并没有统一的分类，一般是按照复合的机械作用的工艺性质分为不同的工艺，并冠以不同的名称。电化学作用和机械作用的复合方式不仅影响到工艺的可实现性，还影响到工艺的实施效果。按照电化学作用的电极和机械作用的工具之间的关系，电化学作用和机械作用的结合方式大体可以分为三类：复合阴极磨具法、分离阴极磨具法和镶嵌阴极磨具法，如图4.1～图4.3所示。复合阴极磨具法是电化学作用与机械作用在空间和时间上基本重合，因而阴极和工具一般复合在一起，阴极既产生电化学作用，又兼有工具刮膜的作用。分离阴极磨具法是电化学作用与机械作用在空间和时间上独立，因而阴极和工具在空间上一般也相互独立，阴极只产生电化学作用，工具只产生机械刮膜作用。镶嵌阴极磨具法是电化学作用与机械作用在空间和时间上尽管不重合，但是两者交替很快，在结构上，将工具与阴极互相嵌入复合在一起，但是电化学作用和机械作用在空间与时序上仍然是独立的。这种分类只是一个大致的区分，有些实施方式很难准确地说就属于某一种，更可能是接近于某一种。

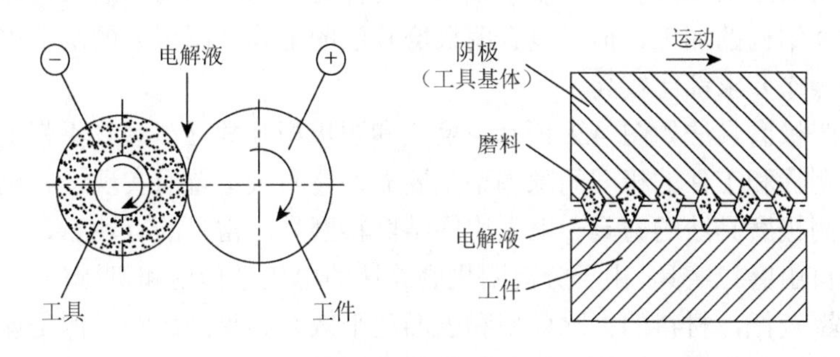

图 4.1　复合阴极磨具法

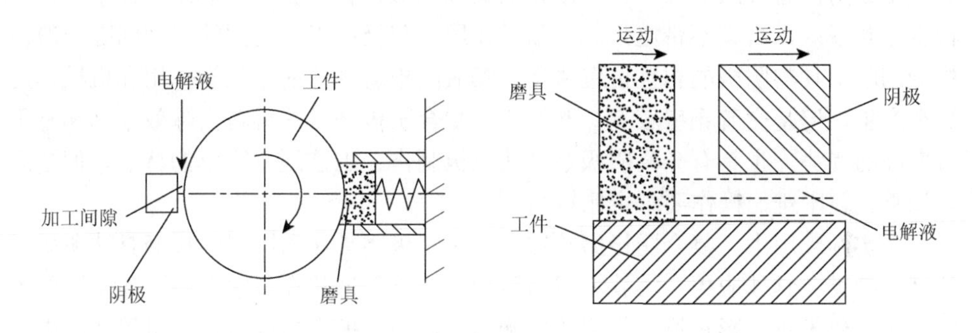

图 4.2　分离阴极磨具法

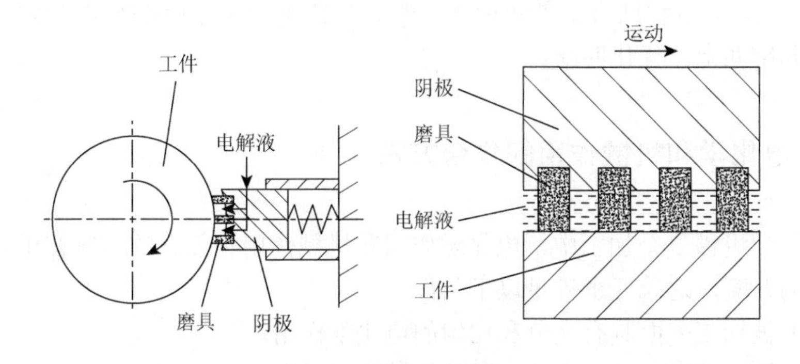

图 4.3　镶嵌阴极磨具法

复合阴极磨具法如图 4.1 所示，磨具既要作为阴极导电，又能产生刮膜作用。常见的形式是磨料嵌在阴极当中，磨料露出工具表面的部分与工件接触形成加工间隙。复合阴极磨具法的磨具一般采用固结磨料磨具，常见的有电镀磨料工具、渗银磨具、粉末冶金磨具、石墨导电磨具等，也可以采用自由磨粒磨具。由于复合阴极磨具法的电化学作用和机械作用几乎同时产生，两者交替频率较高，理论上具有材料去除效率高和表面整平效率高的优势，同时阴极和磨具一体化有利于实现小空间结构的加工，但是复合阴极磨具法的工具（阴极）的制造难度大，工艺控制和操作要求都比较高。

分离阴极磨具法如图 4.2 所示，磨具和阴极相互独立，磨具不带电，只起刮膜作用，阴极和工件的极间间隙调整主要靠调整阴极位置而实现，与机械作用无关。分离阴极磨具法的磨具一般采用固结磨料磨具，常见的有油石、砂带等，也可以采用自由磨粒磨具。由于分离阴极磨具法的电化学作用和机械作用交替产生，且交替频率较低，材料的去除效率和表面整平效率会受到影响，但是该方法的最大优点是电极制备、工艺规范和操作要求都相对简单，可实施性好。

镶嵌阴极磨具法如图 4.3 所示，磨具和阴极是相互独立的基本零件单元，结构上相互嵌入，磨具不带电只起到刮膜作用，阴极和工件之间的极间间隙一般由机械刮膜工具与阴极的相互位置决定。镶嵌阴极磨具法的电化学作用和机械作用交替产生，但是交替频率较高，既结合了复合阴极磨具法材料去除效率高和整平效率高的优势，也具有分离阴极磨具法电极制作、工艺规范简单的特点，但是间隙调整比较困难，操作要求也比较高。

在实际应用中，复合阴极磨具法、分离阴极磨具法和镶嵌阴极磨具法所采用的磨具种类、具体应用、实施方式与所加工的零件形状和要求有关，而不同的零件形状和要求主要影响机械作用的实施方式，因此换个角度讲，也可以认为电化学机械复合加工的具体应用是合理地在机械加工（磨、抛、研）过程中复合电化学作用。当然，这种结合不是两种作用的简单叠加，而是根据被加工对象的特征，在时间和空间上的优化匹配。

4.1.2 电化学和机械作用的复合方法

电化学机械复合加工中，电化学作用和机械作用相复合的关键在于两者能形成合理的匹配，这就要求满足以下条件。

（1）被加工表面具有充分和均匀的电化学作用。

（2）被加工表面具有强弱合适的机械作用。

（3）两种作用在时间和空间上形成合理的交替。

电化学机械复合加工的具体实施方式也需要满足以上三个条件，图 4.4 为工艺自身特点对具体实施方式的要求。

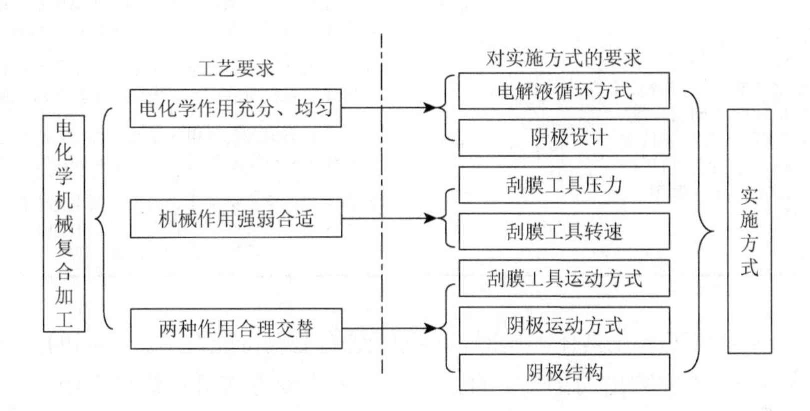

图 4.4　工艺自身特点对具体实施方式的要求

在具体实施电化学机械复合加工时，还要考虑的问题是磨具的寿命问题。影响磨具寿命的因素主要有两个方面：一是磨具本身需要具有耐水性，有些磨具如油石、砂轮等在机械加工过程中就浸于切削液中使用，具有较好的耐水性，而有些磨具如纸基砂纸、尼龙轮磨具等使用时是干磨抛，不适合作为电化学机械复合加工磨具；二是磨具要有较好的抗堵塞能力，原因在于被刮削下来的阳极膜会造成砂轮堵塞，降低磨具的刮膜能力，同时会加速磨具的磨损，影响加工的可持续性。例如，采用无纺布或羊毛毡加工时，堵塞会造成磨具硬化而丧失弹性，还会阻断工具阴极和工件阳极之间的电化学反应过程。

磨具按照受力时是否容易变形，可分为硬质磨具或软质磨具。磨具越硬越表现出“刚性”，磨具越软越表现出“柔性”。柔性越好的磨具，对加工表面的随形性或适应性也越好，从形状适应性角度也就越适用于更复杂形状的表面加工。按照这一规律，常用的磨具从“刚”到“柔”的顺序大致为砂轮、油石、玻璃纤维→砂带、抛光垫→流动磨粒、磁粒，因此电化学作用与这些工具相复合时，对形状的适应性也按上述顺序由低到高。但是，形状适应性越好并非意味着工艺效果越好，例如，对于原始表面较为粗糙的工件，磁粒和流动磨粒加工对于原始波纹度的整平能力是受到限制的，这需要根据加工要求进行具体分析。

根据不同的加工方式对不同形状零件的适用性，研究者针对不同形状的零件，研究了适用于不同结构零件的电化学作用和机械作用的复合方式。表 4.1 列出了电化学机械复合加工一些较为典型的实施方式。

表 4.1　电化学机械复合加工的典型实施方式

磨具种类	工艺种类	复合方式	加工对象	形成的复合工艺
固结磨料磨具（油石、砂轮、玻璃纤维、砂带等）、自由磨粒磨具（布轮磨粒、羊毛毡磨粒、磁粒、挤压磨粒、滚磨磨粒等）	磨削、珩磨、超精、研磨、抛光、磁粒研磨、挤压珩磨等	复合阴极磨具法、独立阴极磨具法、镶嵌阴极磨具法	外圆	电化学超精加工、电化学磨削加工、电化学磁粒研磨加工、电化学砂带抛磨加工、电化学布轮磨粒抛磨加工等
			内孔	电化学珩磨加工、电化学磨削加工、电化学砂带抛磨加工、电化学磁粒研磨加工、电化学布轮磨粒抛磨加工等
			平面	电化学磨粒研磨加工、电化学珩磨加工、电化学磨削加工、电化学磁粒研磨加工、电化学布轮磨粒抛磨加工等
			曲面	齿轮齿面电化学珩磨加工、内腔表面电化学挤压磨料加工、不规则表面手持工具式电化学抛磨加工、自由曲面数控电化学抛磨加工等

同一种复合工艺在具体实施时，在机械结构上也可能有多种不同的实现结构，4.2 节将对表 4.1 中列出的部分复合工艺的具体实施方式进行简单介绍。

4.2　电化学机械复合加工具体的实施方式

根据 4.1 节介绍的电化学机械复合加工的不同结合方式和复合方法，本节针对外圆、内孔、平面、复杂表面等形状，设计电化学机械复合加工在其上不同的实施方式。

4.2.1　外圆电化学机械复合加工的实施方式

外圆面是机械零件中最常见的一种几何形状。常见的外圆机械精加工方法和光整加工方法有超精加工、砂带抛磨加工、磁粒研磨加工、磨削加工等，电化学作用与这些工艺都可以进行复合，即使是同一种机械加工工艺，电化学作用与之复合也可以有不同的模式，在实际加工中可以根据零件的具体结构形式以及加工要求，确定合理的实施模式。

1. 电化学超精加工

超精加工是用一定粒度的油石，以一定的压力压在旋转的工件表面上，并做高频率短行程的往复振荡进行金属微量切除的精整加工方法。图 4.5（a）给出了超精加工在外圆面上的实现原理示意图。加工过程中，工件做旋转运动，安装于振动头的油石由振动头带动做轴向高频往复运动和轴向进给运动，使油石在工件表面形成复杂轨迹，从而实现表面精整。

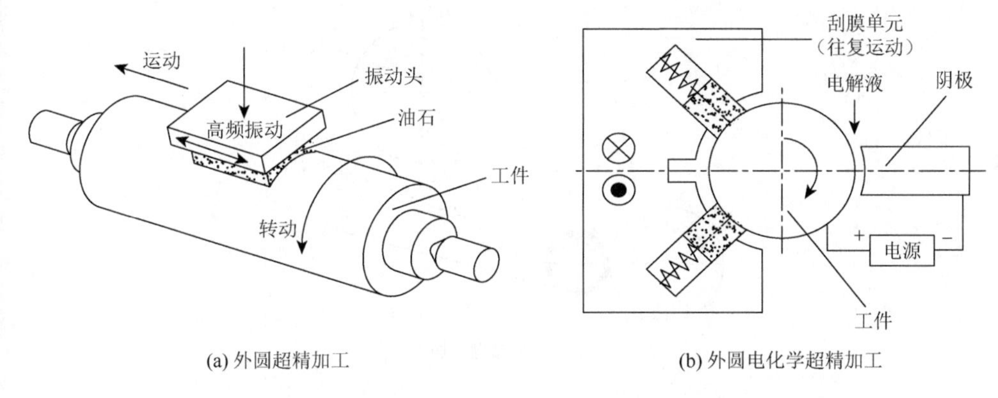

(a) 外圆超精加工　　(b) 外圆电化学超精加工

图 4.5　分离阴极磨具法外圆电化学超精加工实施方式

图 4.5（b）给出了在超精研磨过程中复合电化学作用的示意图。超精加工采用油石作为磨具，复合阴极磨具法需要制作专门的导电油石，镶嵌阴极磨具法则需要将阴极与油石组合在一起，从简单、可靠的角度考虑，分离阴极磨具法比较方便，如图 4.5（b）所示，借用超精加工的工具头部分，在对侧设置工具阴极和电解液系统，工件接电源正极，工具接电源负极，电极系统与振动头一起沿工件轴向做进给运动，就可实现整个工件表面的加工。

2. 电化学砂带抛磨加工

砂带抛磨加工用一定粒度的砂带，通过外力压在旋转的工件表面上，砂带由专用抛光机带动旋转，对零件表面产生抛磨作用，砂带可以采用不同形式的抛光机驱动，所产生的抛光效果和效率也有差异，图 4.6（a）给出了采用张紧轮直接压紧砂带于工件表面实现抛磨的原理示意图。为了获得更好的加工质量，也可给砂带附加沿工件轴向的偏摆运动[16]。

根据砂带抛磨外圆的结构特点，采用分离阴极磨具法电化学机械复合加工实施方式比较合适。如图 4.6（b）所示，阴极设置的方式类似于如上所述的电化学超精加工。

3. 电化学磁粒研磨加工

磁粒光整加工又称磁性研磨或磁粒研磨，图 4.7（a）为外圆磁粒光整加工示意图。将具有导磁性能和加工能力的磁性磨粒置于磁极头和工件之间，通过磁场发生装置（电磁场或永磁场）在加工区域形成磁场约束磁性磨粒对工件产生一定的作用力，通过控制磁场运动或工件运动，磨粒和工件间产生复杂的相对运动，对工件表面产生磨抛、挤压等综合作用，从而改变工件表面几何特征和物理力学性能。

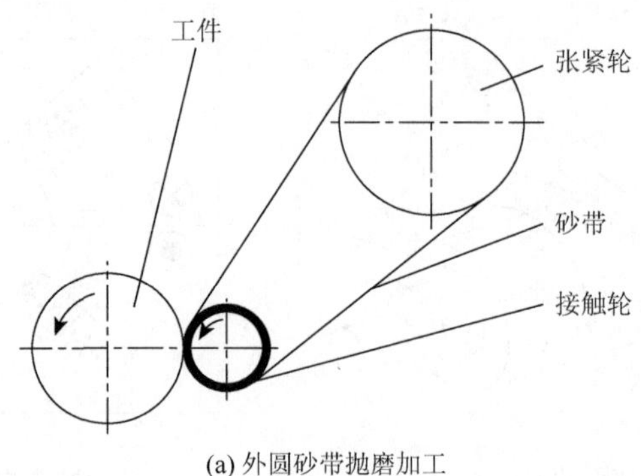

(a) 外圆砂带抛磨加工

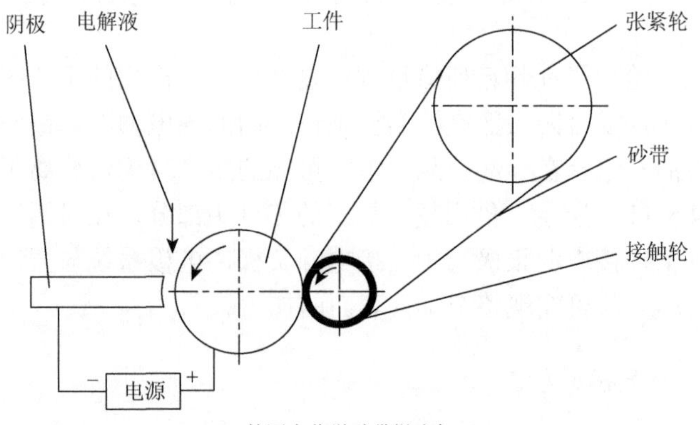

(b) 外圆电化学砂带抛磨加工

图 4.6　分离阴极磨具法外圆电化学砂带磨抛加工实施方式

外圆电化学磁粒研磨采用分离阴极磨具法比较容易实施，如图 4.7（b）所示，在工件表面设置阴极，工件和阴极分别接正极、负极，极间间隙中通以电解液，加工时，阴阳极通电，工件表面产生电化学作用，磁极通电，产生磁场力使磁粒对工件表面形成磁磨压力，磁粒研磨作用和电化学作用交替进行，实现工件表面的光整加工。

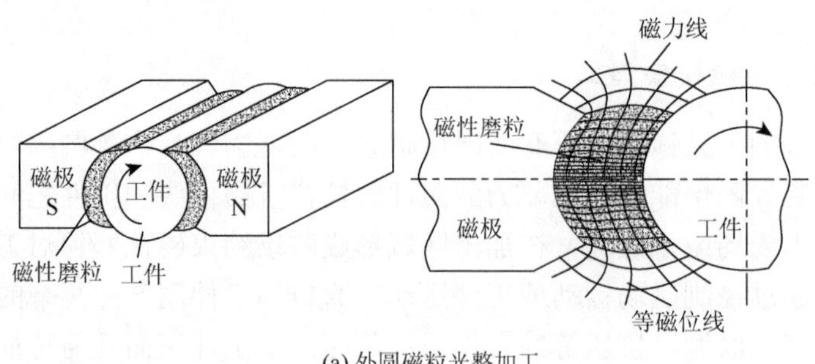

(a) 外圆磁粒光整加工

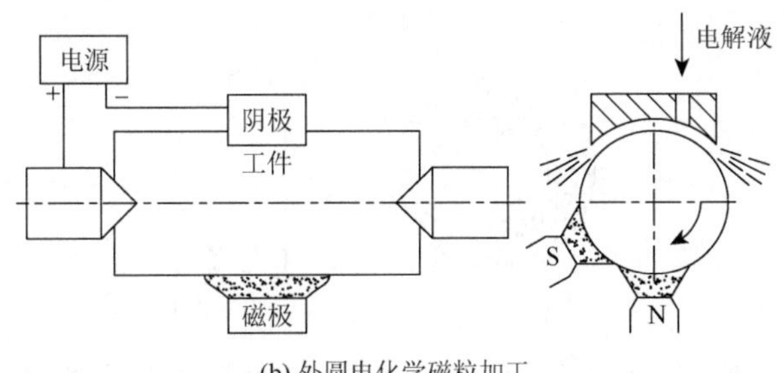

(b) 外圆电化学磁粒加工

图 4.7　分离阴极磨具法外圆电化学磁粒加工实施方式

有研究认为，磁场对电化学加工还有其他方面的影响。例如，洛伦兹力和电场力的共同作用，使得离子运动轨迹发生改变，工件表面的电流密度分布更不均匀；同时磁场对电极表面产生强制搅拌作用，提高了被加工表面峰点或峰点侧面的溶解速度及产物的扩散速度，磁场作用对电化学作用的影响本身就有利于工件表面的整平。因此，可以认为电化学磁粒加工是电化学作用、磁粒抛磨作用、磁场对电场的影响作用三方面因素共同作用的结果，这对进一步提高光整加工的效率和进一步改善表面粗糙度是有意义的。

4. 电化学磨削加工

磨削加工利用高速旋转的砂轮等磨具实现工件表面加工，主要作为以去除材料为目的的成型加工和以提高精度为主要目的的精加工工艺，也可作为以改善表面粗糙度为目的的光整加工工艺。作为光整加工工艺时，采用细粒度的砂轮，并且在工作面上修整出大量等高微刃而使工件表面获得优良的表面粗糙度，也称为光整磨削。

电化学磨削将电化学作用复合于磨削过程中，可以采用复合阴极磨具法，也可以采用分离阴极磨具法。图 4.8 所示的复合阴极磨具法需要制作专门的导电磨轮，同时作为阴极产生电化学作用。加工时，磨轮和工件之间保持一定的磨削压力，磨轮表面凸出的非导电性磨料使工件表面与磨轮导电基体之间产生一定的极间间隙，电解液供液系统向间隙中供给电解液。导电磨轮由导电基体与磨料通过一定工艺结合而成，常用的导电磨轮有金属结合剂磨轮、铜基树脂结合剂磨轮、电镀金刚石磨轮、陶瓷渗银磨轮和碳素结合剂磨轮等，一般根据实际加工需要选用。图 4.9 所示的分离阴极磨具法电化学磨削的实施方式在磨削加工工艺系统中增加了专用的电化学作用阴极、电解液系统、电化学电源等。电化学磨削加工的特殊之处在于，机械作用是“刚性”而非“弹性”作用于工件，这与其他几类加工有较大差别，机械作用要精确地向工件表面进给运动，而电化学作用的介入对材料去除过程是有较大影响的，因此电化学作用和机械作用的参数对加工的影响规律也更为复杂和难以控制。

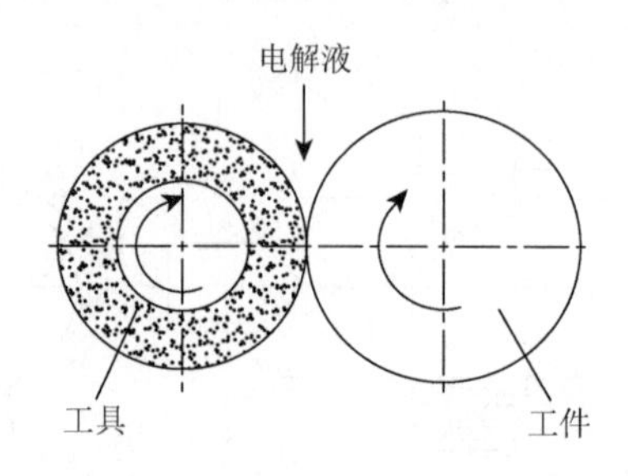

图 4.8　复合阴极磨具法外圆电化学磨削加工实施方式

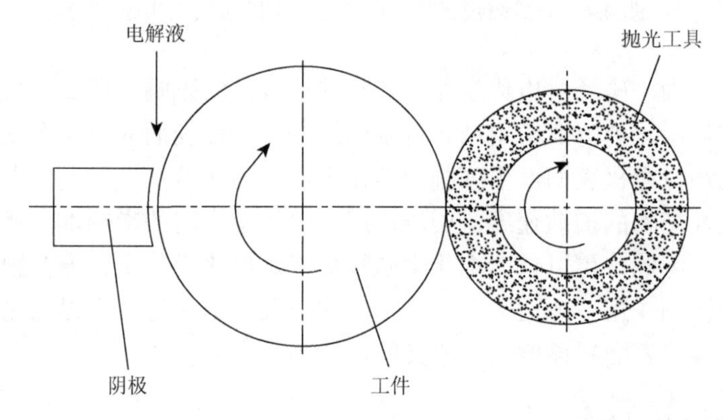

图 4.9　分离阴极磨具法外圆电化学磨削加工实施方式

4.2.2　内孔电化学机械复合加工的实施方式

内孔表面是机械零件中又一种常见的几何形状。内孔表面的常见机械精加工和光整加工方法有珩磨加工、砂带抛磨加工、磁粒研磨加工、磨削加工等，类似于外圆面，电化学作用与这些内孔机械精加工和光整加工工艺都可以进行复合，复合时也可以有不同的模式，在实际加工中可以根据零件的具体结构形式以及加工要求，确定合理的实施方式。

1. 电化学珩磨加工

珩磨加工是采用固定磨料（油石）加工的典型精整加工工艺，可以提高加工精度和表面粗糙度。珩磨加工的基本原理是用镶嵌在珩磨头上的油石（也称珩磨条）对精加工表面进行精整加工，如图 4.10（a）所示。珩磨头外周镶有 2～10 根长度为孔长 1/3～3/4 的油石，通过珩磨头中的弹簧或液压控制从而均匀外胀压紧油石，使之压紧被珩磨表面，同时在珩孔时既旋转运动又往返运动，带动油石实现对被加工表面的磨抛。珩磨与孔表面的接触面积较大，加工效率较高。

从机械结构上实现电化学和珩磨作用相复合可以借用珩磨头本身的结构，因此采用镶嵌阴极磨具法比较合理，如图 4.10（b）所示。将油石嵌入珩磨头中，油石本身不导电，但将安装油石的珩磨头和工件分别接电源的负极和正极，将高速流动的电解液通入两者之间的间隙，当接通电源时，工件、电解液和珩磨头闭环通路，产生电化学反应，工件金属在电化学作用下发生阳极溶解，同时随着珩磨头一起相对工件做旋转运动和平移运动。阳极溶解过程中，阳极表面产生的氧化物又被后续的珩磨油石迅速磨掉，并由电解液带走，电化学作用和机械作用的交替进行，使得工件不断地被加工从而实现电化学珩磨，达到表面精整加工的目的。

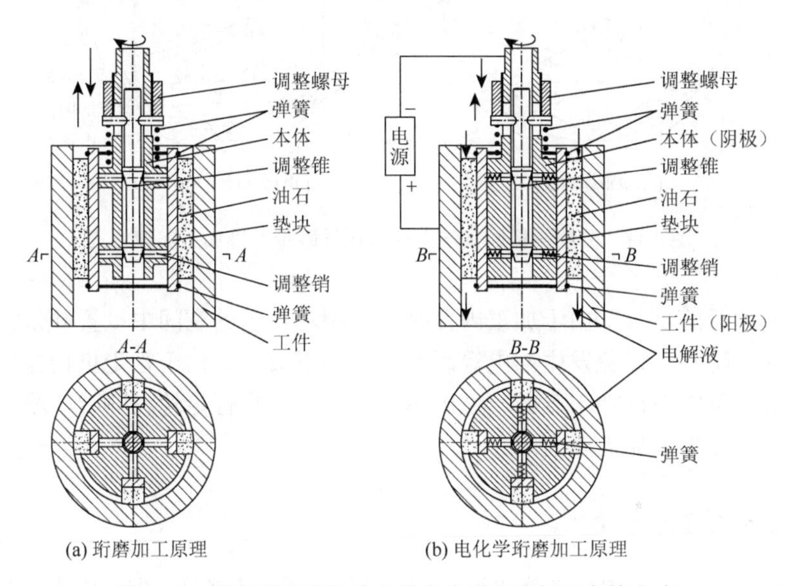

图 4.10　镶嵌阴极磨具法内孔电化学珩磨加工实施方式

2. 电化学砂带抛磨加工

小型内孔砂带抛光借用内孔珩磨的结构原理，将油石磨具换成砂纸磨具。大型内孔砂带抛光加工与外圆砂带抛光加工类似，但是由于要将砂带机置于内孔当中，需要考虑砂带机的安装。对于短孔，可以在孔外部设置悬臂平台安装砂带抛磨机，如图 4.11（a）所示。对于较深的内孔，则会大幅增加设备的长度，对悬臂刚度的要求也较高，因此需要设置既可沿工件圆周方向运动又可沿工件轴向运动的砂带机。

根据上述砂带抛光的机械结构，可以采用不同的电化学作用和机械作用的结合方式，本节仅以适用于大型深孔的移动式电化学砂带抛磨加工系统的一种结构为例进行介绍。如图 4.11（b）所示是分离阴极磨具法内孔电化学砂带抛磨加工的实施方式，通过支撑架在砂带机两旁设置移动小车，移动小车上设置有阴极，由移动小车支撑阴极形成与工件之间的间隙，砂带机可通过滑动导轨固定于支撑架，以便能沿支撑架上下移动，依靠自身重力弹性施压于工件表面。这种运动设计的原理利用了被加工表面作为移动小车运动轨迹的基准，从而消除了被加工表面回转精度对加工过程造成的影响，即使在原始形状误差比较大的情况下也能实现加工，因此尤其适用于大型化工罐体等零件的加工。

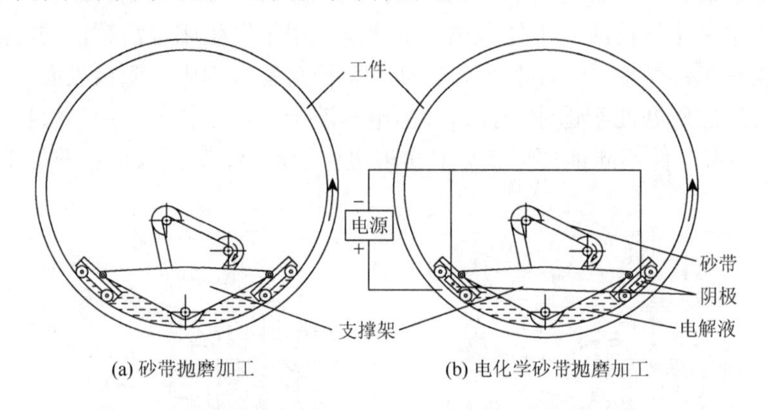

图 4.11　分离阴极磨具法内孔电化学砂带抛磨加工实施方式

需要注意的是：①由于加工内孔时，在相对封闭的空间中设置砂带机，需要做好密封和防水，以免发生漏电等影响安全的事故；②由于行走机构与加工表面直接接触，可能对已加工表面产生破坏，因此在选择行走轮材料时，尽可能选择软的材料，保护被加工表面。

3. 电化学磁粒研磨加工

磁粒加工应用于内孔光整加工时，原理和外圆加工类似，但是由于内孔的结构限制，又具有显著的区别。如图 4.12 所示，由于结构限制，磁极难以设置于内孔当中，而置于管壁的外侧，将具有导磁性能和加工能力的磁性磨粒置于磁极头和工件之间，通过磁场发生装置（电磁场或永磁场）在加工区域形成磁场约束磁性磨粒对工件产生一定的作用力，通过控制磁场的运动或工件的运动，磨粒和工件内孔表面间产生复杂的相对运动，对工件表面产生磨抛、挤压等综合作用，实现表面光整加工。

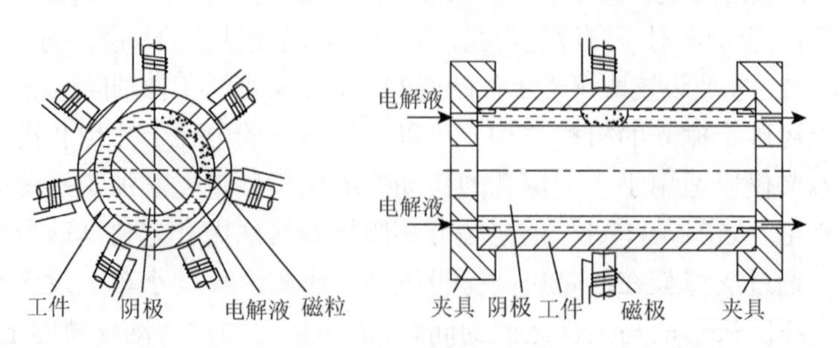

图 4.12　复合阴极磨具法内孔电化学磁粒加工实施方式

电化学磁粒加工内孔时，将电解液与磁粒的混合液注入工件内腔，把连接电源负极的工具电极置入内孔，工件接正极，在磁场作用下，磁粒按磁力线分布状态分布，磁场力将使磁粒对工件表面形成磁磨压力，与电化学作用联合实现内孔光整加工。由于内孔的结构特点，电化学磁粒加工的实施方式比较特殊，很难严格地说属于哪一种具体的实施方式，在通电的磁极附近区域，机械作用和电化学作用重合，而不通电的磁极附近，两者是分离的，因此既有分离阴极磨具法，又有复合阴极磨具法的特点。

内孔加工中，磁粒的约束方式以及对工件表面的施压方式与外圆加工是有区别的。在外圆加工中，微小磁性磨粒组成的磨粒群，由磁场作用在磁极与工件表面间隙中产生堆积作用而压向工件表面。在内孔加工中，则是管壁外部磁极产生的磁场约束管内部的磨粒压在管壁表面，磁极和磨粒之间隔着工件。因此，磁粒加工内孔时，通常只能加工非导磁的材料，如不锈钢等。这点无论对于磁粒加工还是电化学磁粒加工，都是成立的。

电化学磁粒加工内孔时，应考虑磁粒的导电问题，导电的磁粒不仅会造成电化学作用过程中阴极与工件阳极间的短路，影响加工过程，也会造成磁粒损耗或消磁（磁粒金属部分可能作为阳极而发生溶解反应）。因此，电化学磁粒加工应避免使用具有导电性的磁粒，或在设计阴极时，保证电化学加工与磁粒抛磨区相互独立（类似外圆电化学磁粒加工）。

4. 电化学磨削加工

在内孔中实施电化学磨削加工时，由于内孔空间有限，采用复合阴极磨具法具有体积小、结构简单的优势。如图 4.13 所示，专门制作的导电磨轮伸入被加工内孔中，同时作为阴极和工具产生电化学与磨削加工作用。由于孔内情况难以观测，完全依赖电流、电压等电参数和工作台的位置控制实现加工过程的控制，因此电化学作用和机械作用工艺参量的控制比外圆加工更为复杂和困难。

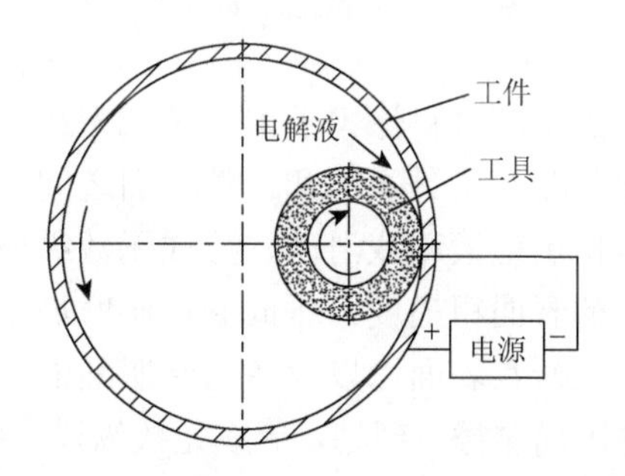

图 4.13　复合阴极磨具法内孔电化学磨削加工实施方式

4.2.3 平面电化学机械复合加工的实施方式

平面是除外圆和内孔以外的又一类重要的机械零件表面。平面能采用的精加工和光整加工方法（使用的磨具）有砂轮磨削、砂带抛磨、百洁布抛磨、磨粒研磨、油石研磨、布轮磨粒抛磨、磁粒抛磨等。所有防水的磨具都可以和电化学作用复合，复合时也可以有不同的方式，在实际加工中可以根据零件的具体结构形式以及加工要求，确定合理的实施方式。平面电化学机械复合加工实施方式的特殊之处，主要是平面的大小对工件的刚性具有影响，而工件刚性又对采用何种机械磨具具有影响。对于一些面积较小的平面工件，其刚性往往较高，可以采用硬质磨具，而对于一些面积较大的平面工件，其刚性往往较低，则需要采用弹性较好的软质磨具，这在实际应用时是需要注意的。

1. 电化学研磨加工

研磨加工是利用涂覆或压嵌在研具上的磨料颗粒，通过研具与工件在一定压力下的相对运动，对被加工表面进行精整加工的技术手段。研磨加工的基本原理如图 4.14 所示。研磨加工可分为涂覆磨粒研磨加工和压嵌磨粒研磨加工，涂覆磨粒研磨加工属于自由磨粒加工，压嵌磨粒研磨加工属于固结磨料加工。

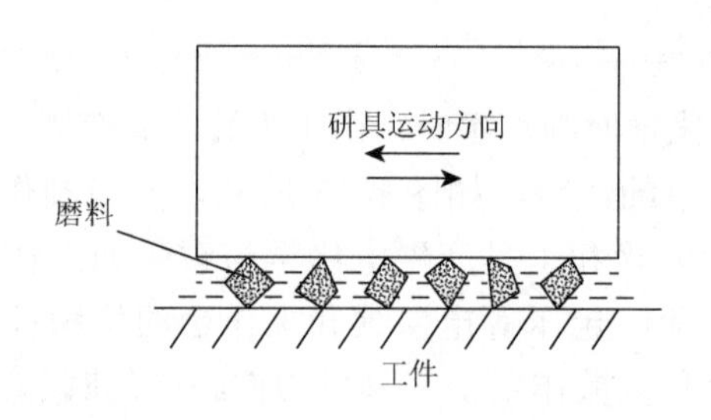

图 4.14　研磨加工的基本原理

涂覆磨粒研磨加工的研磨磨料涂覆于羊毛毡或无纺布等研具表面，借助研磨剂的作用，磨粒均匀地分布在研具表面和工件表面之间，每一个磨粒在工件表面和研具表面之间，随机自由地滚动或滑动，形成无数纵横交错的压痕、切痕和刮痕，从而有效降低工件的表面粗糙度。压嵌磨粒研磨加工的磨料均匀压嵌在研具表面层中，研磨时只需在研具表面涂以少量的硬脂酸混合脂等辅助材料，固结于磨具表面的磨粒在工件表面摩擦、刻划，形成无数纵横交错的压痕、切痕和刮痕，从而有效降低工件表面粗糙度。涂覆磨粒研磨加工使用的研具基体为羊毛毡或无纺布等，质地较软，对工件表面的随形性较好，适用于加工刚性较低的薄板等平面零件，而压嵌磨粒研磨加工使用的研具基体为细粒度油石或硬质夹砂羊毛毡等，质地较硬，适用于加工刚性较高的厚板等平面零件。

平面电化学研磨加工一般采用镶嵌阴极磨具法实施。电化学涂覆磨粒平面研磨加工的实施方式如图 4.15 所示，制作弹性磨具（羊毛毡），在阴极上开设若干与弹性磨具形状相同的凹槽，弹性磨具镶嵌到凹槽当中，压到工件表面上，含有磨料的电解液从阴极供液孔中进入阴极与工件之间的间隙中，产生电化学作用，阴极旋转使得部分磨粒进入羊毛毡与工件之间，产生研磨作用，实现电化学作用与机械作用的交替，达到表面光整加工目的。

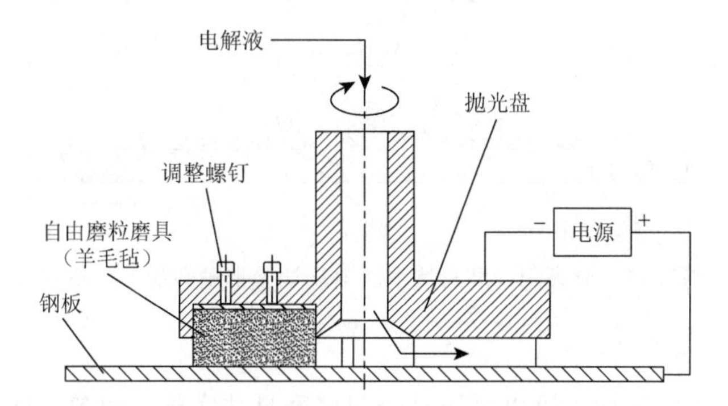

图 4.15　镶嵌阴极磨具法平面电化学自由磨粒磨具研磨加工实施方式

电化学压嵌磨粒平面研磨加工的实施方式如图 4.16 所示，与电化学涂覆磨粒研磨加工方式的原理基本类似，区别在于所采用的磨具是油石等固结磨具。

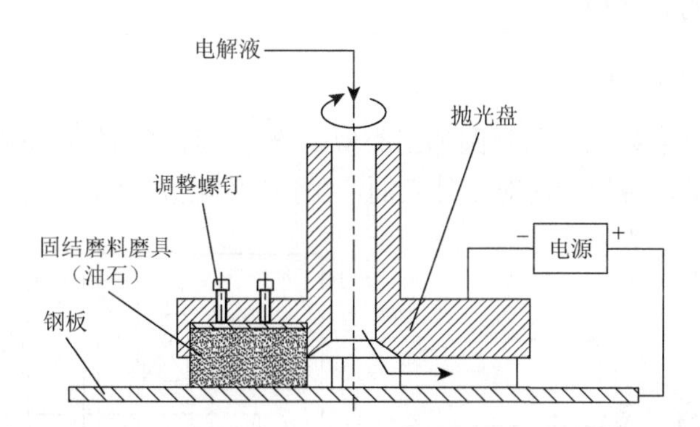

图 4.16　镶嵌阴极磨具法平面电化学固结磨料磨具研磨加工实施方式

2. 电化学砂带抛磨加工

平面电化学砂带抛磨加工相当于外圆或者内孔电化学砂带抛磨加工的展开，如图 4.17 所示，在砂带抛光机两侧（或者单侧）设置阴极，阴极可以和砂带抛光机一起移动，从而产生电化学和砂带抛磨的交替作用实现加工。平面电化学砂带抛磨加工与内孔或外圆电化学砂带抛磨加工的区别是：阴极运动到平面两端部位时会脱离工件，影响加工的连续性，为此需要在两端部位设置工艺接板，保证阴极运动到平面两端部位时加工的连续性。由于砂带磨具具有较好的弹性，电化学砂带抛磨加工适用于较粗糙的大型平面零件的光整加工。

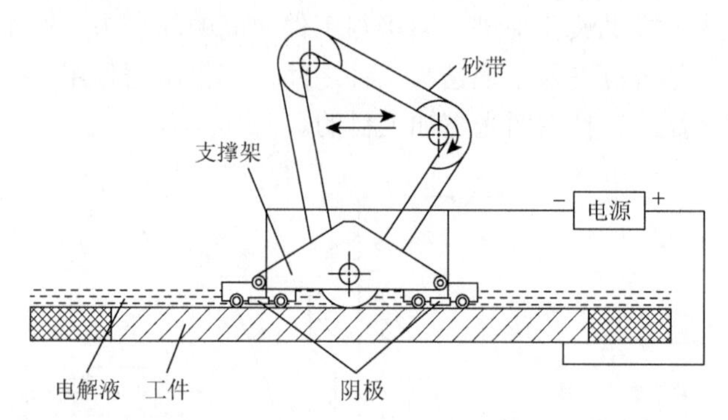

图 4.17　分离阴极磨具法平面电化学砂带抛磨加工实施方式

3. 电化学磨削加工

平面电化学磨削加工可以采用复合阴极磨具法实施，如图 4.18 所示，制作专用的导电砂轮，同时作为阴极与工具产生电化学作用和磨削加工作用[17]。电化学磨削加工的砂轮为硬质磨具，零件的尺寸受到平面磨床尺寸的限制，但是磨床加工精度较高，因此平面电化学磨削加工适用于尺寸较小、刚度较高、精度要求较高的平面零件的光整加工。

4. 电化学磁粒加工

平面电化学磁粒加工与外圆加工类似，磁粒在磁场力作用下在磁极和工件表面聚堆，磁极带动磁粒旋转对工件表面产生抛磨作用。图 4.19 为复合阴极磨具法

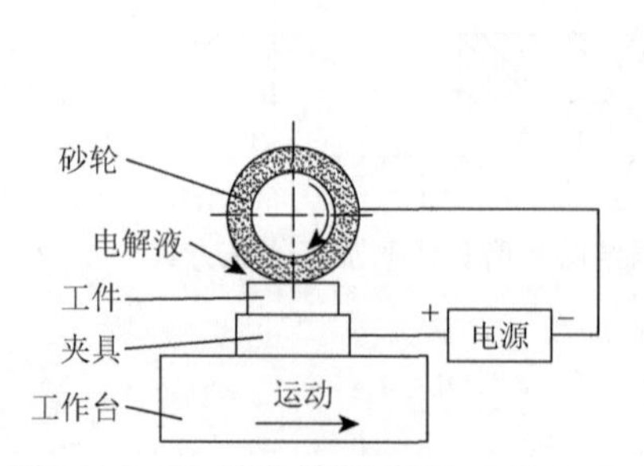

图 4.18　复合阴极磨具法平面电化学磨削加工实施方式

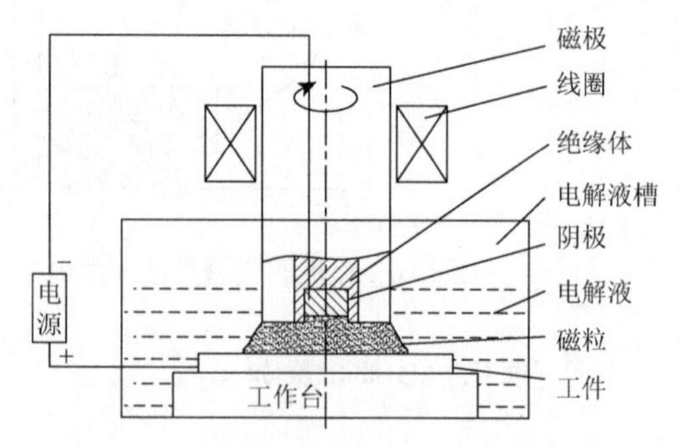

图 4.19　复合阴极磨具法平面电化学磁粒加工实施方式

平面电化学磁粒加工实施方式，在磁极前部设置阴极，阴极与磁极之间应当绝缘，以避免产生磁场的电场和产生电化学作用的电场之间相互影响。将电解液引入阴极与工件之间，电化学作用的同时由磁粒对工件进行抛光，实现两者的交替，达到加工目的。此种方式的关键技术问题是非导电性磁性磨料的制备，原因是常规的导电磁性磨料会造成阴阳极间的短路，使加工无法进行。

4.2.4　复杂表面电化学机械复合加工的实施方式

本书所指的复杂表面是指除外圆、平面、内孔以外的其他表面。机械零件表面千差万别，电化学机械复合加工除了应用于最常见的外圆、平面、内孔表面加工，研究者也尝试将其应用于包括自由曲面在内的复杂表面光整加工。本节将对电化学机械复合加工应用于齿轮齿面、不规则小型内腔表面、自由曲面等几种不规则表面进行介绍。

1. 齿轮齿面电化学珩磨加工

齿轮是机械零件中非常典型的一类零件，齿面形状比一般零件表面相对复杂，齿面的精加工与光整加工也是一类重要的加工工艺，常见的有珩齿加工、磨齿加工和研齿加工等。理论上讲，这几类机械加工工艺与电化学作用都能复合，本节重点介绍电化学珩磨加工技术。

珩磨齿轮是采用珩磨轮对齿轮表面进行精整加工的技术。珩磨轮是基体加磨料经化学合成制造的特殊形状的齿轮磨具。珩磨时，将珩磨轮和被加工齿轮啮合，施加一定的压力，使珩磨轮压在被加工齿轮齿面上，两者相对滑移而实现表面粗糙度降低。

电化学珩磨可采用复合阴极磨具法，也可采用分离阴极磨具法。复合阴极磨具法需要制作齿轮形状的专门阴极磨具，难度较高，因此分离阴极磨具法较为简单。如图 4.20 所示，对一个与被加工齿轮模数相同的齿轮齿形进行一定修正，作为电化学加工的阴极齿轮，通过一套间隙保证机构，使阴极齿轮与工件齿轮在运动过程中，齿面间始终保持一定间隙。加工过程中，工件齿轮与阴极齿轮间充满电解液，工件齿轮接电源的正极，阴极齿轮接电源的负极，工件齿轮齿面产生电化学作用。同时，一个与工件齿轮模数相同的珩磨轮，与工件齿轮在另一部位啮合，运动过程中对工件齿轮齿面形成机械刮削作用，将电化学作用形成的氧化膜刮除，工件齿轮转动过程中，通过电化学作用与机械作用的合理匹配，使工件齿轮齿面粗糙度得到降低。

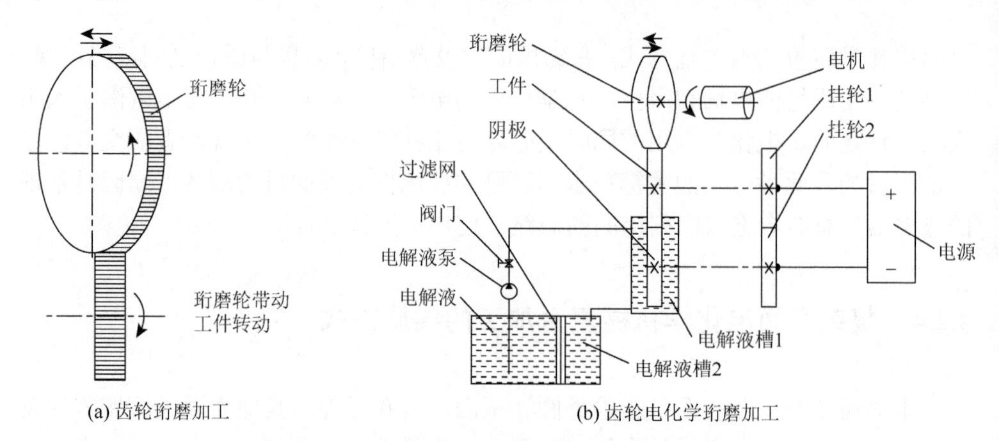

(a) 齿轮珩磨加工　　(b) 齿轮电化学珩磨加工

图 4.20　分离阴极磨具法齿轮电化学珩磨加工实施方式

2. 不规则小型内腔表面电化学挤压磨料加工

不规则小型内腔体是一类复杂难加工表面，难点在于小型内腔中不能按照腔体的形状设置相应磨具并规划和实施磨具磨抛路线。挤压磨料加工（磨粒流、挤压珩磨）是不规则小型内腔体的一种有效加工方式，如图 4.21 所示，该工艺将流体磨料封闭在被加工内腔体中，通过上下缸给磨料施加压力，并带动磨料沿内腔壁面上下运动，对内壁面产生抛磨作用而实现加工。

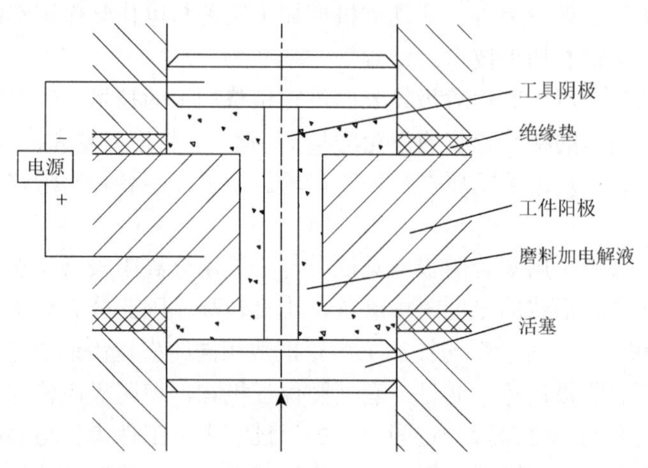

图 4.21　复合阴极磨具法不规则小型内腔表面电化学挤压磨料加工实施方式

在挤压磨料加工工艺中，复合电化学作用由于本身加工原理决定了需要流动的带压磨料，因此采取如图 4.21 所示的复合阴极磨具法不规则小型内腔表面电化学挤压磨料加工实施方式。磨料和电解液的混合物进入内腔，在内腔中设置阴极，阴极形状可根据内腔表面形状决定，同时在位于中心位置的工具阴极和工件阳极之间施加电压，工件内壁发生电化学反应，在活塞的往复运动下，磨料在工件内壁与工件接触摩擦，同时工件内壁发生电化学反应产生氧化物，磨料的往复运动不断地将氧化物去除，实现复合加工。这种原理因电化学作用和机械作用在同一区域内同时产生，故接近于复合阴极磨具法。

3. 不规则表面手持工具式电化学抛磨加工

有些机械零件的表面是由不同形状的表面组合而成的，如模具型腔表面。这一类表面是难以抛光加工的，一般采用油石、各种材质的研磨棒、布轮等通过手持操作或手持式工具进行操作[18]。对于不同的表面采用不同的工具进行抛光。

电化学作用与这些工具相复合时，也具有不同的复合方法。

对于较大的平面或带有一定弧度的较大曲面，可以采用镶嵌阴极磨具法实现电化学作用与机械作用的复合，实施方式如图 4.22 所示。在阴极上开设若干长槽，在槽内镶嵌片状油石等磨具，使之露出阴极表面，加工时，操作者手持磨具压于零件表面，磨具露出阴极部分的尺寸就是极间间隙，电解液从阴极上开设的槽中流入极间间隙，阳极表面产生电化学作用，操作者手持该工具在被加工表面上移动，被加工表面产生电化学作用和机械作用的交替，从而实现表面加工。需要注意的是，油石条的设置方向与工具阴极的运动方向应当呈一定度数的夹角，目的是当工具阴极加工具有一定弧度的凸面时，能够保证至少两块油石条同时跨越被加工表面，避免出现阴阳极短路的现象。

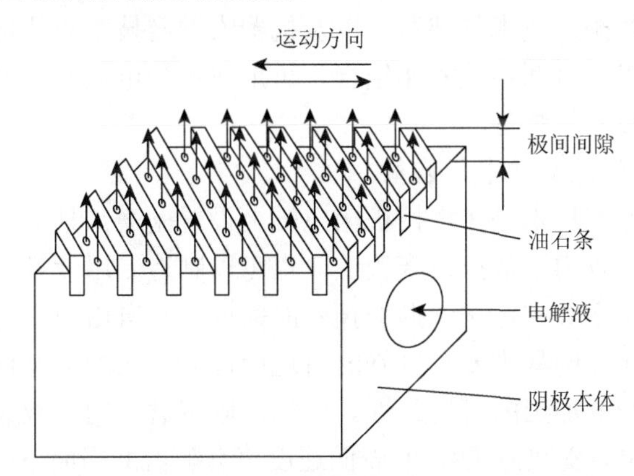

图 4.22　镶嵌阴极磨具法不规则表面电化学抛磨加工实施方式

对于较小的窄槽面，可以根据窄槽抛光时采用的小型工具结构，将电化学作用与之相复合，采用镶嵌阴极磨具法，将油石或砂纸等磨具粘贴于阴极表面，实现电化学作用和机械作用的交替，如图 4.23（a）所示。另外，可采用复合阴极磨具法，将磨料涂覆固结在阴极，实现电化学作用和机械作用的交替，形成“电化学油石”或“电化学锉刀”，如图 4.23（b）所示。

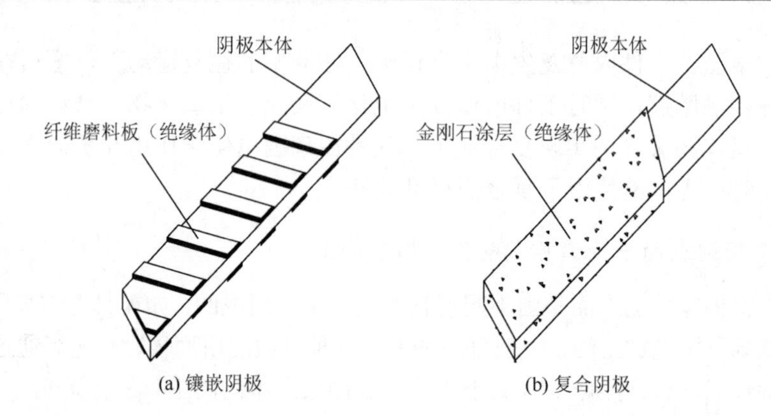

图 4.23　镶嵌（复合）阴极磨具法不规则表面电化学抛磨加工实施方式

除了可以用手工工具实施电化学和机械作用的复合，还可以应用超声波加工原理或电动工具所产生的往复运动或旋转运动，与电化学作用复合出多种形式的不规则表面光整加工工具和设备。

4. 自由曲面数控电化学抛磨加工

自由曲面是机械零件上一类重要曲面，其在汽车、机车、航空航天等不同行业中的应用越来越多。自由曲面光整加工也是一项技术难点，早期主要依赖人工抛磨，效率低、劳动强度大，随着磨具技术的进步和智能制造技术的发展，应用于自由曲面的数控抛磨技术与装备，以及机器人抛磨技术与装备逐渐开始应用。相应的电化学加工与这两种技术相结合，可形成数控电化学抛磨技术与装备和机器人电化学抛磨技术与装备。

1）数控电化学抛磨技术与装备

数控电化学抛磨技术是在数控机床主轴上设置抛磨工具实现曲面抛磨加工的机械抛光方法，可以用于数控机床改造，也可以制造专用设备，适用于不同型面的长寿命磨具是实现数控电化学抛磨技术的关键。对自由曲面进行加工时，为了适应曲面曲率变化，磨具需要有良好的自适应性，而在加工过程中，磨料性能会发生变化，这会影响加工的可持续性。例如，砂带磨具的性能通常会随时间推移而发生变化（磨粒会变钝），砂轮的表面速度将会随着磨损而下降（直径会减小），这需要对磨抛参数进行补偿或磨料进行更换，而磨具耐用性对这一过程具有重要影响，因此需要具有高形状适应性和长寿命的磨具。随着磨料磨具技术的发展，高品质的无纺布研磨磨具、砂带磨具、千叶轮磨具等，为数控抛磨加工提供了工具基础。

图 4.24 是由数控机床改造的电化学机械数控加工设备。机床主体由传统的三轴数控铣床改造而成，在主轴前端设置阴极，电解液可经主轴内部从阴极前端流

出，也可通过主轴外部设置喷液口，主轴接电源负极，工件接电源正极，实现工件表面的电化学作用。电化学作用和机械磨具可以采用多种方式结合，图 4.25 所示为电化学作用和机械磨具在数控机床上的两种结合方式：一种是电化学作用和软质的纤维磨料磨具结合，将纤维磨料磨具包覆于阴极表面，主轴带动阴极旋转实现机械抛磨，从而实现电化学作用和机械作用的复合；另一种是电化学作用和磁粒抛磨技术的复合，在主轴上通过增加电磁线圈产生对磁性磨料的约束力，从而在磁极与被加工表面之间形成磁性磨料刷，主轴的旋转运动带动磁性磨料实现被加工表面的抛磨作用和电化学作用的交替。与平面电化学磁粒加工类似，此种方式的关键技术问题仍然是非导电性磁性磨料的制备，因为常规的导电磁性磨料会造成阴阳极间的短路，使加工无法进行[19]。

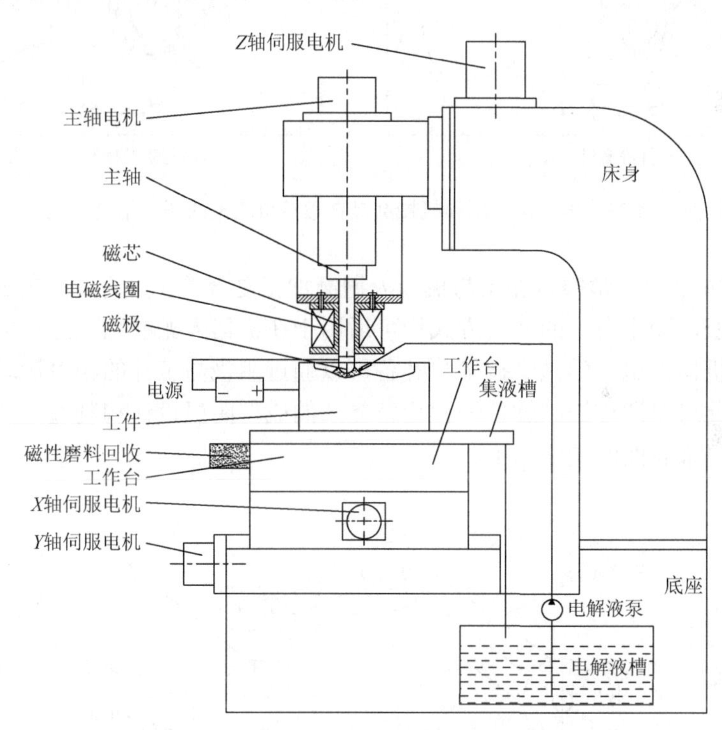

图 4.24　电化学机械数控加工设备

2）机器人电化学抛磨技术与装备

机器人抛磨加工与数控抛磨加工相比，由于自由度更多、机械臂展开范围更大，更有利于实现大型复杂曲面的抛磨加工。但机器人用于抛磨加工的技术难点除了应具有高自适应性的长寿命工具，还需要对抛磨力实现实时感知与控制。不同于人工操作，机器人难以感应到环境，并根据需要做出判断与调整，只能依赖编程使其抛光工具沿特定路径开展重复性运动，因此力感应技术（如力量控制与感应系统）在机器人抛磨加工中就显得至关重要。大多数磨料都是在特定的压力范围内才有最佳效果，如果缺乏力量控制，则难以在抛磨过程中获得良好的加工一致性，而力量控制可以让机器人施加更加可控的力。目前，多维度力传感器的出现和广泛应用，通过主动力量控制，利用控制力的反馈作为变量，有效提高了磨抛的稳定性和一致性。

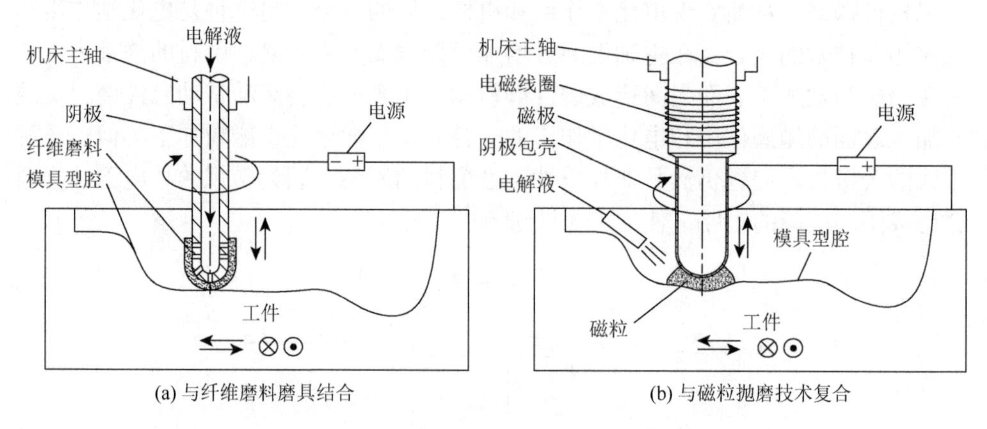

(a) 与纤维磨料磨具结合　　(b) 与磁粒抛磨技术复合

图 4.25　电化学作用和机械磨具在数控机床上的两种结合方式

图 4.26 是电化学磨粒加工与机器人抛磨加工复合的实施方式，在机械手的末端设置阴极，图中所示的磨具方式均可适用于在机器人抛磨加工过程中复合电化学作用。机器人电化学抛磨技术与装备可以通过阴极与工件的相对运动来抛磨加工面，因此可以通过控制软件编程代替复杂的成型阴极设计和制造，从而有利于实现大型复杂表面的光整加工。

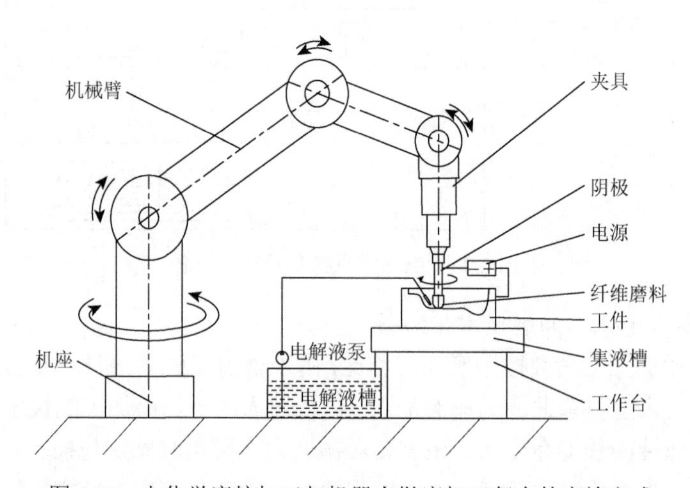

图 4.26　电化学磨粒加工与机器人抛磨加工复合的实施方式

第5章　电化学机械复合光整加工技术

一些机械产品如轧辊、油缸、活塞杆、轴承滚道、滚动体、齿轮、模具型腔等都需要良好的表面粗糙度。由于机械光整加工方法要求各道工序使用不同粒度的磨料，生产率与表面粗糙度之间存在矛盾。采用电化学机械复合加工对上述产品表面进行光整加工获得优良的表面粗糙度是一种行之有效的方法。本章主要针对轧辊、钢管、轴承、钢板、齿轮、模具等几种常见零件，讨论电化学机械复合加工技术在这些零件表面光整加工方面的应用。

5.1　轧辊电化学机械复合光整加工

轧辊是轧制轧件的工具，是轧机上的主要消耗部件。现代工业生产中消耗的大量钢材和各种合金材料，有相当大部分是利用成型轧辊将毛坯直接轧制成所需要的形状。社会生产的发展对轧材尺寸及性能、轧材表面粗糙度及精度等均提出了很高的要求，尤其有很多轧制件要求很低的表面粗糙度。轧辊的表面粗糙度对轧制后的制件表面质量有直接影响，对轧辊成型面进行光整加工，对于提高轧制件表面质量、满足加工要求具有重要意义。

目前，轧辊表面常用的光整加工方法主要是机械抛光。机械抛光靠切削去除和材料表面塑性变形产生的“削峰填谷”而得到平滑表面。机械加工需要多次更换磨具，影响加工效率。同时，机械抛光后的轧辊表面还容易出现应力变形、过热损伤或氧化锈蚀等表面缺陷，也容易附着污垢和油脂。

将电化学机械复合加工应用于轧辊表面光整，可以使用一种磨料粒度的磨具在一道工序中将轧辊表面加工至镜面水平。对于工作面积较大的轧辊，提高加工效率至关重要，因此对于大型轧辊等零件，采用电化学机械复合加工技术对其表面进行光整加工，具有加工质量和效率方面的独特优势。

5.1.1　轧辊电化学机械复合光整加工原理

轧辊电化学机械光整加工原理如图 5.1 所示。轧辊绕自身轴线匀速回转，轧辊与电源正极相连，轧辊一侧设有接通电源负极的阴极，阴极可采用黄铜或石墨制造，阴极与轧辊之间留有加工间隙。电解液泵带动电解液从极间间隙流过，从加工区流出的电解液流入电解液槽，由电解液泵再次泵入加工区循环使用。轧辊另外一侧设有机械刮膜装置，刮膜工具以适当的压力压在轧辊表面上。

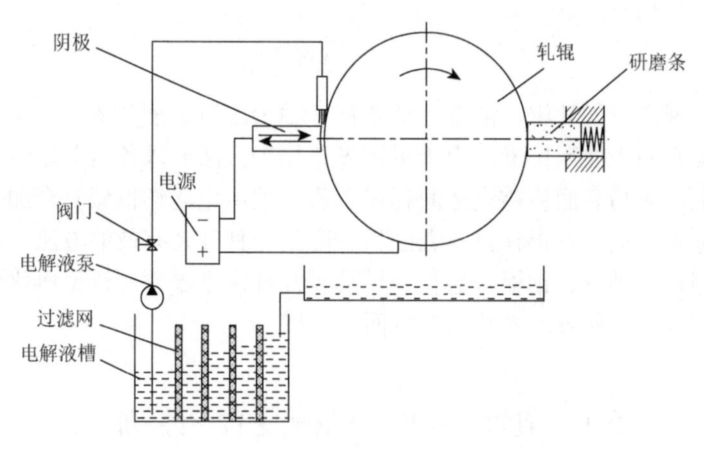

图 5.1　轧辊电化学机械光整加工原理图

刮膜工具采用弹性施压的方式，在弹簧的作用下使磨具均匀地压在工件表面上，通过控制弹性力的大小，使机械作用仅刮除工件表面的氧化膜。这种方式在具体实施时对加工装置的精度要求不高，运动也比较简单，因此便于实现。加工装置可以采用专用设备，也可以根据被加工轧辊的尺寸，通过改装车床或磨床等设备实现。通过改装机床进行加工时，应当注意设备的防护，避免电解液腐蚀设备。阴阳极之间要有良好的绝缘，应防止电解液流经绝缘处，防止电解液影响绝缘性能。电源引入电极的电阻应尽可能小，电解液供给要充足均匀，保证充满极间间隙。

工具头的设计应当保证磨具在工件上具有一定的压力，又能浮动，不致破坏零件的原始精度。磨具径向尺寸和轴向尺寸会影响机械作用对工件的作用时间与范围，根据第 2 章和第 3 章的研究，可知对加工工件的表面光洁度、精度及生产效率也都会产生影响。阴阳极极间间隙也将影响加工工件的表面光洁度、精度及生产率，通过改造车床实现加工时，可将阴极固定在车床刀架上，通过改变刀架位置来实现极间间隙的调整。

5.1.2　轧辊电化学机械复合光整加工条件

1. 阴极设计

阴极结构的设计影响电解液流场和电化学作用电场。阴极结构应尽量避免死水区和死角，保证电解液均匀、快速地充满加工区。阴极大小能供给加工面足够的电流，使电场分布合理，并能达到预定的电流密度；阴极与工件除了极间间隙相对位置之外，都应当进行绝缘处理，尽量使工件避免或减少杂散腐蚀；阴极应当有足够的刚性，避免加工过程中受到振动产生位置偏移，使得加工质量产生不稳定现象。

2. 工件条件

轧辊常用材料一般有合金钢、铸钢、铸铁等，这些金属材料理论上都可以采用电化学机械复合加工。轧辊原始表面粗糙度对电化学机械复合光整加工效果的影响也很大。通常原始表面越粗糙，达到光滑表面所需要的时间也就越长，在同样的加工时间条件下，原始表面越粗糙，获得的光整加工效果越差。因此，轧辊原始表面在切削加工或磨削加工时切削量和刀具进给量应尽量小，以细化原始表面粗糙度，原始表面最好经过磨削加工。

3. 工艺条件

电解液一般以中性盐 $NaNO_3$ 为主，加入一定量的防腐剂等添加剂，质量分数为 15%～20%。刮膜工具可采用氧化铝或碳化硅磨粒磨具，理论上磨具粒度越细，能获得的表面粗糙度也越低，为了避免磨损和堵塞，选用粒度为 W7～W10 的细粒度油石。油石硬度对加工质量也有影响，油石硬度越高，抗磨损能力越强，但是容易划伤工件表面，一般选用硬度偏低的油石。根据不同的轧辊材料，电流密度在 0.5～7A/cm^2 选取，工件与磨具的相对运动速度在 1～2m/s 选取，磨具压力在 0.1～0.3MPa 选取。

5.1.3　轧辊电化学机械复合光整加工效果

周锦进和范若松[20]对尺寸为 ϕ190mm×660mm、原始表面为磨削、硬度为 HRC64～67 的铬合金钢轧辊进行电化学机械复合加工。采用 $NaNO_3$ 为主成分的电解液，通过合理配置工艺条件，在 40min 内，轧辊表面粗糙度 Ra 由 0.4～0.8μm 降低到 0.02μm 左右，加工质量稳定，使用这些轧辊轧制的钢带表面粗糙度达 0.05μm。本书作者对合金钢和不锈钢等材料的轧辊零件进行电化学机械复合光整加工，结果表明，在常规电化学机械复合加工工艺条件下，零件表面粗糙度可在短时间内达到镜面级粗糙度。

对不同材质的轧辊进行电化学机械复合加工研究，结果表明，碳含量是影响电化学机械复合加工效果的重要因素。对碳钢而言，低碳钢的光整加工效果好于高碳钢；对合金钢而言，低碳含量的合金钢光整加工效果要好于高碳含量的合金钢，高碳合金钢有时会出现橘皮纹等现象；而铸铁轧辊的电化学机械复合光整加工效果比钢轧辊差。

实践证明，电化学机械复合加工轧辊的表面质量和生产效率都高于精细磨削与超精机械研磨等加工方法。图 5.2 和图 5.3 分别为电化学机械复合加工后的轧辊及其表面形貌。采用镜面轧辊可以直接轧制出镜面板材，为镜面板材的高效率生产提供了一种有效途径。

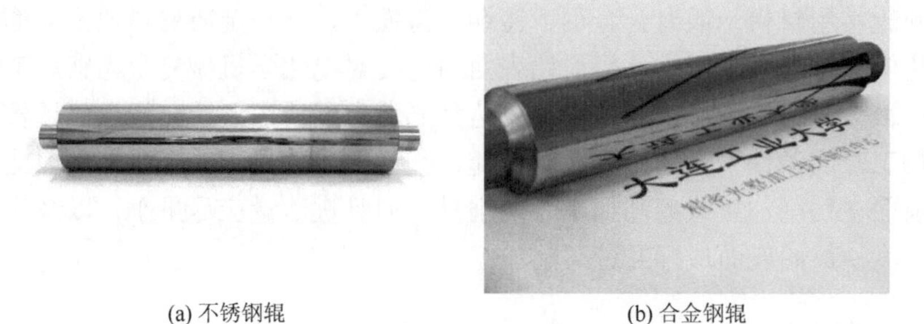

(a) 不锈钢辊　(b) 合金钢辊

图 5.2　电化学机械复合加工后的轧辊

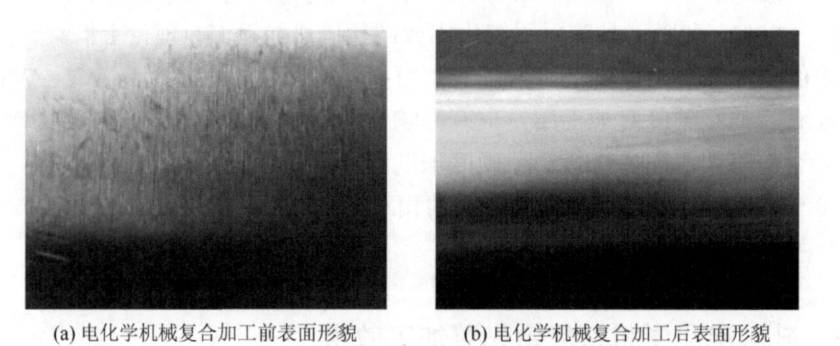

(a) 电化学机械复合加工前表面形貌　(b) 电化学机械复合加工后表面形貌

图 5.3　电化学机械复合加工前后轧辊的表面形貌

5.2　不锈钢管电化学机械复合光整加工

不锈钢管广泛应用于化工、生物、医药等领域的流体输送管道中。这些管道内壁面的粗糙度直接影响到管道的自清洁性和抗磨减阻特性。例如，有关不锈钢表面润湿性的研究表明，表面润湿性不仅与表面粗糙度的高度参数有关，还与表面粗糙度的宽度参数有关。在宽度参数一定的条件下，高度参数的增大会减小其接触角，增大亲水性；而在高度参数一定的条件下，宽度参数的增大会增大接触角，降低亲水性，这可能是因为宽高比值的增大代表着表面轮廓微凸体形态发生了改变，减小了表面能，从而降低了亲水性。因此，降低不锈钢管表面粗糙度的同时能改变表面微观形貌，有利于提高流体管道的使用性能[21]。电化学机械复合加工具有改善表面形貌的特点，将其应用于不锈钢管内孔光整加工具有重要意义。

5.2.1　不锈钢管电化学机械复合光整加工原理

目前不锈钢管内孔的加工方法主要是珩磨加工。工件安装在珩磨机床工作台上，安装有若干油石条的珩磨头插入待加工的孔中，油石条以一定压力与孔壁接触，由机床主轴带动做旋转运动和轴向往复运动，切去一层极薄的金属实现内孔表面的光整加工。由于珩磨头与被加工工件之间既具有旋转运动又具有直线往复运动，磨料在工件表面形成交叉状加工网纹，有利于细化表面粗糙度。

在珩磨原理基础上，复合电化学作用是不锈钢管实施电化学机械复合光整加工可行的方式之一[22]。刮膜工具可直接采用油石，也可用其他磨具。采用油石的优点是可以直接利用珩磨头的金属部分进行简易改造作为阴极施加电化学作用，改造起来简单方便，缺点是珩磨头结构并非为电化学机械复合加工而设计，本身结构相对复杂。针对此问题，本书作者提出了内孔电化学砂纸抛磨复合加工的实施方式。图 5.4（a）为其加工原理示意图，图 5.4（b）为阴极设计示意图。加工过程中，不锈钢管件安装固定在立式机床上。砂纸顶块在弹簧弹力的作用下，挤压砂纸作用于试件内表面，同时砂纸起到支撑阴极的作用，形成阴阳极之间的加工间隙。进行电化学机械复合光整加工时，电极通电，电源正极接不锈钢管，电源负极接工具阴极，电解液通过电解液泵引入阴阳极极间间隙，机床主轴带动工具旋转使电化学作用和砂纸抛磨作用在工件表面产生交替作用实现光整加工，工具的上下往复运动实现整个不锈钢管内表面的加工。

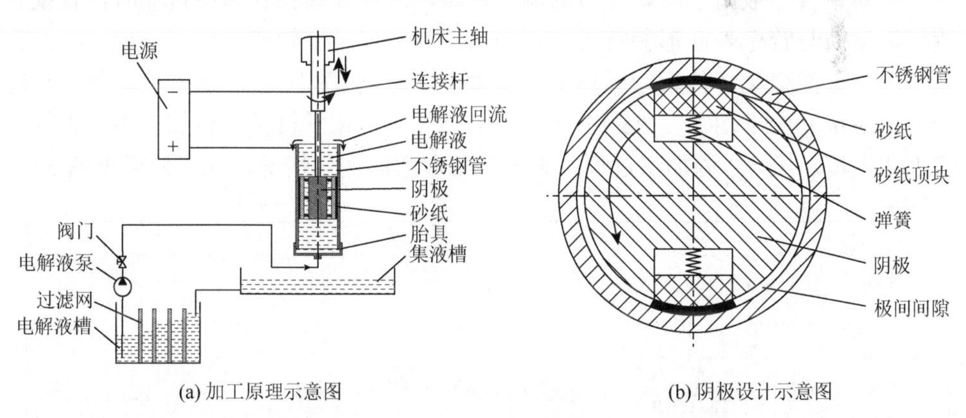

(a) 加工原理示意图　　(b) 阴极设计示意图

图 5.4　钢管内孔电化学机械复合光整加工基本原理示意图

5.2.2　不锈钢管电化学机械复合光整加工条件

本书作者采用以上实施方式，在如表 5.1 所示的工艺条件下，进行了不锈钢管电化学机械复合光整加工。表面粗糙度在一道工序内大幅降低，*Ra* 值从大于

0.3μm 降低至小于 0.05μm。通过设计系列阴极，实现了内径 ϕ5～ϕ100mm 管内孔的镜面级表面光整加工。

表 5.1　实验条件

实验条件	名称	取值（范围）或名称
加工试件	材质	316L 不锈钢
	内径尺寸/mm	$\phi52\times806$
电解液	主要成分	$NaNO_3$
	质量分数	15%～20%
电源	输出电流范围/A	0～200
	输出电压范围/V	0～36
磨料	磨料种类	砂纸
	磨料材料	Al_2O_3
	粒度/μm	30
主要加工参数	极间间隙/mm	1.5
	加工时间/min	5
	转速/(r/min)	200
测量仪器	表面粗糙度测量仪	LINKS 2205B

5.2.3　不锈钢管电化学机械复合光整加工效果

不锈钢管一般用于流体介质的输送管路，流体介质在管路中传输时，管壁黏附性等性质与管壁表面形貌特性密切相关，为此记录了管壁在加工过程中表面轮廓各项参数的变化，包括轮廓算术平均偏差 *Ra*、轮廓总高度 *Rt*、轮廓最大高度 *Rz*、轮廓单元的平均宽度 *RSm* 等参数。图 5.5 为电化学机械复合加工不锈钢管的表面粗糙度。表 5.2 为加工过程中表面形貌参数的变化情况，加工效果见图 5.6。

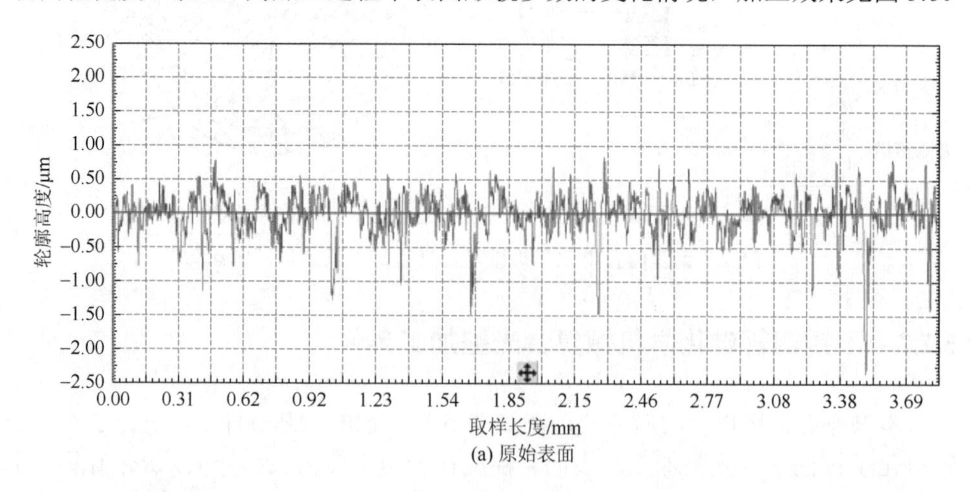

(a) 原始表面

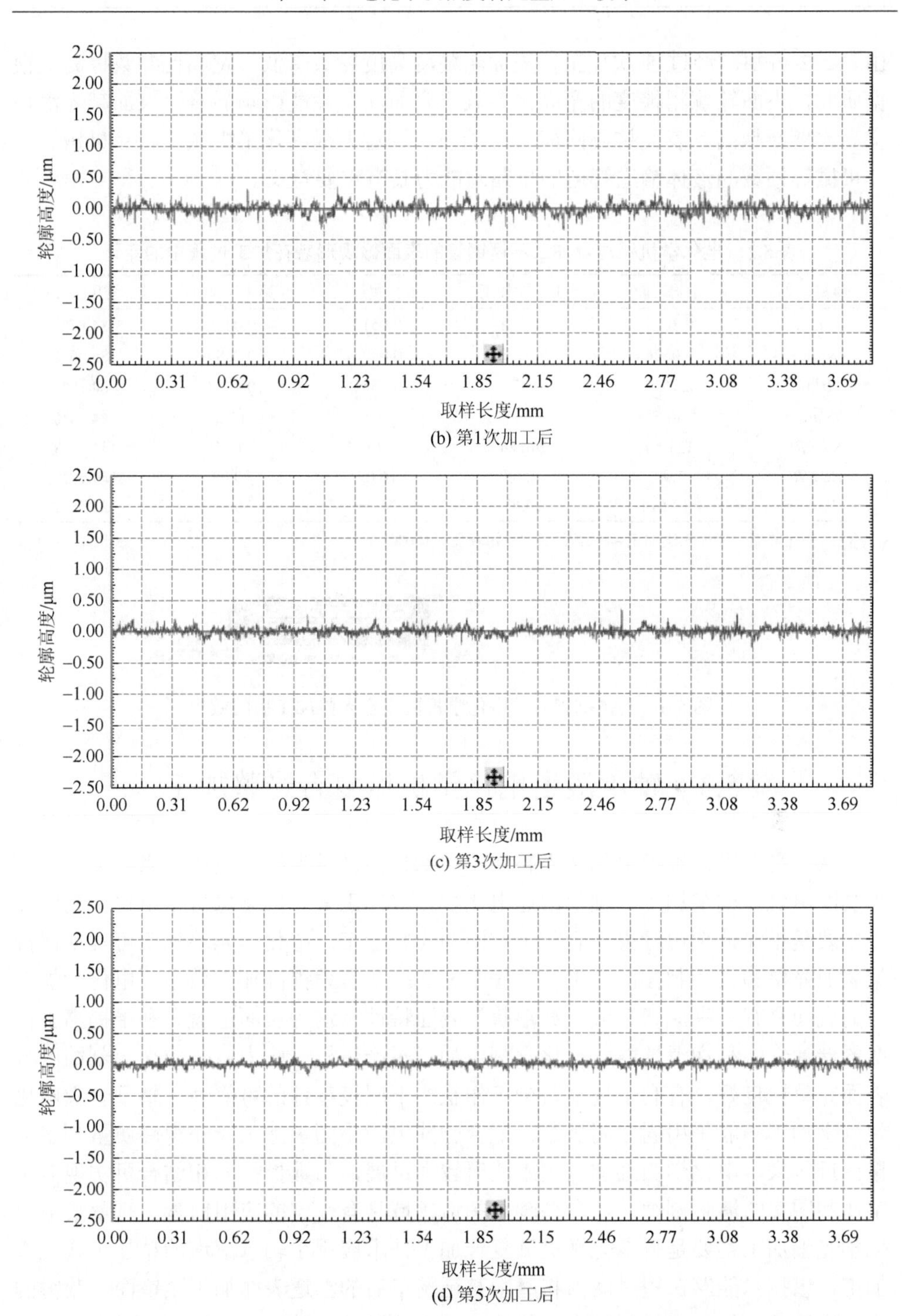

(b) 第1次加工后

(c) 第3次加工后

(d) 第5次加工后

图 5.5　电化学机械复合加工不锈钢管的表面粗糙度

由表 5.2 可知，经过 5 次加工，表面粗糙度高度参数降低，宽高比参数提高。根据研究，表面轮廓粗糙度的宽高比参数对表面润湿性能影响显著，表面越光滑，宽高比参数越高，表面抗黏附能力就越强，这对于提高化工机械、食品机械、流体机械等领域的液体输送管道的抗黏附能力具有重要意义。

表 5.2　电化学机械复合加工不锈钢管的表面微观形貌在加工过程中的变化

形貌参数	原始表面	第 1 次加工	第 3 次加工	第 5 次加工	变化幅度
Ra/μm	0.3079	0.0728	0.0512	0.0466	–84.87%
Rt/μm	5.0626	1.3952	0.8386	0.7089	–86.00%
Rz/μm	2.9634	0.872	0.5565	0.4684	–84.19%
RSm/μm	40.5	17.97	13.5	14.2	–64.94%
RSm/*Ra*	131.54	246.84	263.67	304.75	131.68%
RSm/*Rt*	7.99	12.88	16.09	20.03	150.69%
RSm/*Rz*	13.61	20.61	24.26	30.32	122.78%

注：变化幅度 =（第 5 次加工–原始表面）/原始表面×100%。

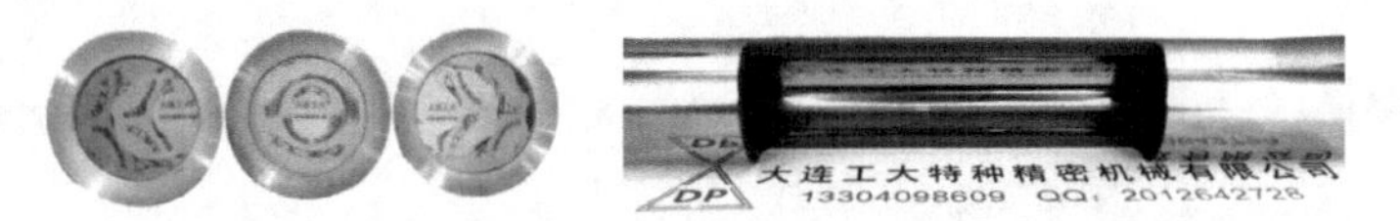

图 5.6　不锈钢管内壁电化学机械复合光整加工后的效果

5.3　轴承滚道电化学机械复合光整加工

从广义上讲，轴承电化学光整加工技术包括轴承保持架电化学光整加工、轴承套圈电化学刻字加工、轴承滚道电化学光整加工等。轴承保持架电化学光整加工主要是指保持架边缘去毛刺和工作面的光整加工。电化学光整加工可实现保持架表面光整和去毛刺在同一工艺过程中完成，能有效提高加工效率。电化学加工后的表面具有“高原状”或“波浪状”表面特性，这种表面形貌有利于提高工作面的储油性能和润滑性能。电化学刻字加工不产生机械应力或热应力，刻蚀区域表面完整性良好，有利于提高苛刻工作状态下服役零件的可靠性。轴承套圈电化学刻字加工一般采用固定阴极法，配合脉冲电流小间隙加工能获得高质量刻字效果。近年来，电化学微细加工技术获得较大进展，与数控技术相结合可实现微小字体和图案的清晰刻蚀，在微型轴承制造领域具有一定的应用前景。轴承滚道电化学光整加工主要是将电化学机械复合加工技术应用于轴承滚道的精加工或光整加工，该技术能够在短时间内将磨削甚至精车后的滚道表面加工至镜面，获得的表面摩擦系数低、疲劳强度高，能改善轴承的运转特性、降低振动和噪声、延长使用寿命。本节主要探讨轴承套圈滚道表面的电化学机械复合加工技术。

5.3.1　轴承滚道电化学机械复合光整加工原理

轴承滚道光整加工可以采用油石或砂带作为刮膜工具，进而形成轴承滚道电化学油石复合加工方式或轴承滚道电化学砂带复合加工方式。

如图 5.7 所示，轴承滚道电化学砂带复合加工装置主要由工具磨头支座、磨头移动（行走）机构、主传动机构、轴承套圈装夹机构、电解液系统、电源系统等组成。砂带通过张紧轮和接触轮支撑，由接触轮压紧于工件表面；电源正极通过碳刷及卡盘与工件相连，电源负极与工具阴极相连；工具阴极可以左右移动，实现加工间隙的调整；电解液泵带动电解液进入极间间隙，电解液槽中设置过滤装置以净化电解液。设备工作时，将轴承套圈装夹到卡盘上，调整砂带架移动装置，使接触轮上的砂带对准轴承滚道，并施加一定压力；启动设备，使轴承套圈旋转，电解液泵带动电解液进入并充满极间间隙，电化学作用和刮膜作用交替进行，达到加工要求。

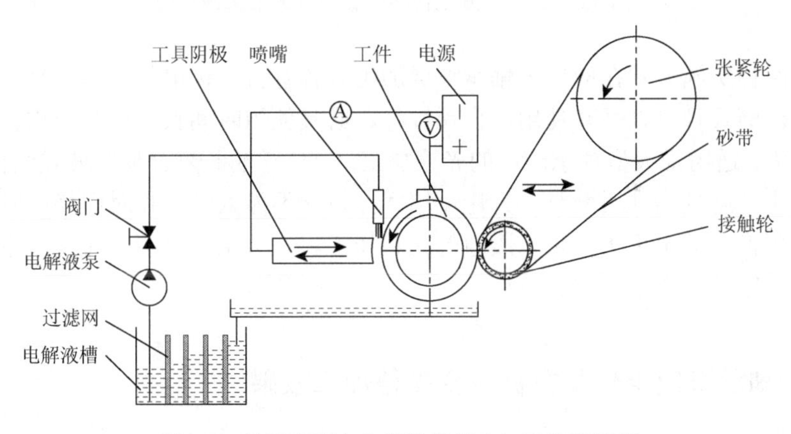

图 5.7　轴承套圈电化学砂带复合加工实施原理

如图 5.8 所示，轴承滚道电化学油石复合加工工艺系统主要由油石磨头系统、主运动系统、工件装夹系统、电解液系统和电源系统组成。刮膜工具头由阴极和两块油石组成，阴极位于磨头的中间，油石位于阴极体的上下两侧；刮膜工具头上的两块油石与轴承套圈的工作滚道表面接触时，形成阴极与轴承套圈之间的间隙；刮膜工具头与支座之间为浮动连接；电源正极通过电刷及卡盘与轴承套圈连接，负极与阴极相连；刮膜工具头开设电解液进液孔，电解液泵带动电解液进入极间间隙，电解液槽中设置过滤装置，以净化电解液。设备工作时，将轴承套圈装卡到卡盘上，调整磨头架移动装置，使磨头上的油石和阴极体对准轴承套圈的工作滚道，并施加一定压力。启动设备，使轴承套圈旋转，电解液泵将电解液充满工具阴极和工件之间。电解作用和刮膜作用交替进行，电解产物被流动的电解液带走，加工继续进行，直至达到加工要求。

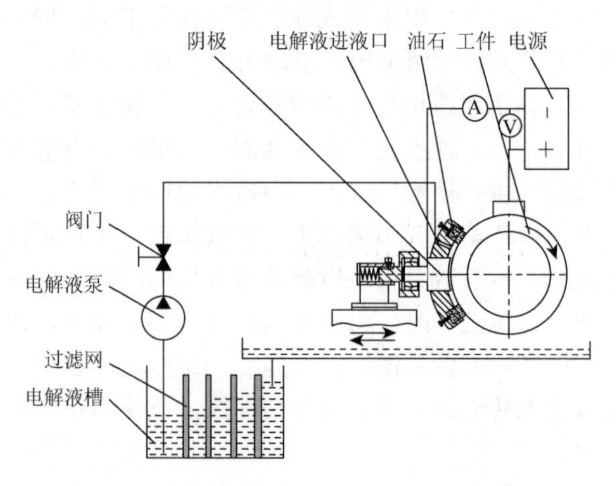

图 5.8　轴承套圈电化学油石复合加工实施原理

这两种实施方式在应用于轴承滚道加工时各有特点，电化学砂带复合加工方式为软质磨具且可以循环使用，自锐性好、磨具使用时间长，但是结构较复杂，体积较大，适用于大型轴承滚道的光整加工；电化学油石复合加工方式结构简单，体积较小，磨具为硬质磨具，为避免堵塞，粒度不能太细，长时间使用时可能磨损需要更换，适用于小型轴承滚道的光整加工。本节主要介绍电化学砂带复合加工方式在轴承滚道上的实施效果。

5.3.2　轴承滚道电化学机械复合光整加工效果

陶彬[7]采用电化学砂带复合加工方式，对材质为 GCrl5、原始表面粗糙度 *Ra* 值为 0.588μm、原始表面硬度为 HRC60 的 NU212EM/NU212E 圆柱滚子轴承内外圈滚道进行电化学机械复合光整加工实验，实验条件如表 5.3 所示。

表 5.3　电化学砂带复合加工滚道表面工艺参数优化范围

极间电压 U/V	电流密度 i/(A/cm^2)	加工间隙 Δ/mm	磨料粒度 ξ/μm	工件转速 ω/(r/min)	加工时间 t/min
20～25	40～60	0.2～0.5	10～12	150～300	1～4

实验中，对电解液系统及电解液注入方式进行了优化。在电解液循环回路上

设置 120#以上的多层尼龙过滤网布，对电解液进行多次过滤，物理清除悬浮杂质。另外，在电解液沉淀槽内设置缓冲格栅，降低电解液流速，改变电解液流态，使杂质快速平稳地沉淀。考虑到阴极的结构特点及加工要求，电解液采用与间隙电场垂直喷射的方式，通过提高喷嘴出口的速度，电解液能冲破工件周边的气流屏障，确保充分的电解液进入且充满加工区域。

在表 5.3 所示的工艺参数优化范围内选择加工参数，分别为工件转速 150r/min、电流密度 $60A/cm^2$、磨料粒度 12μm、加工间隙 0.5mm、加工时间 3min。在以上工艺条件下进行加工获得的结果如图 5.9 和图 5.10 所示，加工后轴承滚道表面具有较好的表面质量，表面粗糙度值远小于原始表面粗糙度值。

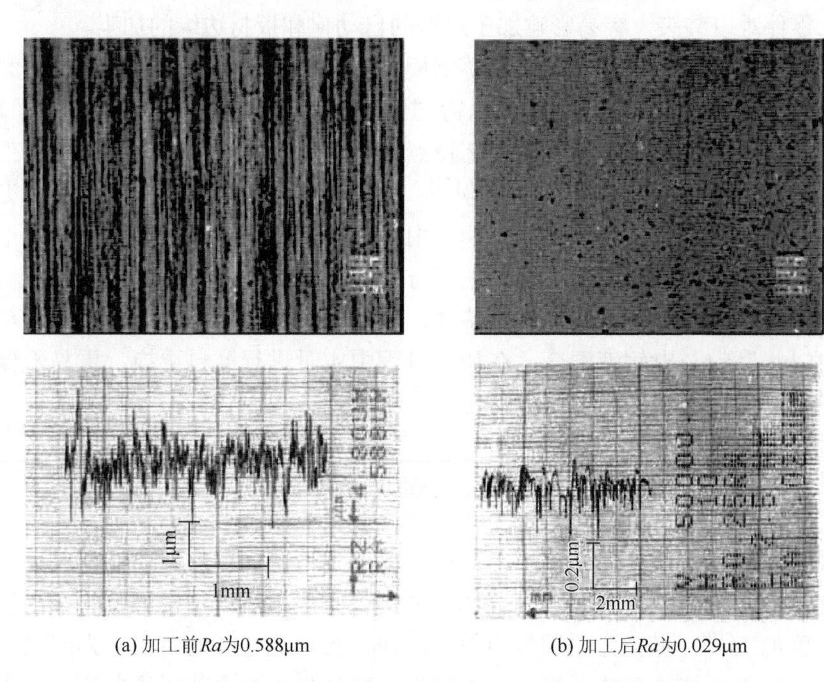

(a) 加工前 *Ra* 为 0.588μm　　(b) 加工后 *Ra* 为 0.029μm

图 5.9　轴承滚道电化学砂带复合加工前后的表面纹理及表面粗糙度

(a) 加工前

(b) 加工后

图 5.10　轴承滚道电化学砂带复合加工前后的表面效果[7]

5.4　不锈钢板电化学机械复合光整加工

镜面不锈钢板广泛应用于生产材料和装饰材料，镜面不锈钢板加工具有如下特征：①表面要求高，镜面不锈钢板加工过程需要完成从表面粗糙度值 $Ra \leqslant 0.1\mu m$，提高至 $Ra \leqslant 0.01\mu m$，光反射率达到 $p(\lambda) \geqslant 90\%$；②加工面积大，用于装饰等的镜面不锈钢板一般尽量避免接缝等痕迹，一次加工的面积在数平方米至数十平方米，对加工表面的均匀性和质量稳定性要求都比较高；③零件刚性差，容易造成刚性研磨工具与加工表面之间接触不均衡，导致加工表面的划伤等缺陷，破坏加工的镜面效果；④零件难以装夹，容易影响加工过程的自动化和板材边缘的加工。

采用机械加工方式加工镜面不锈钢板时，一般采用粗磨、半精磨、研磨等多道工序，生产效率低，表面质量难以得到保证，容易出现划痕、烧伤等表面缺陷。由于电化学机械复合光整加工的工艺特点，采用其解决不锈钢板的镜面加工难题时，具有生产效率和质量方面的优势[23]。根据前述电化学机械复合光整加工的实施方式，磨料可采用固结磨料加工和自由磨料加工两种方式。针对大面积不锈钢板镜面级光整加工，采用固结磨料加工方式在加工过程中获得镜面级表面粗糙度时需要粒度很细的磨料，容易产生堵塞，难以进行磨料更换；自由磨料光整加工方式可以将磨粒与电解液混合，在加工过程中实时进行磨料更换，更易于保障加工质量的稳定性和加工过程的自动化。

5.4.1　不锈钢板电化学机械复合光整加工原理

根据电化学机械复合光整加工原理，考虑到不锈钢板的上述特点，可采用如图 5.11 所示的电化学自由磨料复合加工的实施方式来实现不锈钢板的电化学机械复合光整加工[10]。抛光盘采用导电材料制作，接直流电源的负极作为阴极，不锈钢板通过工作台接电源的正极，作为阳极。抛光盘端面沿圆周径向阵列设置羊毛毡块，羊毛毡块与工件接触支撑抛光盘形成极间间隙。抛光轮与驱动轴之间通过铰链浮动连接，通过抛光盘上部设置的弹簧提供压向不锈钢板的抛光压力，并保障抛光盘的自位平衡。加工时，阴阳极通电，含有微粉磨粒的电解液从抛光盘的中心孔流向加工区域，抛光轮旋转实现阴阳极之间的电化学反应和磨粒对阳极刮膜作用的交替作用，进而实现不锈钢板的光整加工。

如图 5.12 所示，为实现板材的连续加工，不锈钢板工件需要通过传送机构做进给传送运动，在水平面的 X 方向自动进给，抛光盘旋转的同时在水平面的 Y 方向做往复运动，实现整个不锈钢板表面的连续加工。但是，在加工过程中，为保证被加工板面电化学作用和机械作用的均匀性，抛光盘需要越过工件边缘，即只有当加工投影面超过被加工板面一定距离时，才能保证在抛光面上留下均匀的抛光轨迹。图 5.13 为镜面不锈钢板连续加工，采用羊毛毡块作为抛光工具，羊毛毡块在弹簧力作用下产生变形压力压向被抛光表面，当抛光盘出现加工超程时，不锈钢板边缘会对羊毛毡块产生切削作用，造成抛光工具的快速磨损。为避免不锈钢板边缘对羊毛毡块的切割和磨损，需要在不锈钢板两端增加衬板以降低加工超程对羊毛毡块的磨损。

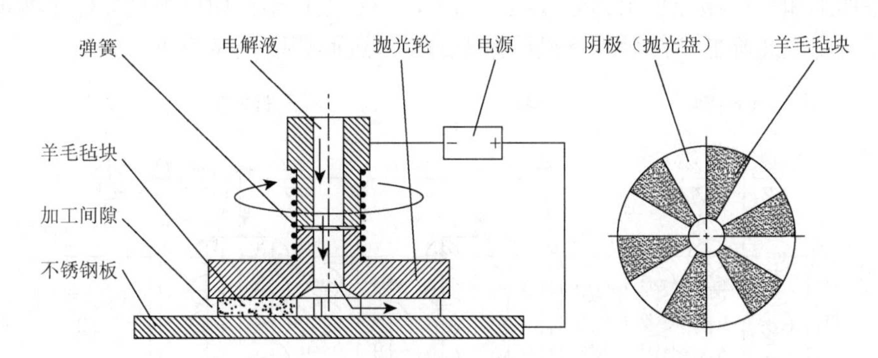

图 5.11　电化学自由磨料镜面不锈钢板加工实施原理

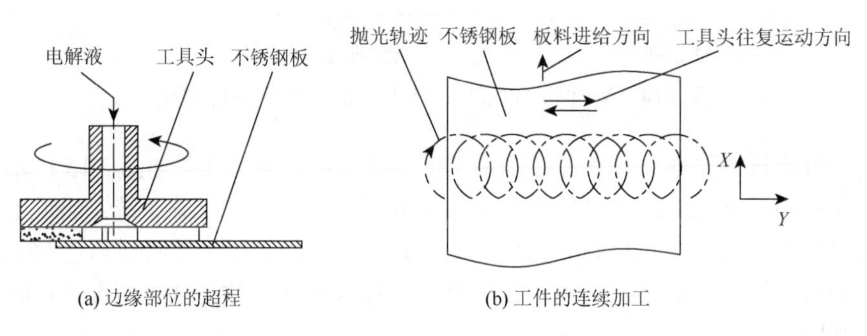

(a) 边缘部位的超程　(b) 工件的连续加工

图 5.12　电化学机械复合光整加工镜面不锈钢板边缘部位的超程问题

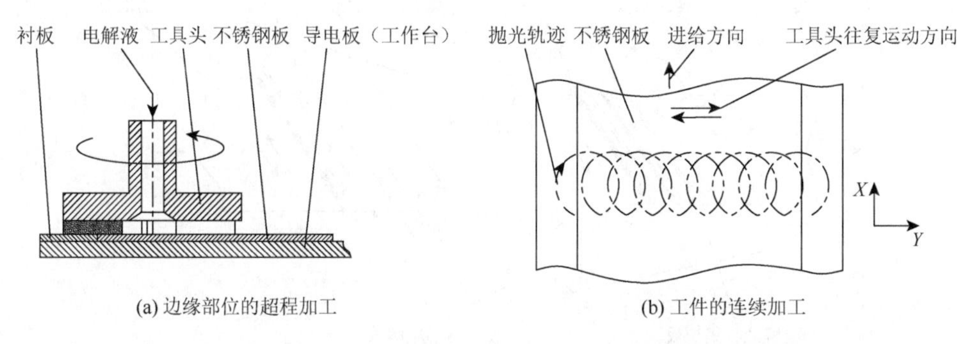

(a) 边缘部位的超程加工　(b) 工件的连续加工

图 5.13　电化学机械复合光整加工镜面不锈钢板边缘部位的连续加工

5.4.2　不锈钢板电化学机械复合光整加工效果

1. 电化学自由磨料连续进给加工不锈钢板的方案

李邦忠[24]根据电化学自由磨料镜面不锈钢板加工实施原理，提出了不锈钢板的连续进给加工方案。通过如图 5.14 所示的生产线设计，实现了电化学机械复合光整加工和机械抛光加工的分段组合加工，通过电化学自由磨料抛光作用实现表面粗糙度快速降低，然后进行机械抛光加工，进而获取光亮表面。

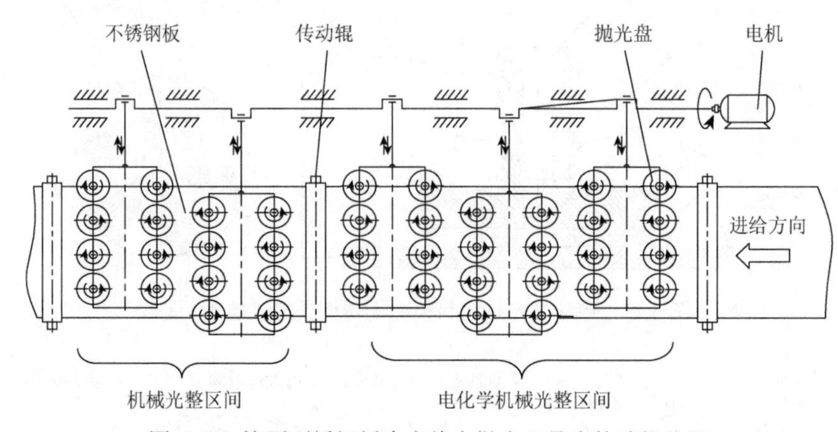

图 5.14　镜面不锈钢板生产线上抛光工具头的功能分配

针对板材需要连续进入和送出加工区的情况，本书设计了如图 5.15 所示的针对大面积不锈钢板连续生产的电化学自由磨料加工电解液收集系统。通过毛刷板和橡胶刮板将电解液收集到倾斜设置的电解液收集护板中，然后进入电解液回收系统参与电解液的循环，实现了在板材连续进入和送出加工区的情况下电解液的收集利用。

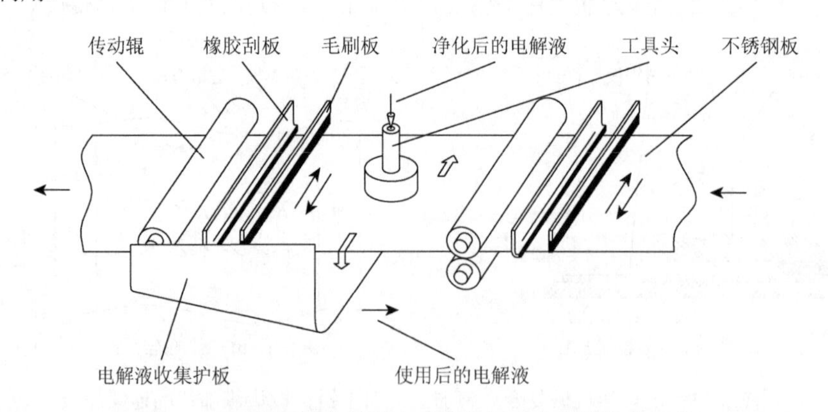

图 5.15　不锈钢板电化学自由磨料加工电解液收集系统

2. 电化学自由磨料连续进给加工不锈钢板的效果

李邦忠[24]研究了悬浮磨料电解液的基本组成，如表 5.4 所示。通过实验进行了综合性能优化，主要工艺参数如表 5.5 所示。

表 5.4　不锈钢板电化学自由磨料镜面光整加工电解液

成分	作用（规格）	质量浓度/(g/L)	功能说明
硝酸钠	主盐	200	浓度过高容易结晶，不安全，浓度过低影响生产效率
含氧酸盐	添加剂	50	提高电流效率，改善非线性
有机酸盐	络合剂	3	抑制阳极泥的大量产生，有助于氧化膜软化
高分子化合物	防锈剂	5	防锈剂，辅助氧化膜软化剂
白刚玉精微粉	W2.5	100	去除氧化膜，保证不锈钢板最终表面粗糙度和反射率
净化水	溶剂	其他	过滤，防止粗大颗粒的进入

表 5.5　优化后的电化学自由磨料镜面加工主要工艺参数[25]

工艺参数	电解液成分	电流密度/(A/cm^2)	抛光头转速/(r/min)	进给速度/(mm/min)
取值或范围	见表 5.4	0.5～1	560	8～9

图 5.16 给出了在电流密度为 1A/cm^2，浓度为 20%的 $NaNO_3$ 电解液，工具转速为 420r/min，磨料粒度为 44μm 的条件下，采用粒度相同的固定磨粒和自由磨

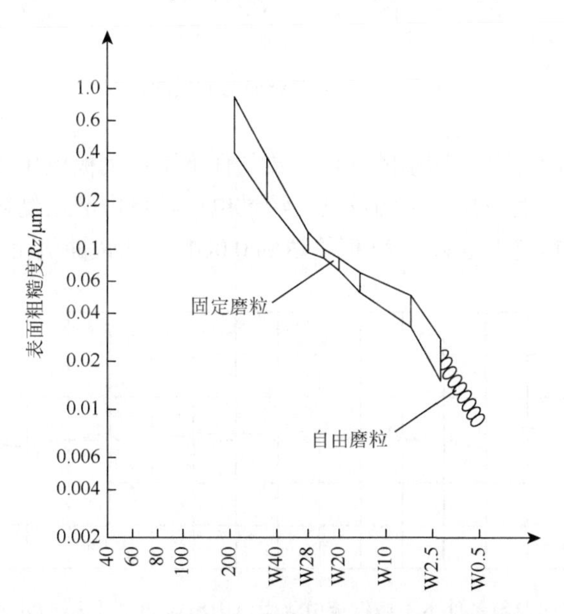

图 5.16　自由磨粒和固定磨粒获得的加工效果对比[10]

粒进行加工获得的结果。与固定磨粒相比，自由磨粒获得的表面粗糙度能达到更低的值。不锈钢板需要进行的是镜面级光整加工，因此采用电化学自由磨粒复合加工是合适的。

图 5.17 给出了电流密度为 1A/cm^2、浓度为 20%的 $NaNO_3$ 电解液、工具转速为 420r/min、工具压力为 0.1MPa 时，采用 180 目、320 目和 W14 粒度磨料获得的加工效果。在相同的加工时间内，磨料粒度越大，去除量越大，表明其机械活化作用越强。在加工初期，磨料粒度越大，表面粗糙度值降低的速度越快。磨料越细，所能达到的表面粗糙度值就越低。考虑到不锈钢板加工前一般经过精轧，已经具有良好的表面粗糙度条件，所以直接采用细粒度的磨粒进行加工是合适的。

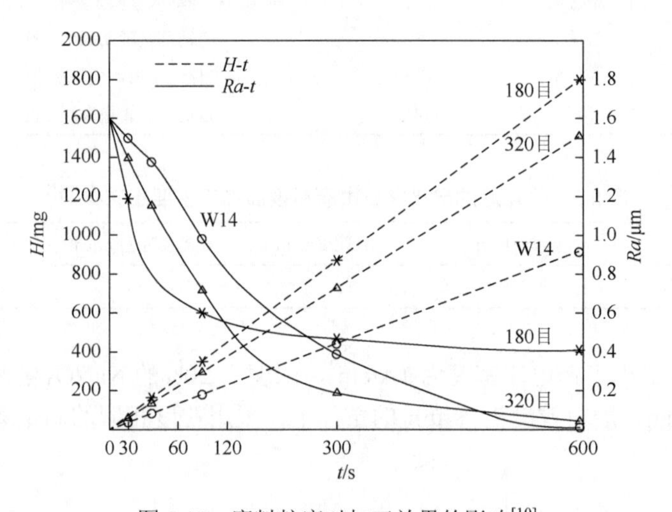

图 5.17 磨料粒度对加工效果的影响[10]

图 5.18 给出了表 5.7 所示的优化参数条件下不锈钢板电化学自由磨粒加工所能达到的表面粗糙度效果。由图可见，经过电化学自由磨粒复合光整加工，能够获得极佳的表面粗糙度效果，*Ra* 值能达到 0.004μm 的镜面级粗糙度水平。

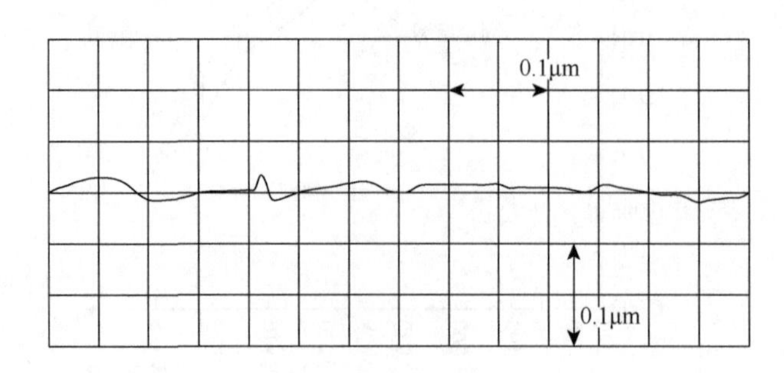

图 5.18 优化参数条件下不锈钢板电化学自由磨粒加工效果（*Ra* 为 0.004μm）

5.5　齿轮电化学机械复合光整加工

齿轮作为机械装备的核心传动元件之一，其质量直接决定整机的产品质量。齿面几何形貌对齿轮使用性能具有十分重要的影响。改善齿面粗糙度可以改善齿轮润滑状态和磨损，降低齿轮摩擦系数和齿轮啮合噪声，提高齿轮精度保持性、齿轮传动效率、齿轮接触疲劳强度、齿轮耐腐蚀性能，以及齿轮承载能力等性能[26]。

有关研究发现，不仅齿面粗糙度对齿轮使用性能有影响，齿面微观纹理方向对齿轮使用性能也有重要影响。如图 5.19 所示，不同工艺形成不同齿面纹理，滚齿、磨齿的切削纹理也与接触线平行；剃齿、珩齿的齿面纹理与接触线具有一定夹角；电化学机械复合光整加工由于电化学溶解效应和获得的表面粗糙度值较低，能形成无方向性的表面纹理。当齿面纹理与啮合线平行时，齿面间接触时易引起表面沟槽间相互咬合，使之互相刮削，摩擦力较大，为不理想的摩擦副；当齿面纹理与啮合线具有一定夹角时，齿面间接触时轮廓互为支撑，沟槽间的相互咬合现象明显减少，相互刮削作用减弱，摩擦力也减小，为较理想的摩擦副；而无方向性的表面纹理，其摩擦性能显然是比较理想的。

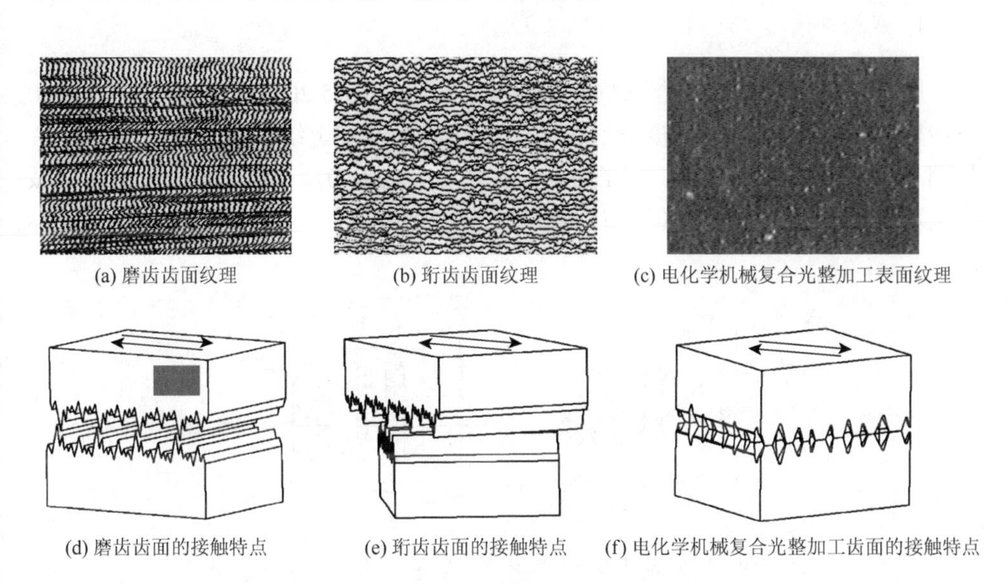

(a) 磨齿齿面纹理　(b) 珩齿齿面纹理　(c) 电化学机械复合光整加工表面纹理

(d) 磨齿齿面的接触特点　(e) 珩齿齿面的接触特点　(f) 电化学机械复合光整加工齿面的接触特点

图 5.19　不同工艺形成的齿面纹理和接触特点

齿面微观纹理方向还会影响齿轮振动和噪声特性。当齿面接触如图 5.19（d）时，由于齿面沟槽互相嵌入，齿面间相互摩擦，容易引起振动，而如图 5.19（e）时，齿面间接触时轮廓始终能互为支撑，相互运动时就比较平稳。Fassler 公司的一份演讲报告中给出了具有相同表面粗糙度的磨齿表面形貌和珩齿表面形貌及两者所产生的噪声特性对比。磨齿表面的粗糙度轮廓呈现出较明显的周期性变化，珩齿表面的粗糙度轮廓起伏变化则比较紊乱且没有明显的周期性；磨齿齿轮的啮合噪声高于珩齿齿轮的啮合噪声，而且两者在啮合过程中的噪声特性也不相同，磨齿齿轮的啮合噪声随频率呈现出明显的周期性谐振，而珩齿齿轮则没有这种现象。无方向性的齿面纹理，就其振动和噪声特性而言，也是最理想的。

将电化学机械复合加工应用于齿轮光整加工，可以发挥电化学机械复合加工高效光整零件表面的工艺特性，同时可以形成优良的表面形貌，对提高齿轮加工水平具有重要意义和价值。但是，由于齿轮结构的特殊性，其表现出了新的特点，齿轮电化学机械复合光整加工也必须结合这些特点来讨论。

5.5.1　齿轮电化学机械复合光整加工原理

根据齿轮结构特点，电化学机械复合光整加工在齿轮上的应用方式也可以采用成形法和展成法。

1. 成形法

成形法电化学机械复合光整加工的基本原理如图 5.20 所示。刮膜工具形状与齿轮齿间形状相同，阴极形状在轮齿齿间形状基础上缩小加工间隙值，两者如图 5.20 所示安装在一起。加工时，工具头以一定压力压在齿轮表面并沿齿向做往复运动，以实现电化学作用与机械作用的复合[27]。

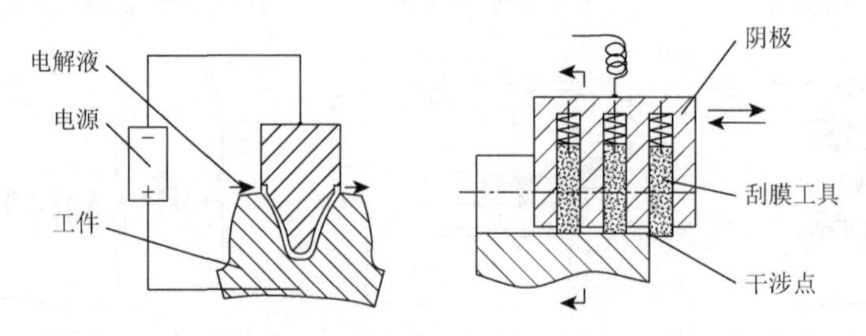

图 5.20　成形法电化学机械复合光整加工的基本原理示意图

采用成形法具有如下优点：

(1) 加工过程中的阴阳极间隙为恒间隙，通过制造高精度的阴极和刮膜工具，可以得到较高的齿形精度。

(2) 装置简单，只需阴极沿齿轮轴向的运动装置和齿轮分度装置。

（3）加工过程中工具移动速度容易控制，有利于实现机械作用和电化学作用强度的控制。

但是，受结构的限制，成形法存在以下几个问题：

（1）刮膜工具的运动轨迹单一，不利于表面粗糙度值的降低。

（2）刮膜工具超程后会掉出齿端，难以收回，如图 5.20 所示。

（3）电解液流场设计比较困难，如图 5.20 所示，当刮膜工具处于齿轮宽度以外时，电解液会沿齿端泄漏，不能保证流场的均匀性。

针对上述不足，对其进行了改进，如图 5.21 所示，将阴极与刮膜工具完全分离，这样可以避免发生刮膜工具超程后掉出齿端的现象，刮膜工具的刮膜作用由其沿齿轮齿向的往复运动构成，加工过程中，阴极和刮膜工具需进行换工位运动，以使不同齿面得到加工。

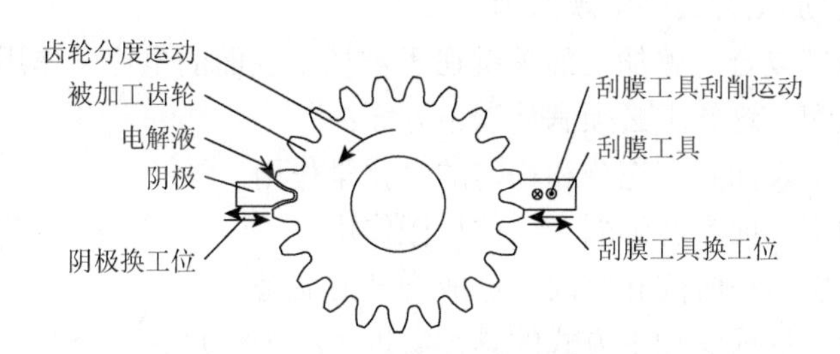

图 5.21　成形法电化学机械复合光整加工的改进

上述方法虽然可以避免刮膜工具超程后掉出齿端的现象，但是，机械作用与电化学作用的一次交替需在工件一转范围内完成，而在此过程中，加工每一齿时都需使得阴极与刮膜工具实现准确的定位，整平效率低，因此在实际应用中有一定的局限性。

2. *展成法*

1）展成法加工方式的特点

展成法脉冲电化学齿轮光整加工的不足之处主要是难以保证最佳的加工条件，齿形精度容易被破坏。展成法电化学机械齿轮光整加工的实现方式与展成法脉冲电化学齿轮光整加工的实现方式类似，但是由于机械作用的介入突破了单纯电化学加工的这些限制，两者具有显著的不同之处，展成法电化学机械齿轮光整加工具有的新特点，主要表现在以下几个方面：

（1）电化学机械复合光整加工的整平比很高，即只需较小的去除量就能达到很低的表面粗糙度值，根据在外圆和平面等工件上的实验，将磨后表面降低至镜面需要的去除量一般能控制在 0.01～0.015mm，因此去除量不均对齿形精度的影响也就比较小。

（2）电化学机械复合光整加工使用的电流密度比脉冲电化学光整加工小得多，由电场分布不均造成的齿形误差，或者工件齿面同一部位与阴极齿面不同部位相对时，电化学作用累积时间的不同造成对工件齿形精度的不利影响程度也显然较轻。

（3）电化学机械复合光整加工对流场的要求相对较低，展成法实施方式能保证流场要求。

（4）机械作用的介入使得齿形精度可通过调节机械作用和电化学作用两方面因素保证。

上述几点保证了采用展成法电化学机械复合光整加工时，通过合理地选取工艺参数，齿形精度不会被破坏且能获得光整表面，对其深入研究具有理论和实践意义。

2）展成法加工方式的实现原理

电化学机械复合光整加工的关键在于被加工表面的电化学作用和机械作用能形成合理的匹配。这要求必须满足以下方面：

（1）被加工表面具有充分和均匀的电化学作用。

（2）被加工表面具有强弱合适的机械作用。

（3）两种作用在时间和空间上形成合理的交替。

因此，齿轮展成法加工方式的具体实现也必须满足这三个条件，可用图 5.22 来表示工艺自身特点对具体实施方式的要求。

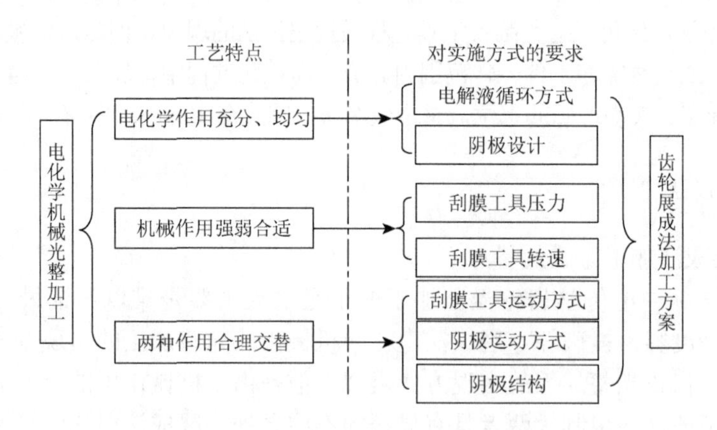

图 5.22　工艺特点对实施方式的要求

（1）电化学作用在加工区域的充分和均匀化。从电解液角度来讲，为使极间间隙内充满电解液，采用了电化学作用区域电解液浸泡式方案；为使电解产物被顺利排出加工区，设计了电解液循环系统，并使工作区电解液具有一定流速。

从阴极设计角度来讲，一定的阴阳极间隙是保证电化学作用在齿面上均匀的另一项要求。为形成极间间隙，采用一个与工件齿轮模数、齿数和压力角均相同的齿轮作为阴极基本齿轮，对其齿厚进行减薄，但在安装时按照标准中心距安装，极间间隙就等于齿厚减薄量的 1/2，如图 5.23 所示。由于阴极齿轮和工件齿轮相互“啮合”，在加工过程中还必须有极间间隙保证装置，可采用两种方式来保证阴阳极极间间隙恒定：一种是采用单驱动源加挂轮形成闭环传动系统来保证，如图 5.24（a）所示；另一种是采用双驱动源独立控制阴极和工件转速来保证，如图 5.24（b）所示。第一种方式的优点是系统刚性高、稳定性好、装置容易实现，在成本方面，针对不同模数、螺旋角和压力角的工件需要一个专用阴极和挂轮 2，挂轮 1 与工件几何尺寸可完全一致，可以直接采用工件，不计入成本，对于大批量生产的齿轮，挂轮和阴极制造成本折算到齿轮的单件成本是比较低的；第二种方式的突出优点是系统柔性比较高，但其稳定性需要高质量的电机和控制系统来保证，在成本方面，较之第一种方式，挂轮 2 可以去掉，但需两个驱动源及专门的控制系统，因此初期成本比较高，而后期成本则比较低。综上所述，第一种方式适用于产品品种比较单一、批量较大的情况，而在一些有特殊要求的场合，批量较小、品种却较多，采用第二种方式比较合适。但是，齿轮在多数情况下属于成批大量生产的零件，因此本章重点研究第一种方式。

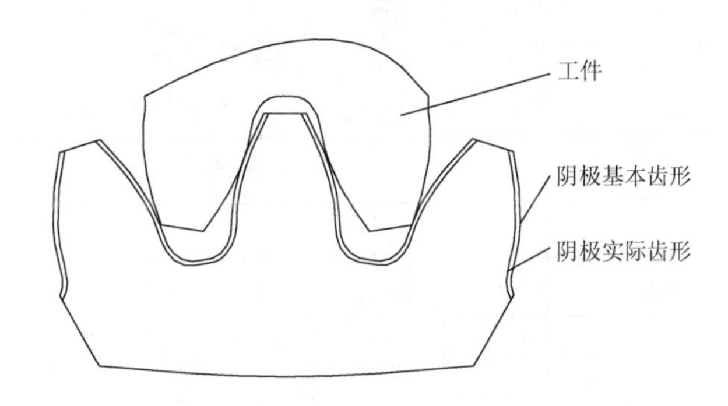

图 5.23　形成加工间隙的原理

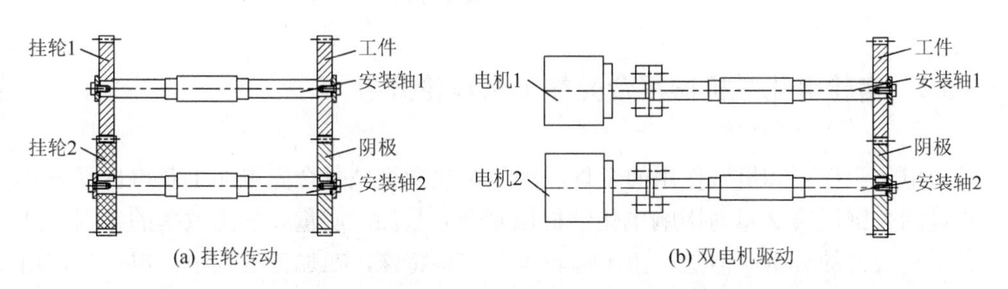

图 5.24　保证阴阳极极间间隙恒定的两种方式

（2）工件齿面机械作用强弱调节的实现。被加工表面具有强弱合适的机械作用需满足两个要求：一是磨轮对工件表面的机械压力合适；二是磨轮与工件表面的摩擦速度合适。为达到这两个要求，一方面对磨轮安装轴设计了可调节弹性压力机构，另一方面采用了具有独立调速功能的驱动系统，并将珩磨轮作为主动部件而将工件作为被动部件，这样做的好处是对于不同尺寸的工件，当珩磨轮转速一定时，能够保证其与工件齿面啮合部位的摩擦速度基本不变。

（3）两种作用合理交替实现。在展成法加工方案中，影响电化学作用和机械作用交替的主要因素是珩磨轮转速和轴向移动速度。因此，在珩磨轮驱动系统采用调速功能的同时，设计了可变速轴向移动系统。

根据上述三点，本书设计了电化学机械复合光整加工在齿轮上的实施方案，如图 5.25 所示。电源正负极分别接工件和阴极，电解液槽 2 中的电解液进入电解槽 1 中，电源通电时工作区被循环电解液浸泡，在工件齿面产生均匀充分的电化学作用；珩磨轮由电机驱动自转并带动工件转动，进而在两齿面之间产生机械摩擦作用，珩磨轮的轴向运动使得机械作用在齿宽方向均匀化；工件驱动挂轮 1 并带动挂轮 2 自转，挂轮 2 驱动阴极与工件产生定间隙啮合运动。为实现阴阳极绝缘，阴阳极之间的机械结构采取了绝缘措施。

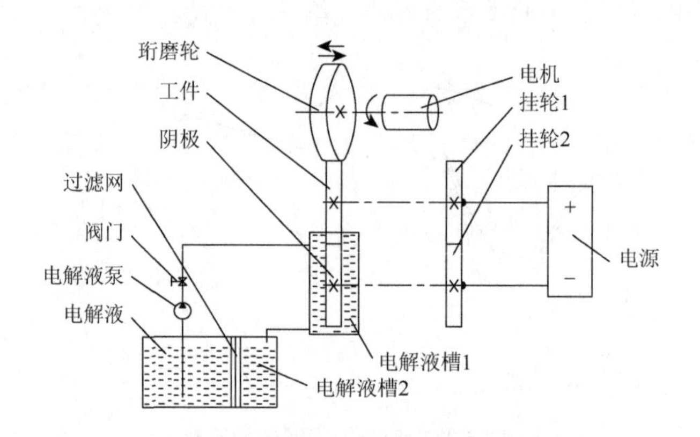

图 5.25　齿轮展成法电化学机械复合光整加工的实施原理

5.5.2　齿轮电化学机械复合光整加工理论分析

电化学作用和机械作用的合理匹配是电化学机械复合光整加工获得良好表面质量的关键，第 2 章对影响电化学机械复合光整加工质量和加工效率的各因素进行了一般性的分析，但是，由于齿轮本身结构特殊，在加工过程中，电化学作用和机械作用的作用区域并不相同，两种作用之间的相互影响规律与外圆或平面等表面存在显著区别，因此有必要对此问题进行详细探讨。两种作用的匹配涉及两个方面：一是电化学作用和机械作用在时间与空间上均匀性的匹配；二是电化学作用和机械作用强弱程度的匹配。下面分别讨论这两方面匹配的实现。

电化学机械复合光整加工中，主要靠电化学作用去除金属，机械作用是为了更好地加速这一过程，对于加工质量和加工效率至关重要。机械作用过慢，氧化膜残留过多，会影响电化学作用的发挥。而机械作用过强，也会带来一些机械加工的缺陷，如表面划伤、烧伤、研磨条磨损过快、堵塞等，达不到光整的目的，也不会得到较高的加工速度。所以，恰当地控制电化学作用和机械作用的速度，使电化学溶解-成膜作用和机械刮膜活化作用达到良好的匹配，可以在获得高质量表面的同时，获得较高的加工效率。

1. 电化学作用和机械作用在时间与空间上均匀性的匹配

结合图 5.25 分析，磨轮与工件为交错轴啮合，而阴极与工件为平行轴“啮合”。因此，在加工过程中，两者对工件的有效作用区域并不相同。

首先讨论机械作用区域的变化规律。由珩磨原理可知，珩磨轮与工件啮合时齿面间是点接触，如图 5.26（a）所示，啮合过程中珩磨轮与工件齿面不同部位接触，形成从齿根到齿顶（或从齿顶到齿根）的一段啮合迹，如图 5.26（b）所示。在加工过程中，珩磨轮与工件不仅做周向的啮合运动，还同时做轴向相对运动，使机械作用布满全齿面。实际上，由于珩磨轮和工件表面在接触过程中会产生弹性变形，两者并非严格的点接触，而是一片微小区域的面接触，如图 5.26（c）所示。因此，啮合迹实际上是一段啮合区域，加工过程中的珩磨轮是以一片微小接触区域沿工件表面滑动的，如图 5.26（d）所示，工件多次自转过程中，由珩磨轮的轴向运动使得啮合区域布满整个齿面，即在工件多次转动过程中，整个齿面受到一次机械作用，如图 5.26（e）所示。

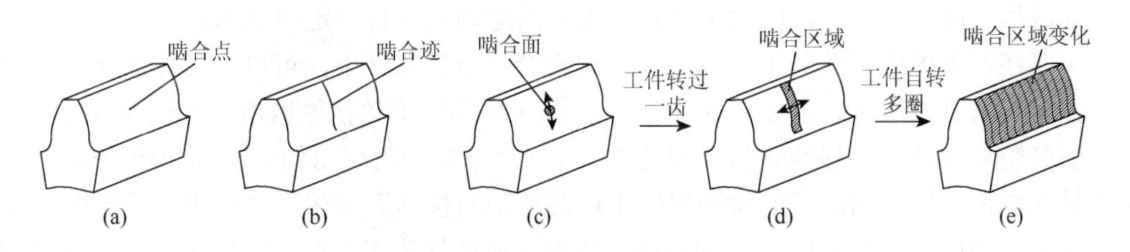

图 5.26　机械作用区域变化

电化学作用对工件齿面作用区域的变化规律与机械作用的不同之处在于：阴极基本齿轮与工件啮合时为线接触。结合电化学加工的特点，采用非线性电解液加工时存在截断间隙，即有效加工区域是阳极表面上阴阳极极间间隙处于截断间隙范围内的区域，此区域处于阴极和工件间最小间隙附近，如图 5.27（a）所示，而最小间隙产生于阴极基本齿轮与工件间啮合点处，因此某一时刻的有效加工区域是阴极基本齿轮与工件啮合线附近的一段区域，如图 5.27（b）所示。在加工过程中，这一区域沿齿根到齿顶（或沿齿顶到齿根）移动，工件一转过程中，电化学作用于全齿面，如图 5.27（c）所示。

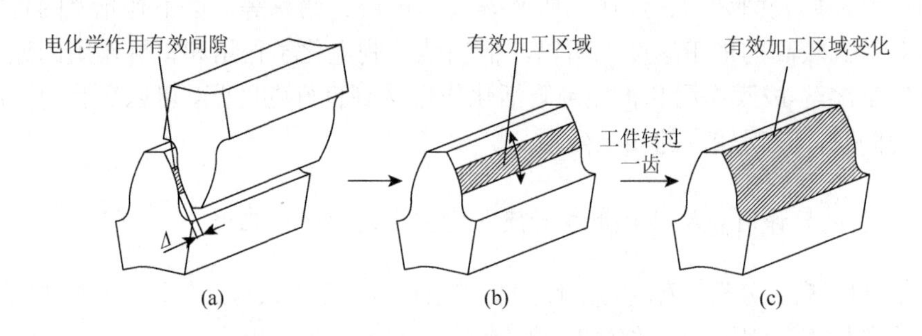

图 5.27　电化学有效加工区域变化

从上述分析可知，某一时刻的机械作用区域是以珩磨轮与工件啮合点为中心的一片微小区域，而电化学作用区域是在阴极齿轮与工件齿轮距离最近处附近，布满全齿宽范围的一片条形区域。显然，机械作用区域和电化学作用区域具有显著差别，而且两者变化规律不同。图 5.26 和图 5.27 表明，在工件一转过程中，电化学作用于工件全齿面，而机械作用只局限于工件齿面上与珩磨轮的啮合迹附近区域，即工件一转范围内，两者在空间上不相匹配。解决这一问题的方法是使珩磨轮具有轴向运动，这点类似于珩齿工艺，如图 5.26（e）所示。但在珩齿工艺中，对珩磨轮的轴向运动速度并无严格要求，电化学机械复合光整加工则不然，机械作用在布满被加工表面的同时还应该在时间上与电化学作用相匹配，使两种作用形成尽可能多的交替，因此珩磨轮在轴向的运动需符合一定的规律。

在不考虑珩磨轮与工件沿齿廓方向啮合特点的条件下，可以将工件简化为一柱状表面以方便讨论，如图 5.28 所示。在工件与珩磨轮接触区域一定的条件下，珩磨轮从工件一端移动到另一端的过程中（以下称为珩磨轮的一次轴向作用），接触区域在工件表面形成的轨迹取决于珩磨轮轴向移动速度和工件转速。图 5.28 示出了三种情况，图 5.28（a）为珩磨轮作用区域能够覆盖工件全部表面而不产生重叠；图 5.28（b）为珩磨轮作用区域只能覆盖工件局部表面，相邻两次作用区域不连续，白色部分为不连续区域；图 5.28（c）为珩磨轮作用区域能够覆盖工件全部表面，但是相邻两次作用区域有重叠，黑色部分为重叠区域。

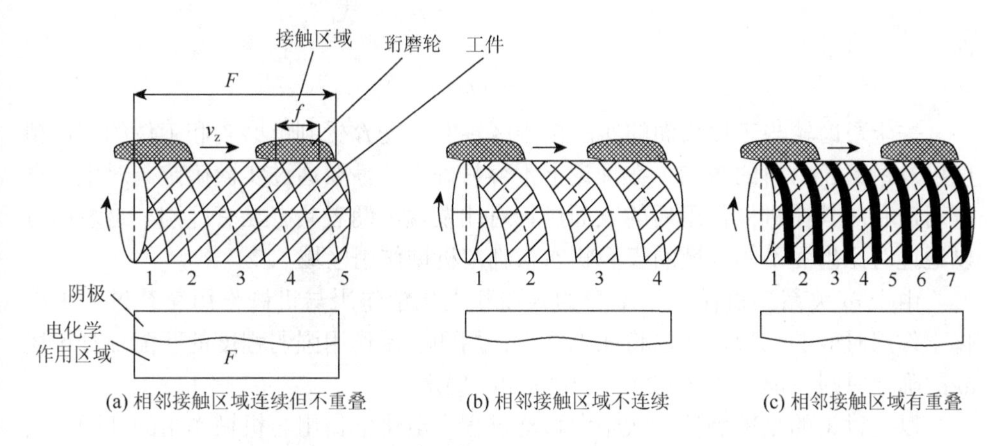

(a) 相邻接触区域连续但不重叠　(b) 相邻接触区域不连续　(c) 相邻接触区域有重叠

图 5.28　机械作用区域变化的不同规律

上述三种条件下，机械作用和电化学作用在时间上的匹配效果不同。理论上，对机械作用和电化学作用在时间上匹配有利的条件是：工件整个表面实现一次电化学作用和机械作用的交替所需的时间越短越好。考察图 5.28 所示的三种情况下，工件右端在珩磨轮一次轴向移动过程中两种作用的交替在时间上具有的差别，图中 1 区为珩磨轮处于工件最左端位置时在工件第一转范围内与工件齿面的接触区域，2 区为在工件第二转范围内的接触区域，以此类推，当珩磨轮处于 i 区到 $i+1$ 区时，电化学作用于齿面 i 次，假定珩磨轮移动到工件最右端齿面时工件需转动 n 次，则在工件前 $n–1$ 转时间内，工件最右端齿面只受电化学作用而无机械作用。事实上，不仅右端齿面，对于整个工件齿面，情况均是如此。不难理解，对于图 5.28（c）所示的情况，如果工件连续两次转动过程中机械作用的重叠区域越大，在珩磨轮一次轴向运动过程中，工件齿面任一点处有电化学作用而无机械作用的时间也就越长，这对加工显然不利；对于图 5.28（b）所示的情况，尽管在珩磨轮一次轴向运动过程中，n 值比较小，但机械作用并未覆盖整个工件表面，需要在下一次珩磨轮轴向运动过程中实现，对加工同样不利。通过上述分析可知，工件整个表面实现一次电化学作用与机械作用交替所需的时间尽可能短的条件是：珩磨轮一次轴向运动过程中，机械作用区域的宽度能够覆盖齿轮全部表面而不产生重叠，如图 5.28（a）所示。

设工件宽度为 F(mm)，工件以转速 ω(r/s)回转，那么工件转过一转需要的时间为 $1/\omega$(s)，珩磨轮作用区域的宽度为 f(mm)，则工件一转过程中，珩磨轮需轴向移动的距离为 f，珩磨轮以速度 v_z (mm/s)做轴向运动。满足上述条件的关系式可表示为

$$f = v_z \cdot \frac{1}{\omega} \tag{5.1}$$

即

$$v_z = f\omega \tag{5.2}$$

关于珩磨轮与工件齿面的实际接触区域的宽度 f，受到珩磨轮和工件的制造精度以及珩磨轮材料的影响，在理论上不容易确定，需要通过实验确定。对电化学作用后和对其在机械作用后的表面进行对比发现，两者具有显著区别，这表明可以通过对比齿面不同区域的表面状态来确定机械作用区域。

由于 ω 关系到机械作用本身的强弱和电化学作用与机械作用交替过程中电化学作用时间的长短，所以将在电化学作用和机械作用强弱程度的匹配部分论述 ω 的确定原则。依据式（5.2），v_z 由 ω 和 f 确定。

以上讨论的是珩磨轮一次轴向移动过程中电化学作用与机械作用的匹配，实际的加工并不能在电化学作用与机械作用的一轮交替作用即珩磨轮一次轴向移动过程中完成，而需要珩磨轮进行多次轴向运动，但运动次数越少越好，即在有限的轴向运动次数内应尽量使机械作用在空间分布均匀化。另外，珩磨轮与工件的啮合特点决定了珩磨轮对工件表面的机械作用在接触区域内是不均匀的，在理论啮合点处机械作用最强，离啮合点越远，机械作用越弱，其强弱变化规律受到工件及珩磨轮加工精度的影响，所以不容易准确地量化和控制。但是，在珩磨轮多次轴向运动条件下，通过合理规划珩磨轮每一次轴向运动过程中接触区域的位置，接触区域强弱变化对机械作用总体上的均匀化并不产生很大影响。因此，本章以图 5.29 所示的曲线来表示接触区域机械作用的强弱变化规律，图中 Y 轴坐标值表示机械作用的强弱程度，X 轴坐标值表示接触区域的位置，该曲线具有的特点是：以 ρ 为周期，在每一周期内中点处 Y 值最大，从中点向两边 Y 值逐渐减小。

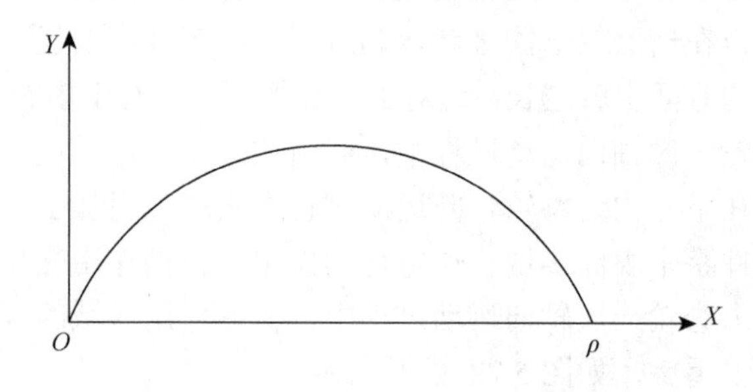

图 5.29　接触区域机械作用强弱分布

图 5.30 给出了珩磨轮从工件左端移动到右端过程中机械作用的强弱程度在齿轮轴向的分布（珩磨轮从右端移动到左端时接触区的轨迹与从左端移动到右端时不同，将另做讨论），实线表示第一次移动，虚线表示第二次移动。在珩磨轮第二次从左端移动到右端时，就需要考虑改变接触区域的位置以实现两次移动过程中

机械作用的均匀化。不难理解，不同次机械作用的最强处在齿面上尽可能散布，就意味着整个齿面范围内机械作用在空间上的进一步均匀化。从图形角度来讲，由代表多次机械作用的曲线叠加形成的新曲线，如果其周期能够减小，则意味着机械作用最强处在齿面上尽可能散布。显然，如果电化学作用和机械交替作用只进行两次，当第二次机械作用的最强处与第一次机械作用的最弱处重合时，即 $l=\rho/2$ 时，两条曲线叠加成的新曲线的周期减小一半，为 $\rho/2$。

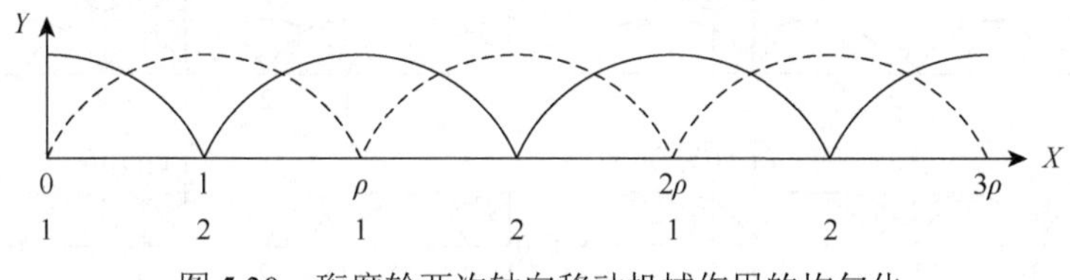

图 5.30　珩磨轮两次轴向移动机械作用的均匀化

事实上，由多条形状相同的曲线叠加成的新曲线，其周期是由单个曲线在 X 轴向的位置决定的，如果以某一长度为周期切割这些曲线形成的图形形状相同，则该长度必然是由这些曲线叠加成新曲线的一个周期。据此不难推理，电化学作用和机械作用进行 n 次交替，且不同次机械作用形成的相邻两接触点的距离为 $l=\rho/n$ 时，各曲线叠加成的新曲线周期最短，为 ρ/n。实际中的珩磨轮轴向运动次数 n 要结合加工要求来确定，但是，对于特定的 n 值，如果每次珩磨轮轴向运动过程中啮合位置分布的顺序不同，从时间上讲，电化学作用与机械作用匹配的均匀化程度是不同的，那么另一个有必要研究的问题是：一定 n 值条件下每次珩磨轮轴向运动过程中啮合位置分布的顺序。

为了研究这一问题，以 $n=8$ 为例来讨论两种不同的情况：一种情况是每次珩磨轮轴向移动过程中其啮合位置比前一次向右移动 $\rho/8$ 的距离，如图 5.31（a）所示；另一种情况是每次啮合位置按某种特殊规律排列，如图 5.31（b）所示。对于上述两种情况，机械作用与电化学作用交替的均匀程度在整个齿面范围内是一致的，但是交替作用的均匀程度在加工时间范围内的动态变化却不一致。考察图 5.31 中Ⅰ、Ⅱ、Ⅲ各处的均匀程度在加工时间范围内的动态变化规律，以代表每次珩磨轮轴向运动过程中机械作用强弱的曲线截取Ⅰ、Ⅱ、Ⅲ处平行于 Y 轴的直线，得到的线段即可表征该点处该次机械作用的强弱。图 5.31（c）和图 5.31（d）给出了Ⅰ、Ⅱ、Ⅲ处，珩磨轮不同次轴向运动过程中机械作用强度的变化。对比上述两种情况下的机械作用强弱变化规律可知，在前一种情况下，某点处强度随时间的变化是在整个加工周期内呈现出由强到弱或由弱到强的规律，相邻几次加工强弱变化程度不明显，即从整个加工时间范围内讲，机械作用和电化学作用的交替程度不均匀；在第二种情况下，某点处强度随时间的变化在相邻几次加工中非常明显，机械作用的强弱分布在整个加工时间范围内比较分散，即机械作用和电化学作用的交替程度在时间分布上比较均匀。这说明对于后者，两种作用的交替在时间上分布的均匀性优于前者。

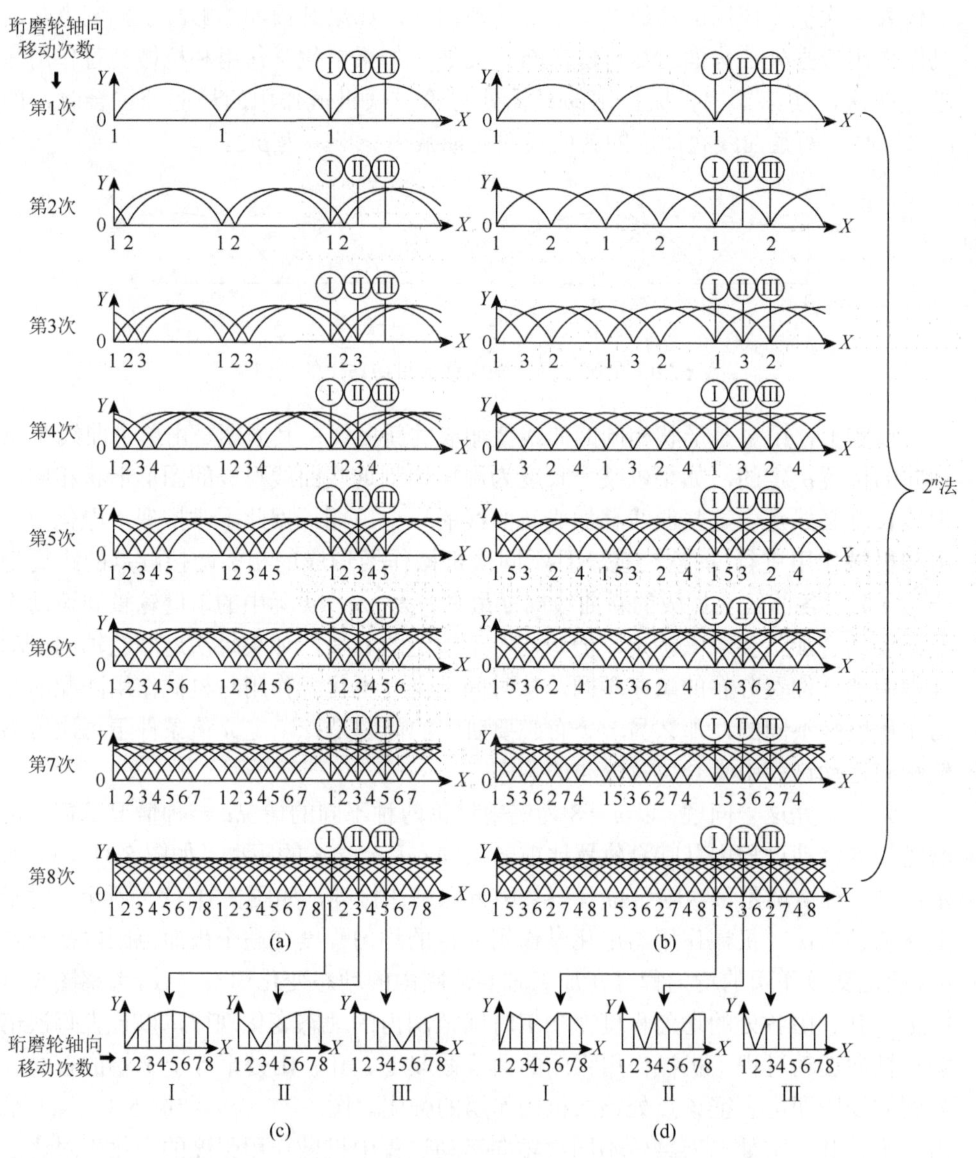

图 5.31　珩磨轮多次轴向移动过程中机械作用的均匀化

(a)、(b) 中纵坐标表示机械作用强度，横坐标表示工件轴向位置；
(c)、(d) 中纵坐标表示机械作用强度，横坐标表示珩磨轮轴向移动次数

综合以上研究，在珩磨轮特定轴向运动次数条件下，如果珩磨轮不同次轴向运动的啮合位置按照一定规律安排时，机械作用强弱程度在时间和空间上分布的

均匀性较好。结合图 5.31（b），对此规律加以总结，可知通过以下方法来确定这种规律，能够使两种作用的交替在时间上的分布获得比较好的均匀性。基本思想是：珩磨轮轴向运动次数取 2^n 次（$n\geqslant1$）；空间分布上，珩磨轮每次轴向运动过程中，工件与珩磨轮相邻两次啮合区域应连接但不重叠；时间分布上，以 2^i+1～2^{i+1}（$0\leqslant i\leqslant n-1$）次为一轮，在每轮加工中，珩磨轮与工件啮合位置在每次轴向运动过程中是前几轮加工中，相邻两次机械作用最强位置之间的部位，如表 5.6 所示，该法可称为 2^n 法。

表 5.6　珩磨轮轴向运动 2^n 法规律

<table>
<tr><td>第 1 次加工</td><td colspan="4">1</td></tr>
<tr><td>第 2 次加工</td><td colspan="4">2</td></tr>
<tr><td>第 3 次加工</td><td colspan="2">3</td><td colspan="2">4</td></tr>
<tr><td>第 4 次加工</td><td>5</td><td>6</td><td>7</td><td>8</td></tr>
<tr><td>…</td><td colspan="4">…</td></tr>
</table>

对于珩磨轮从右端运动到左端时的情况，当工件转速及转向不变，且珩磨轮轴向运动速度不变但方向换向时，每次运动过程中珩磨轮与工件表面的接触区域如图 5.32 所示。珩磨轮第一次由左端到右端，再由右端到左端加工后工件表面的啮合区域如图 5.32（a）所示，图中直线交叉处表示由左端到右端和由右端到左端过程中机械作用最强处交汇，该处机械作用最强。因此，从机械作用空间分布的均匀性来讲，交叉点越分散，均匀性越好。图 5.32（b）表示从右端到左端运动时的规律也采用 2^n 法，在珩磨轮特定轴向运动次数后（如 8 次），珩磨轮与工件表面的接触区域。由图可知，机械作用在空间上的分布比较均匀，而 2^n 法本身能保证从右端到左端运动过程中机械作用在时间上分布的均匀性。

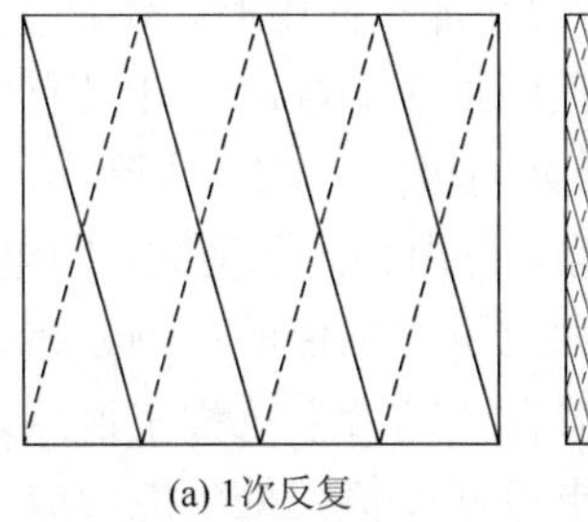

(a) 1次反复

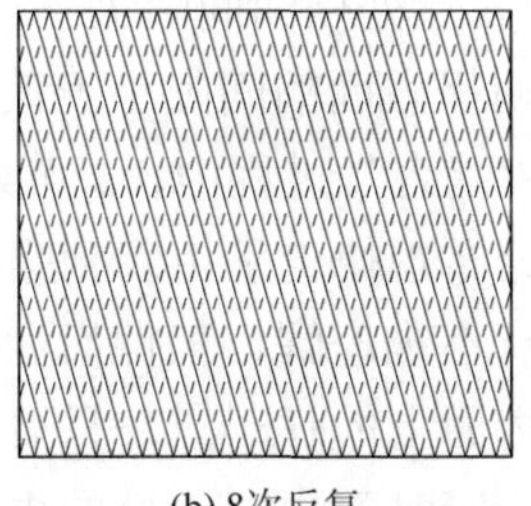

(b) 8次反复

图 5.32　珩磨轮左右反复运动时与工件啮合区域的分布

2. 电化学作用和机械作用强弱程度的匹配

对于展成法加工方案，反映电化学作用强弱程度的工艺参量主要是工作电流密度和电化学作用与机械作用交替过程中的电化学作用时间，反映机械作用强弱程度的工艺参量主要是刮膜工具对工件表面的压力（即珩磨轮压力）和刮膜工具与工件表面的相对摩擦速度。其他影响电化学作用或机械作用强弱程度的工艺参量（如极间间隙、电解液浓度、磨料粒度及成分等），通常在加工前就已经确定好了，因此本节在此处只讨论上述四项工艺参量在加工过程中的匹配。在这四项工艺参量中，工作电流密度和珩磨轮压力对加工的影响相对于其他因素独立，而刮膜工具与工件表面的相对摩擦速度和两种作用交替过程中的电化学作用时间具有关联。

根据研究，最终决定工件表面粗糙度的是刮膜工具的磨料粒度，其他机械作用参量的选择是要加速阳极整平。因此，工艺参量的最佳取值范围，并非决定最终表面质量的参数取值，而是在特定加工时间内，使表面粗糙度能在最大限度上得到降低的参数取值，即如果期望的表面粗糙度是一定的，上述四项工艺参量的选择影响生产效率。

但是，生产效率并非加工时考虑的唯一问题，高效率必须在保证光整加工后齿轮精度的前提下才有意义。如前所述，在恒定的工件转速条件下，工件表面不同点处电化学作用时间不一致，不同点处的去除量也就不一致，这会影响到齿轮的齿形精度。因此，在选择上述四项工艺参量时就必须考虑各自对齿形精度可能产生的影响。在保证加工精度的前提下以尽可能高的加工效率降低表面粗糙度就是确定上述四项工艺参量的出发点。下面分别从生产效率和齿形精度两方面讨论电化学作用与机械作用的强弱匹配。

1）生产效率

（1）电流密度的确定。阴极齿轮与工件齿轮的“啮合”区域在加工过程中动态变化，导致阴阳极间的电场在啮合区附近呈非均匀分布且实时变化，因此工件表面电流密度分布与加工平面或圆柱面等表面时有所不同。

如图 5.33 所示，考察工件某一点处的电场变化情况，对于工件齿面上任意一点（如 a 点），当 a 点处极间间隙大于截断加工间隙时，不产生电化学去除作用，只有当 a 点处与阴极表面的间隙小于截断加工间隙时，才具有电化学去除作用。在工件与阴极的“啮合”过程中，a 点处的极间间隙由大到小，再由小到大变化，因此该处的电场分布规律也呈由弱到强，再由强到弱变化，即电流密度实时变化。根据齿轮啮合特点不难理解，工件齿面上不同部位的电场分布均呈现这一变化规律。因此，对于齿面上的任一点，只要在“啮合”过程中该点处的最大电流密度达到一定值，在一段时间内，该处的电流密度值就处于能形成阳极钝化膜的电流密度范围。在确定电源电流参数时，可以不考虑某点处的电流密度而以整个“啮合”区域面积来计算平均电流密度，这样做虽然不能准确地反映某一点处的电流密度，但是由于齿面上不同点处电场变化的规律性，通过整个“啮合”区域的电流大小在工件转动过程中能看作均匀的。对于某一齿轮模数、齿宽和齿数的工件，就可以通过实验获得较佳的电流密度参数。工件与阴极啮合区域面积的大小取决于齿轮模数、齿宽和齿数，当加工不同几何尺寸的工件时，可以根据上述几项齿轮参数计算工件与阴极的啮合区域大小，再结合已得出的实验结果，确定电源应施加的电流大小。

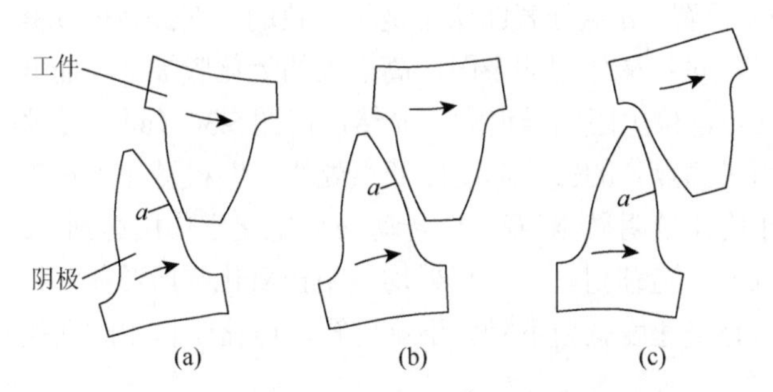

图 5.33　加工过程中齿面上某点处的间隙变化

从理论上讲，大电流加工既能够增大去除量，也能够加快整平速度，但条件是必须有相应的机械作用充分介入。

（2）珩磨轮压力与工件转速。基础研究表明，影响机械作用的两个因素即珩磨轮压力和刮膜工具相对工件表面摩擦速度的加大均有利于加快阳极整平。珩磨轮与工件表面的摩擦速度由工件转速决定，珩磨轮压力由施加于珩磨轮轴上的径向压力来确定。但工件转速和珩磨轮压力对于工件表面的选择性阳极溶解作用的影响是有区别的，区别在于珩磨轮压力只对机械作用后表面状况产生影响，而摩擦速度不仅对机械作用后表面状况产生影响，还对工件与阴极啮合过程中表面电化学作用状况的变化规律产生影响。产生这一差异的原因是摩擦速度与电化学作用时间之间具有关联作用。下面结合图 5.34 具体讨论这一问题。

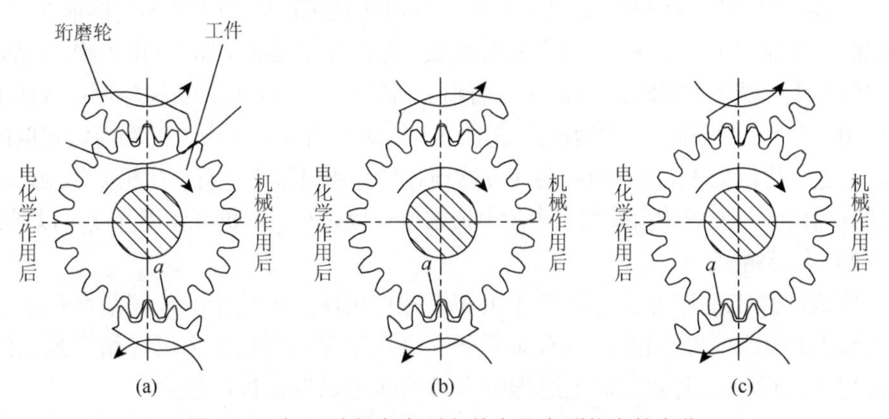

图 5.34　加工过程中齿面上某点处表面状态的变化

考察图 5.34 中工件齿面上某点 a 在工件转动过程中表面状态的变化，在到达图 5.34（a）位置之前，a 点表面是机械作用后的表面，假定在图 5.34（a）和图 5.34（c）位置，a 点处的极间间隙为截断间隙，则从图 5.34（a）位置开始，a 点产生电化学去除作用，到达图 5.34（c）位置时，a 点的电化学作用消失。从图 5.34（a）位置到图 5.34（c）位置，a 点处表面状态是不一致的。在到达图 5.34（a）位置之前，工件 a 点表面是经过机械作用的表面，高点处的氧化膜被刮掉而低点处的氧化膜则保留，因此高低点部位电阻差异很大。显然，在图 5.34（a）位置附近时，a 处表面受到电化学作用时高点处的去除速度比低点处快，即机械作用对工件表面选择性阳极溶解的强化作用比较明显。随着工件转动，a 处电化学作用达到一定的时间积累[如当到达图 5.34（b）位置时]，高低点处均被阳极氧化膜所覆盖，机械作用后的表面特征不再明显，整平速度就会下降。不难理解，电化学作用时间越长，这种趋势越明显。

珩磨轮压力和摩擦速度对阳极的选择性溶解作用的影响规律不同，但是确定两者的较佳匹配依然是一个难题。为此，考虑机械作用的两种极端情况：一种为机械作用很弱，阳极氧化膜几乎未被破坏；另一种是机械作用很强，阳极氧化膜被彻底刮除。由于电化学机械复合光整加工的电化学作用工作在钝化区，在前一种情况下，加工过程中的工件表面总是被阳极氧化膜所覆盖，阴阳极间电阻较大，因而极间电流较小；在第二种情况下，电化学作用表面未被氧化膜覆盖，阴阳极间电阻较小，因此极间电流较大。但是，这两种情况对加工都不利。从选择性阳极溶解角度讲，比较理想的机械作用应该使得工件上只有部分点处（高点处）的阳极氧化膜被去除，因此从电流密度的角度讨论，电流密度值存在一个较佳范围。在实验中就可以通过研究不同压力和转速条件下的整平效果与整平效率，进而确定最佳的刮膜工具压力、转速和工作电流范围。

需要指出的是，在平面或圆柱面加工中得到的刮膜工具压力和转速的最佳值，在展成法齿轮加工工艺中并不一定是最佳参数。原因在于展成法加工的机械作用区域比电化学作用区域小，因此在一段加工时间内，齿面上任意点处的机械作用次数比电化学作用次数少，两种作用次数的比值取决于机械作用区域宽度与工件齿轮宽度的比值，当这一比值为 $1/n$ 时，意味着在 n 次电化学作用过程中才有一次机械作用，较之平面或圆柱面，展成法齿轮加工中的电流密度可以减小，而机械作用强度可以增大。

2）齿形精度

展成法加工的精度受电化学作用和机械作用两方面的影响，其最终精度由两方面综合作用决定。因此，就有必要研究电化学作用和机械作用对精度独立的影响规律，进而确定两者在加工过程中合适的匹配以保证齿形精度。

（1）电化学作用时间的影响。阳极表面的电化学作用时间可以按照相互啮合的一对渐开线齿轮传动时，齿面间的相对滑动速度来分析。相对滑动速度快的位置，电化学作用时间短，相对滑动速度慢的位置，电化学作用时间长。如图 5.35 所示，两轮齿在 k 点相啮合，根据啮合原理可得两齿面间相对滑动速度为

$$U_{12}=-\frac{\omega_1}{\theta}\cdot a\cdot\sin\varphi+\left(\frac{\omega_1}{\theta}+\omega_1\right)\sqrt{r_{1k}^2-r_{b1}^2} \tag{5.3}$$

式中，θ 为传动比，其他符号参考图 5.35。O_1、O_2 分别为啮合齿轮 1 与齿轮 2 的分度圆圆心；r_1、r_2 分别为啮合齿轮 1 与齿轮 2 的分度圆半径；r_{1k}、r_{2k} 分别为啮合齿轮 1 与齿轮 2 在啮合点 k 处的分度圆半径；点 k 为两齿轮的啮合点；ω_1、ω_2 分别为齿轮 1 与齿轮 2 的转速；U_{12} 为齿轮传动的相对滑动速度；U_{1k}、U_{2k} 分别为啮合齿轮 1 和齿轮 2 在 k 点处的线速度；点 p 为两齿轮啮合点 k 处的公法线与两齿轮连心线 O_1O_2 的交点，即两齿轮的相对瞬心；r_{b1}、r_{b2} 分别为啮合齿轮 1 与齿轮 2 的基圆半径；点 N_1、N_2 分别为啮合齿轮 1 和齿轮 2 在 k 点处的公法线与基圆的切点；直线 ss' 为啮合齿轮 1 和齿轮 2 在啮合点 k 处的公切线；φ 为渐开线在啮合点的压力角。

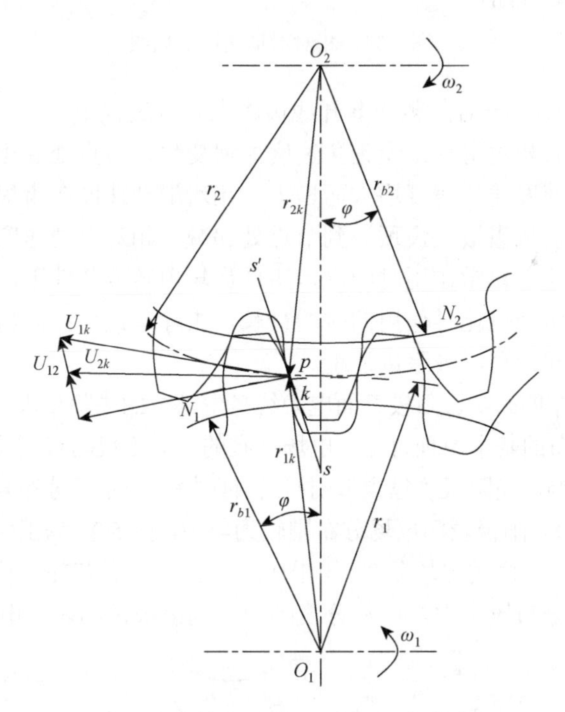

图 5.35　齿廓相对滑动速度推导原理图

依据式（5.3）可计算齿廓不同位置齿面间的相对滑动速度。图 5.36 给出了模数 M 为 2mm，传动比 θ 为 1.5，z_1 为 20，h_a^* 为 1，ω_1 分别为 95.5r/min、477.5r/min 和 955r/min 的一对渐开线标准直齿圆柱齿轮传动的相对滑动速度 U_{12} 曲线。

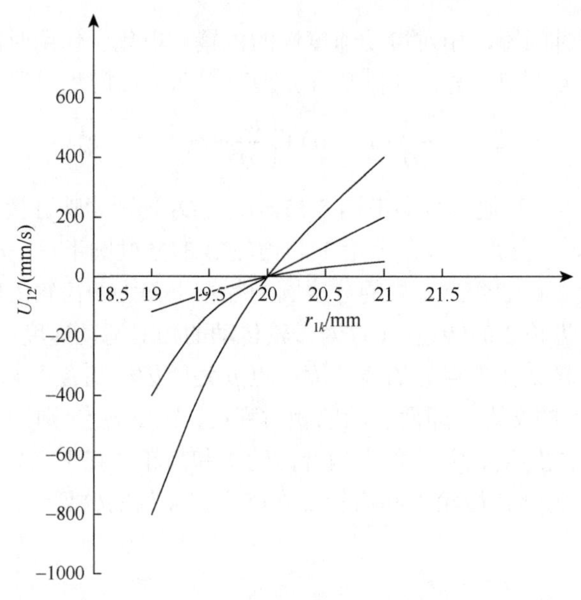

图 5.36　相对滑动速度变化图

由图 5.36 可知，一对共轭的渐开线齿廓在啮合过程中，沿公切线方向（节点除外）始终存在着相对滑动；无论角速度如何变化，节点处的相对滑动速度始终为零；相对滑动速度随角速度增大而增大；相对滑动速度在齿根及齿顶处最大，节点处最小为零，从齿根（齿顶）到节点处递减；相对滑动速度方向在节点处换向。由此可知，从电化学作用时间讲，工件齿轮恒转速条件下，工件齿面节点部位在啮合过程中所受电化学作用的时间最长，去除量最大；而齿根及齿顶处所受电化学作用的时间最短，去除量最小。

（2）电场分布的影响。阳极表面电力线集中部位的去除量大，分散部位的去除量小。由电场分布的基本原理可知，电场分布的强弱不仅与极间间隙有关，还受到阴阳极形状的影响，当阳极“包含”阴极时，阳极表面电场分布较为分散，而当阴极“包含”阳极时，阳极表面电场分布则较为集中。图 5.37 为工件和阴极处于不同的转角位置时工件齿面的电场分布。由图可知，对于工件齿轮，从齿顶到分度圆附近范围内，电场分布较集中，而从分度圆附近到齿根范围内，电场分布较分散。

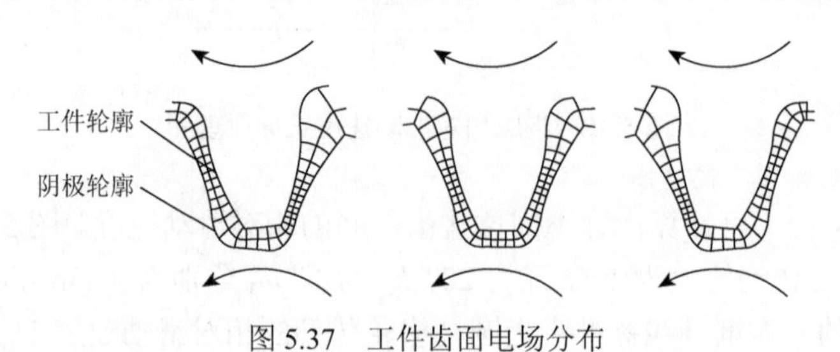

图 5.37　工件齿面电场分布

（3）珩磨轮压力的影响。珩磨轮安装轴的径向压力给定后，珩磨轮和工件齿轮齿面接触点所受的正压力是沿啮合线变化的，正压力的大小一方面随珩磨轮和工件材质的弹性模量及啮合点曲率半径的大小而变化，另一方面更为显著的是随着单齿啮合和多齿啮合的交替而变化。由于齿轮连续传动的要求，珩磨轮和工件轮的重合度一般大于 1，考虑重合度大于 1 而小于 2 时的情况，如图 5.38 所示，工件齿轮的齿顶或齿根进入啮合时，处于双齿啮合状态，压力由两齿承担，单个齿面的机械压力比较小，而当工件节圆附近的齿面进入啮合时，则处于单齿啮合状态，压力由一个齿承担，单个齿面的机械压力明显增大。因此，当珩磨轮压力较大时，往往产生节圆附近多珩，形成中凹齿形。

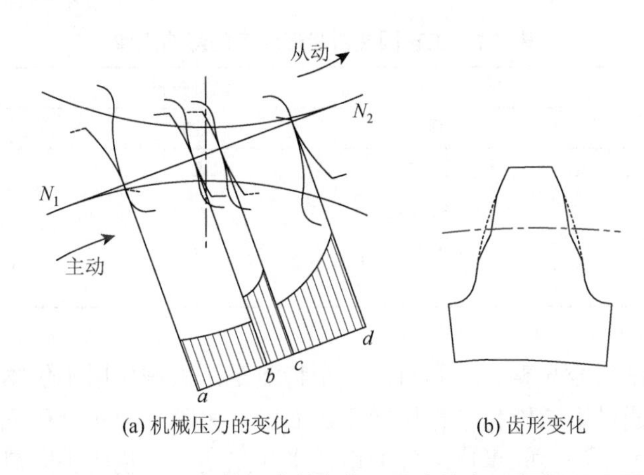

(a) 机械压力的变化　　(b) 齿形变化

图 5.38　机械压力的变化及导致的齿形变化

a-每齿进入啮合位置；*b*-每齿脱离啮合时后齿位置；*c*-后齿进入啮合时前齿位置；*d*-每齿脱离啮合时位置；*ab*、*cd*-双齿啮合区；*bc*-单齿啮合区

（4）摩擦速度的影响。摩擦速度即啮合点的相对滑动速度。该值为珩磨轮与工件齿面间沿齿向的滑动速度 v_B、沿齿廓的相对滑动速度 v_F，以及珩磨轮轴向进给速度沿齿向的分速度 v_Z 三者的矢量和，其中 v_F 随啮合点的变化而变化。

根据啮合原理，珩磨轮相对工件齿面间沿齿向的滑动分速度在工件齿廓不同部位均相等，结合珩磨轮沿齿廓的滑动分速度规律（只考虑大小，不考虑方向），可知珩磨轮与工件齿面滑动速度的变化规律为两头（齿根、齿顶）大，中间（节圆）小，如图 5.39 所示。珩磨轮轴向移动进给速度较小，在此处不考虑其对合成速度的影响。

综合上述研究，电化学机械复合光整加工中各工艺因素对齿形精度的影响如表 5.7 所示。

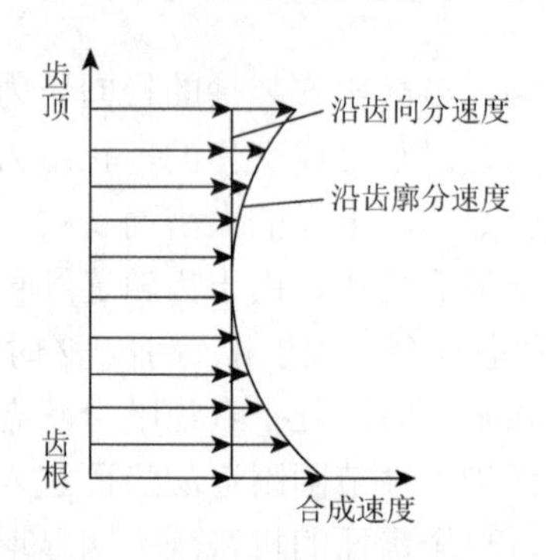

图 5.39　合成速度沿齿高方向的分布

表 5.7　工艺因素对齿形精度的影响规律

影响因素	去除量分布		
	齿顶	节圆	齿根
电化学作用时间	小	大	小
电场分布	大	大	小
珩磨轮压力	小	大	小
摩擦速度	大	小	大

电化学机械复合光整加工具有的一个特点是：机械作用不仅本身对去除量分布有影响，还通过影响电化学作用效果进而影响去除量分布。研究表明，电化学机械复合光整加工的去除量比单纯的电化学加工要大，说明去除量分布规律不仅与电化学作用强弱有关，这种强弱程度与去除量之间关系的敏感程度还受到机械作用强弱程度的影响，结合电化学作用和机械作用对去除量分布的影响规律进行分析，这一点为通过合理匹配电化学作用和机械作用强度，从而实现齿面去除量分布的均匀化提供了可能。

综合上述分析，从生产效率和齿形精度两方面考虑电化学作用与机械作用的合理匹配：电化学作用区域电流密度的加大及电化学作用和机械作用交替频率的增加均有利于提高生产效率，而在一定的电流密度条件下，机械作用强度的适度提高有利于保证齿形精度。因此，通过合理选择工艺参数，保证齿形精度和提高生产效率两方面是相统一的。但是，齿轮结构的特殊性决定了从理论上确定电化学作用参数和机械作用参数的最佳范围具有困难，上述研究是对于两者匹配一般性的分析，最优工艺参数需要由实验来确定。

5.5.3　齿轮电化学机械复合光整加工精度的影响因素

在前面部分中研究了电化学作用和机械作用对齿形精度的影响，对于其他项误差，也同样受到电化学作用和机械作用两方面的影响。从电化学作用角度分析，由于电化学机械复合加工时采用的极间间隙范围比较大，由齿轮误差引起的间隙反馈效果对于大间隙和小间隙条件下加工时的影响程度不同，但规律一致；从机械作用角度分析，由于机械作用采用了珩磨轮来实现，对精度的影响规律与珩齿工艺类似。因此，本节分别从电化学作用角度和机械作用角度讨论对齿轮其他组精度的影响。

1. 电化学作用对齿轮精度的影响

以周节误差为例，讨论电化学作用对反映齿间误差项目的影响。图 5.24 所示的加工方案中阴阳极间的传动链中共有 4 个齿轮：工件齿轮、阴极齿轮、挂轮 1 和挂轮 2，其中工件齿轮齿厚减薄，减薄量的 1/2 即理论加工间隙 Δ，对于任一种模数、螺旋角和压力角的工件，只需一种阴极齿轮、挂轮 1 和挂轮 2，因此这三者均可采用高精度的机床加工来保证其精度。为便于分析，假定工件的 i 齿和 $i+1$ 齿存在误差且仅存在周节误差，并以分度圆处齿形与公称齿形距离偏差来表示误差，如图 5.40 所示（图中齿形是包含去除量的齿形）。

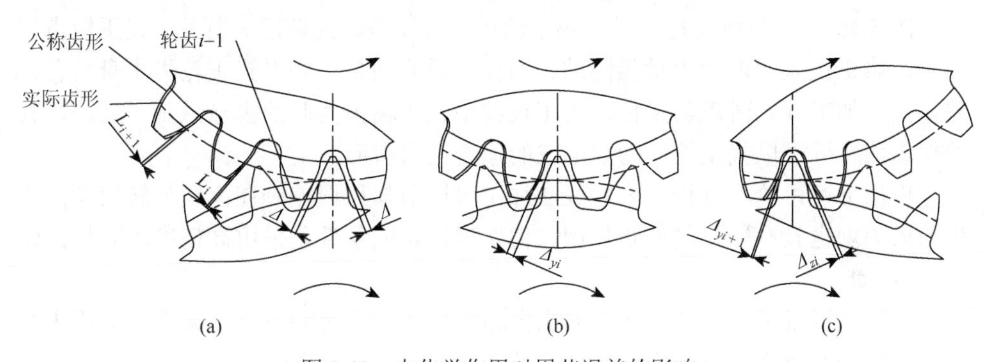

图 5.40　电化学作用对周节误差的影响

加工开始时，以轮齿 i–1 进行定位，如图 5.40（a）所示，由于按其找正，轮齿 i–1 两侧齿面与阴极间隙相等，为理论间隙 Δ。设轮齿 i 与公称齿形位置偏差距离为 L_i，当工件转过一齿角度时，轮齿 i 进入啮合位置，如图 5.40（b）所示，由于工件齿轮与挂轮 1 为刚性连接，并且阴极齿轮、挂轮 1 和挂轮 2 均为高精度齿轮，阴极齿轮转过的角度接近理论正确角度。轮齿 i 右侧间隙为

$$\Delta_{yi}=\Delta+L_i \tag{5.4}$$

根据法拉第定律，去除量为

$$V_{yi}=\frac{\eta\sigma\kappa Ut}{\Delta+L_i} \tag{5.5}$$

式中，η 为电流效率；σ 为电解物质的电化学当量，$\mathrm{mm^3/(A\cdot s)}$；κ 为电解液的电导率，$(\Omega\cdot\mathrm{mm})^{-1}$；$U$ 为间隙电解液电压降，V；t 为齿面测量点处的电化学作用时间

积累，s；$\varDelta$ 应为时间的函数，但在此处对比的是不同轮齿齿面相同部位的去除量，因此将其作为一个常量。

当工件转过两齿角度时，轮齿 $i+1$ 进入啮合位置，如图 5.40（c）所示，轮齿 i 左侧及轮齿 $i+1$ 右侧与阴极齿面间间隙分别为

$$\varDelta_{zi} = \varDelta - L_i \tag{5.6}$$

$$\varDelta_{yi+1} = \varDelta - L_{i+1} \tag{5.7}$$

去除量分别为

$$V_{zi} = \frac{\eta\sigma\kappa Ut}{\varDelta - L_i} \tag{5.8}$$

$$V_{yi+1} = \frac{\eta\sigma\kappa Ut}{\varDelta - L_{i+1}} \tag{5.9}$$

由上述分析可知，轮齿 i 右齿面的去除量小，而左齿面的去除量大，轮齿 $i+1$ 右齿面的去除量大。因此，展成法加工中电化学作用对周节误差具有修正作用，且原始误差越大，极间间隙越小，修正作用越强。

图 5.40 所示的情况是不考虑找正轮齿本身误差时的情况。当考虑找正轮齿误差时，修正误差的道理也是相同的。但需要说明的是，如果找正轮齿本身具有误差，由于加工开始时以其定位，加工过程中找正轮齿两侧的去除量是一致的，其他轮齿均趋近于以找正轮齿为准形成的理论正确齿形。

根据上述讨论不难推理，展成法加工对周节累积误差等在齿轮一转周期内产生的误差项也具有一定的修正作用，但实现修正的条件是采用高精度的阴极齿轮及挂轮。

同样可以推理，电化学作用对齿向精度也能产生有利影响，条件是阴极齿轮本身齿向精度较高、阴极安装轴与工件安装轴的平行度也较高。

2. 机械作用对齿轮精度的影响

本节采用珩磨轮实现机械刮膜作用，因此机械作用对齿轮精度的影响规律与珩齿加工类似。下面以基节误差为例，讨论机械作用对反映轮齿间误差的精度项目的影响。

珩齿修正基节误差的能力在很大程度上依靠各接触点误差的平均化作用，显然接触点多则效果好，反之则差。接触点的多少取决于重合度的大小，在珩齿加工中，重合度一般大于 1 而小于 2，因此珩磨轮和工件齿轮有时处于单齿啮合，有时处于两对齿同时啮合，如图 5.41 所示。当珩磨轮具有正确的齿形和基节时，在处于单齿啮合的时间段，如图 5.41（a）所示，机械作用局限于单个轮齿，只对齿形误差具有影响，而对齿间误差不产生影响，在两对齿同时啮合的时间段内，如图 5.41（b）所示，由于两对齿的相互制约作用，珩磨轮不仅对齿形误差具有影

响，还能显著修正基节偏差。珩磨轮与工件齿轮的重合度越大，啮合过程中有两对齿轮参与啮合的时间越长，越有利于修正基节偏差。

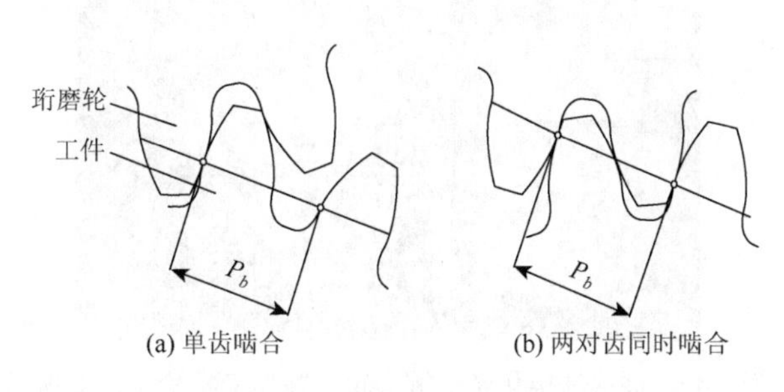

图 5.41　机械作用对基节偏差的修正

受到珩磨轮与工件齿轮重合度的限制，机械作用一般只局限于啮合区域的相邻两轮齿，因此只对基节、周节等相邻的齿间误差项具有影响，而对周节累积误差等反映多个轮齿之间误差的项目基本不产生影响。

双面啮合珩对齿向误差具有显著的修正作用。有关研究证实，通过选择合适的轴交角、轴向行程长度和行程位置，可以获得 7～6 级齿向精度的直齿轮和 8～7 级齿向精度的斜齿轮。

在理论上，电化学作用对齿轮各项精度均有影响，而机械作用对反映多个轮齿之间误差的项目基本不产生影响，综合分析电化学作用及机械作用与几项有代表性的齿轮误差项之间的关系，可用表 5.8 来表示。

表 5.8　对齿轮误差产生影响的电化学作用和机械作用的各因素

误差项		电化学作用		机械作用	
		影响	因素	影响	因素
齿形	齿形误差	有	电化学作用积累时间、电场分布	有	机械压力、摩擦速度
	基节/周节偏差	有	阴极齿轮、挂轮 1、挂轮 2 精度	有	珩磨轮精度、珩磨轮与工件重合度
齿间	周节累积误差	有	阴极齿轮、挂轮 1、挂轮 2 精度	微弱	—
	公法线长度变动	有	阴极齿轮、挂轮 1、挂轮 2 精度	微弱	—
齿向	齿向误差	有	阴极齿轮与工件齿轮的平行度	有	轴交角、轴向行程长度和行程位置

5.5.4　齿轮电化学机械复合光整加工条件及效果

1. 实验条件

（1）实验设备：自行开发的实验机床，包括机床主体、电解液循环系统和电气控制系统（工件直径小范围可调）；自行开发的直流电源（最高电压为 50V、最大电流为 200A）；数字式万用表。实验系统如图 5.42 所示。

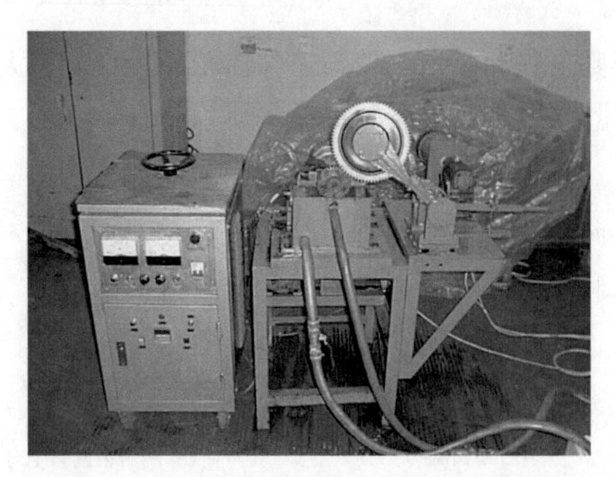

图 5.42 展成法电化学机械齿轮光整加工实验设备实物图

注：精度和修形中的部分实验由 5.5.4 节中所述的机床完成

（2）检测设备：Taylor Hobson 粗糙度检测仪；Klingelnberg P65 齿轮综合检测仪。

（3）试件：模数为 3mm，齿数为 46（33），螺旋角为 0°，压力角为 20°，齿宽为 20（15）mm。

（4）材质：40Cr。

（5）成齿工艺：剃齿。

（6）原始表面粗糙度 *Ra* 值：1.0～1.2μm。

（7）磨轮：磨料为 Al_2O_3。

（8）尺寸：模数为 3mm，齿数为 74。

（9）电解液：成分为 $NaNO_3$ + 添加剂 + H_2O；质量分数为 20%。

（10）主要工艺参数范围：极间最小间隙为 0.7mm。

（11）电流：80～160A。

（12）电压：10～30V。

（13）珩磨轮转速：20～80r/min。

（14）珩磨轮径向压力：30～90N。

（15）珩磨轮轴向移动速度：1.5～6mm/r。

（16）加工时间：1～5min。

2. 实验结果及讨论

在实验中，重点研究了各工艺参数对齿面粗糙度、加工效率、齿形精度和齿间精度四个方面的影响。实验中的可控工艺参数主要是工作电流、加工时间、珩磨轮转速和珩磨轮压力。首先，研究各工艺参数对齿面粗糙度和加工效率的影响。

1）齿面粗糙度与加工效率

图 5.43（a）给出了一定工艺条件下，齿面粗糙度降低幅度随工作电流的变化

规律。图中纵坐标表示加工前后齿面粗糙度之差，横坐标表示工作电流。由图可知，在既定时间内，随着工作电流增大，齿面粗糙度的降低幅度增大，这表明提高工作电流（密度）可提高加工效率。

图 5.43（b）给出了一定工艺条件下，加工时间对齿面粗糙度的影响。齿面粗糙度随加工时间增加而降低。在加工开始阶段降低速度最快，随加工时间增加，降低速度减缓，当加工时间超过 3min 后，粗糙度降低速度变得很缓慢。这表明，一定的加工时间是齿面粗糙度降低的必要条件，而合适的加工时间则需要综合考虑加工要求和加工效率来决定。

图 5.43（c）给出了一定工艺条件下，齿面粗糙度降低幅度随珩磨轮转速的变化规律。由图可知，在既定时间内，珩磨轮转速的提高有利于加快齿面粗糙度降低的速度。从粗糙度变化规律来看，在本节实验条件下，粗糙度降低幅度的变化趋势并未因珩磨轮转速的提高而变得不明显，这说明转速继续增加还可能增大粗糙度的降低幅度。受实验设备限制，本节并未进行更高转速条件下的实验，但这应当是进一步研究的一个重点。

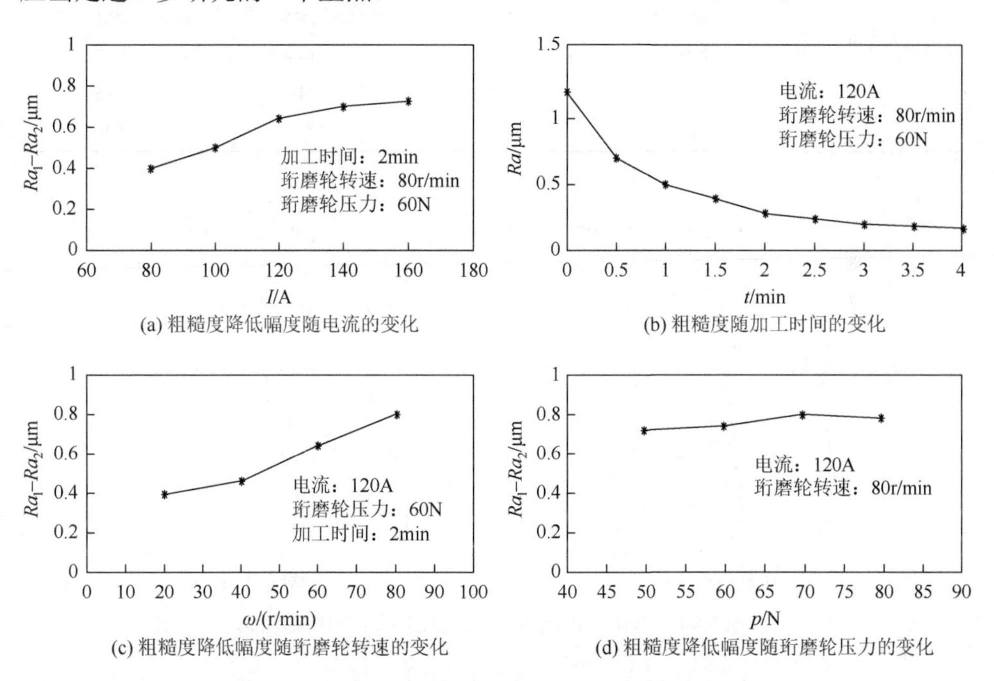

图 5.43 工艺参数对表面粗糙度和加工效率的影响

基础研究表明，珩磨轮压力对被加工表面粗糙度的变化也具有重要影响。在实验中，将珩磨轮压力由小到大调节，观测齿面粗糙度的变化规律，发现一定的压力是齿面粗糙度降低的必要条件。但是，当压力达到一定值后，在一个比较宽的范围内，珩磨轮压力取不同值时得到的齿面粗糙度差别并不大，如图 5.43（d）所示。这表明从加工效率和齿面粗糙度角度讲，珩磨轮压力存在一定的取值范围。但是，珩磨轮压力对于珩磨轮齿面磨损具有影响，珩磨轮压力越大，磨损越严重。因此，从珩磨轮磨损角度讲，珩磨轮压力应该取这一范围内的较小值。

2）齿形精度

理论分析表明，电化学作用和机械作用的匹配是否合适对齿形精度具有重要影响。在实验中，按德国标准化学会（Deutsches Institur fur Normung，DIN）制定的标准测量了加工前后的齿形精度。表 5.9 和图 5.44 分别是在一定工艺条件下测得的加工前后的齿形精度和齿形轮廓。由表 5.9 和图 5.44 可知，在合适的工艺条件下，经过电化学机械复合光整加工后，齿形轮廓光滑，反映齿形精度的两项误差普遍降低。

表 5.9　电化学机械复合加工前后的齿形精度

项目		齿号		
		1	2	3
F_{α}/μm	加工前	28.5	28.6	28.1
	加工后	17.7	14.4	17.7
FF_{α}/μm	加工前	22.2	24.4	24.6
	加工后	5.2	5.7	5.9

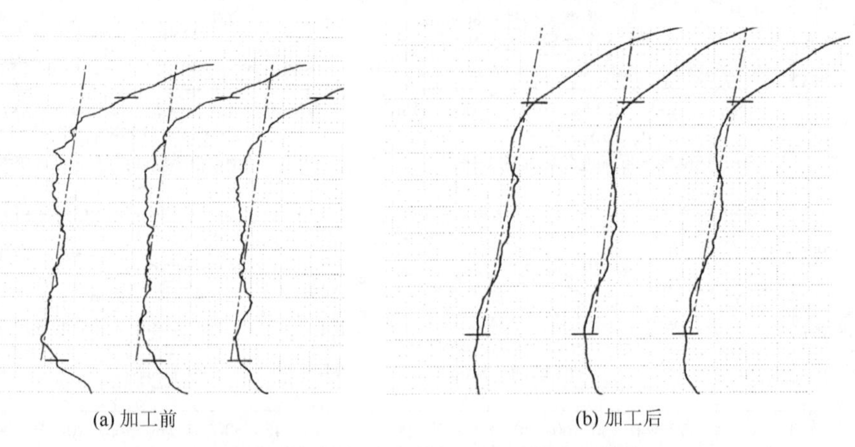

(a) 加工前　　(b) 加工后

图 5.44　电化学机械复合光整加工前后的齿形轮廓

观测齿形测量结果可发现，加工前的剔齿齿形有中凹现象，经过加工，中凹现象有所改善，但是仍然存在，这对齿轮啮合有不利影响。对影响齿形精度的各因素进行实验研究可以发现，工作电流过大而机械刮膜作用不足会使齿形精度退化，珩磨轮压力过大对齿形精度有不利影响，一定程度上加大珩磨轮转速可使中凹现象得到改善。另外，加工时间增长会对齿形精度产生不利影响，因此从电化学作用和机械作用匹配的角度讲，应当选取较小的工作电流、较小的珩磨轮压力和较高的珩磨轮转速并控制加工时间。

3）齿间精度

本节主要研究周节偏差和周节累积误差在加工前后的变化。按DIN标准对8件齿轮的左右齿面进行了周节偏差和周节累积误差的测量，得到的结果如图5.45和图5.46所示。图5.45是加工对周节偏差的影响，结果显示，加工后的周节偏差明显降低，左右齿面误差等级平均降低2～3级。图5.46是加工对周节累积误差的影响，结果显示，周节累积误差在加工后并无明显变化，与周节偏差表现出的规律不同。

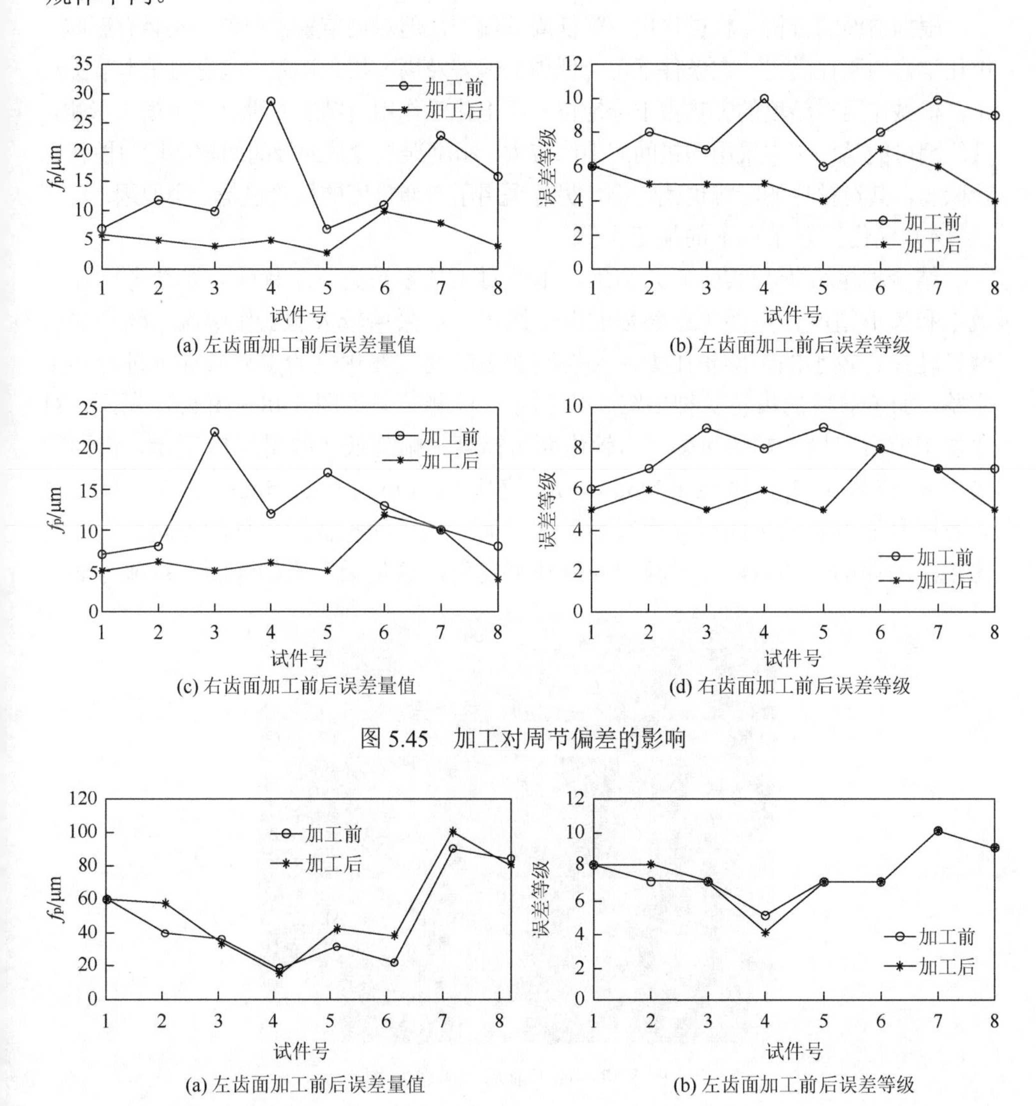

(a) 左齿面加工前后误差量值

(b) 左齿面加工前后误差等级

(c) 右齿面加工前后误差量值

(d) 右齿面加工前后误差等级

图5.45　加工对周节偏差的影响

(a) 左齿面加工前后误差量值

(b) 左齿面加工前后误差等级

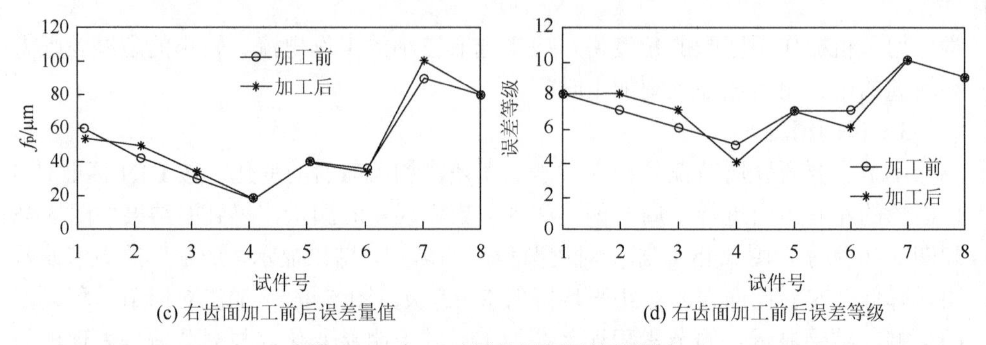

(c) 右齿面加工前后误差量值　　(d) 右齿面加工前后误差等级

图 5.46　加工对周节累积误差的影响

根据前面的分析，机械作用可降低周节偏差，但对周节累积误差并不具有影响，电化学作用则在满足一定条件下可降低周节偏差及周节累积误差。这说明在本节实验中，机械作用对精度的影响占主导地位，而电化学作用对精度并没有产生很大影响，其原因可能是加工中采用的极间间隙比较大，精度误差导致的极间间隙不均匀性就比较微弱，其对精度的影响也就较小，另外采用了普通精度的挂轮也是一个原因。

4）优化工艺条件下的加工实例

结合理论分析与实验研究结果，本节对工艺参数进行了优化。综合考虑加工效率和齿形精度，主要工艺参数的取值原则为：采用较大的工作电流、较高的珩磨轮转速、较小的珩磨轮压力，并控制加工时间。在优化的工艺条件下进行加工实验，加工前后的齿轮实物如图 5.47 所示；检测结果如图 5.48～图 5.51 所示。对比加工前后的检测结果可知，齿轮齿面粗糙度大幅降低（如图 5.48 所示，齿面粗糙度 Rz 值从 6.76μm 降至 1.396μm，Ra 值从 1.06μm 降至 0.15μm。但是，就工艺本身而言能得到的齿面粗糙度远小于这一值，从齿面轮廓图可见，被测齿面存在比较深的局部低凹点，在实验中经过观测发现，这是因为原始齿面上被掩盖的沟

图 5.47　加工前后的齿轮实物

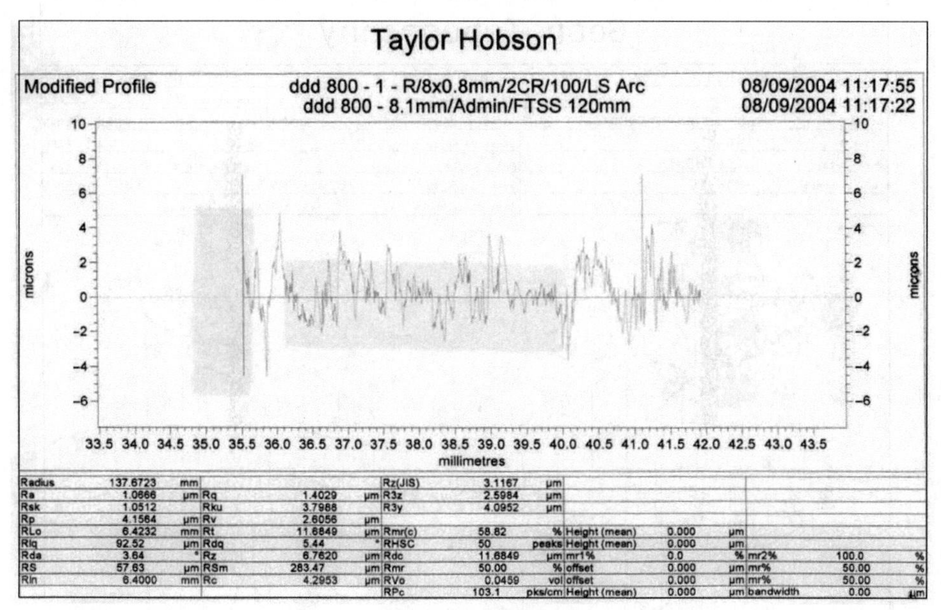

Radius	137.6723	mm				Rz(JIS)	3.1167	μm						
Ra	1.0666	μm	Rq	1.4029	μm	R3z	2.5984	μm						
Rsk	1.0512		Rku	3.7988		R3y	4.0952	μm						
Rp	4.1564	μm	Rv	2.6056	μm									
RLo	6.4232	mm	Rt	11.6849	μm	Rmr(c)	58.82	%	Height (mean)	0.000	μm			
Rlq	92.52	μm	Rdq	5.44	°	RHSC	50	peaks	Height (mean)	0.000	μm			
Rda	3.64	°	Rz	6.7620	μm	Rdc	11.6849	μm	mr1%	0.0	%	mr2%	100.0	%
RS	57.63	μm	RSm	283.47	μm	Rmr	50.00	%	offset	0.000	μm	mr%	50.00	%
Rln	6.4000	mm	Rc	4.2953	μm	RVo	0.0459	vol	offset	0.000	μm	mr%	50.00	%
						RPc	103.1	pks/cm	Height (mean)	0.000	μm	bandwidth	0.00	μm

(a) 加工前齿面粗糙度

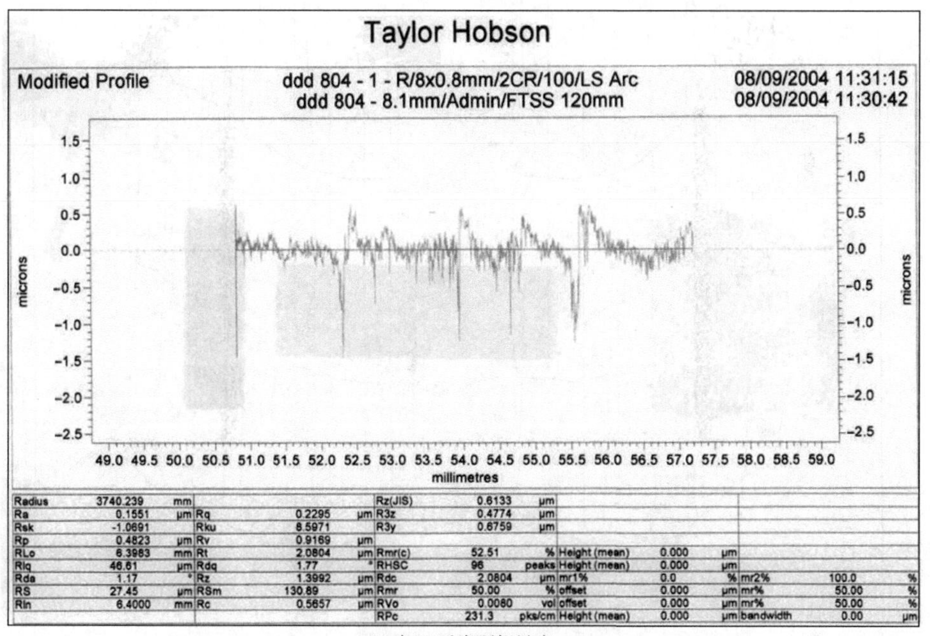

Radius	3740.239	mm				Rz(JIS)	0.6133	μm						
Ra	0.1551	μm	Rq	0.2295	μm	R3z	0.4774	μm						
Rsk	-1.0691		Rku	8.5971		R3y	0.6759	μm						
Rp	0.4823	μm	Rv	0.9169	μm									
RLo	6.3983	mm	Rt	2.0804	μm	Rmr(c)	52.51	%	Height (mean)	0.000	μm			
Rlq	46.61	μm	Rdq	1.77	°	RHSC	96	peaks	Height (mean)	0.000	μm			
Rda	1.17	°	Rz	1.3992	μm	Rdc	2.0804	μm	mr1%	0.0	%	mr2%	100.0	%
RS	27.45	μm	RSm	130.89	μm	Rmr	50.00	%	offset	0.000	μm	mr%	50.00	%
Rln	6.4000	mm	Rc	0.5657	μm	RVo	0.0080	vol	offset	0.000	μm	mr%	50.00	%
						RPc	231.3	pks/cm	Height (mean)	0.000	μm	bandwidth	0.00	μm

(b) 加工后齿面粗糙度

图 5.48　电化学机械复合光整加工前后齿面粗糙度

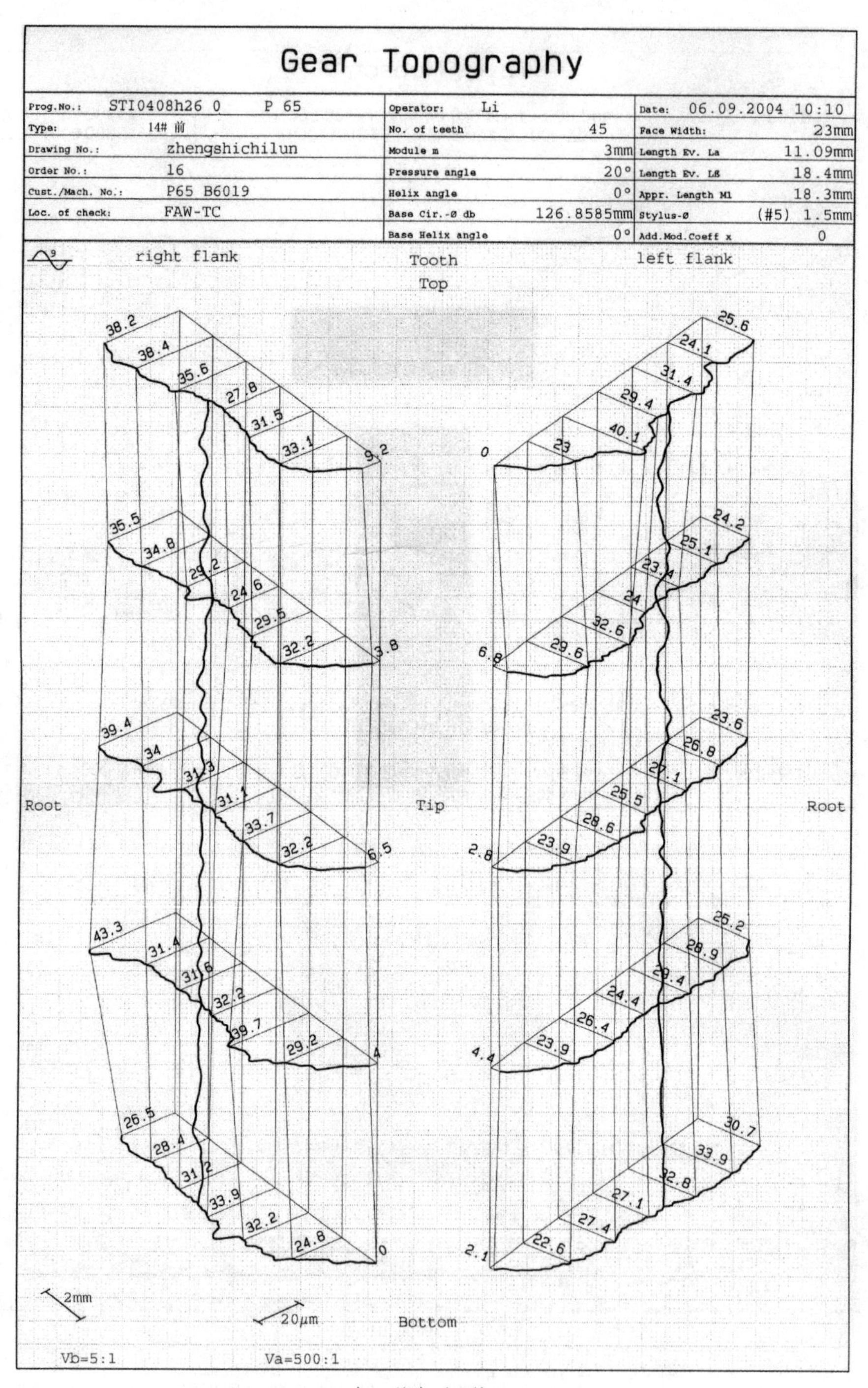
Gear Topography
Prog.No.: STI0408h26 0 P 65
Type: 14# 前
Drawing No.: zhengshichilun
Order No.: 16
Cust./Mach. No.: P65 B6019
Loc. of check: FAW-TC
Operator: Li
No. of teeth 45
Module m 3mm
Pressure angle 20°
Helix angle 0°
Base Cir.-Ø db 126.8585mm
Base Helix angle 0°
Date: 06.09.2004 10:10
Face Width: 23mm
Length Ev. La 11.09mm
Length Ev. Lß 18.4mm
Appr. Length Ml 18.3mm
Stylus-Ø (#5) 1.5mm
Add.Mod.Coeff x 0
right flank
Tooth
Top
left flank
Root
Tip
Root
2mm
20μm
Bottom
Vb=5:1
Va=500:1

(a) 加工前齿面形貌

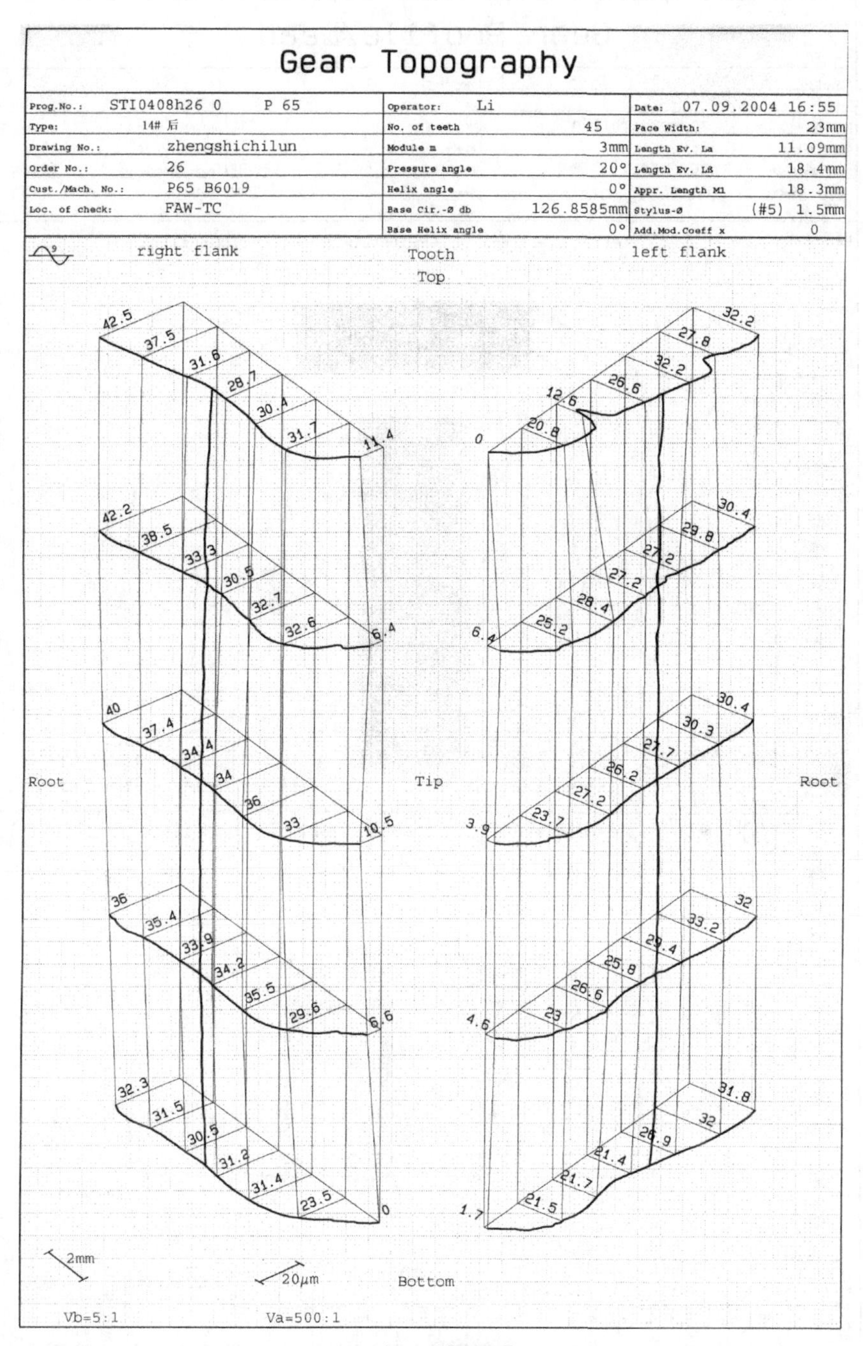

(b) 加工后齿面形貌

图 5.49　电化学机械复合光整加工前后齿面形貌

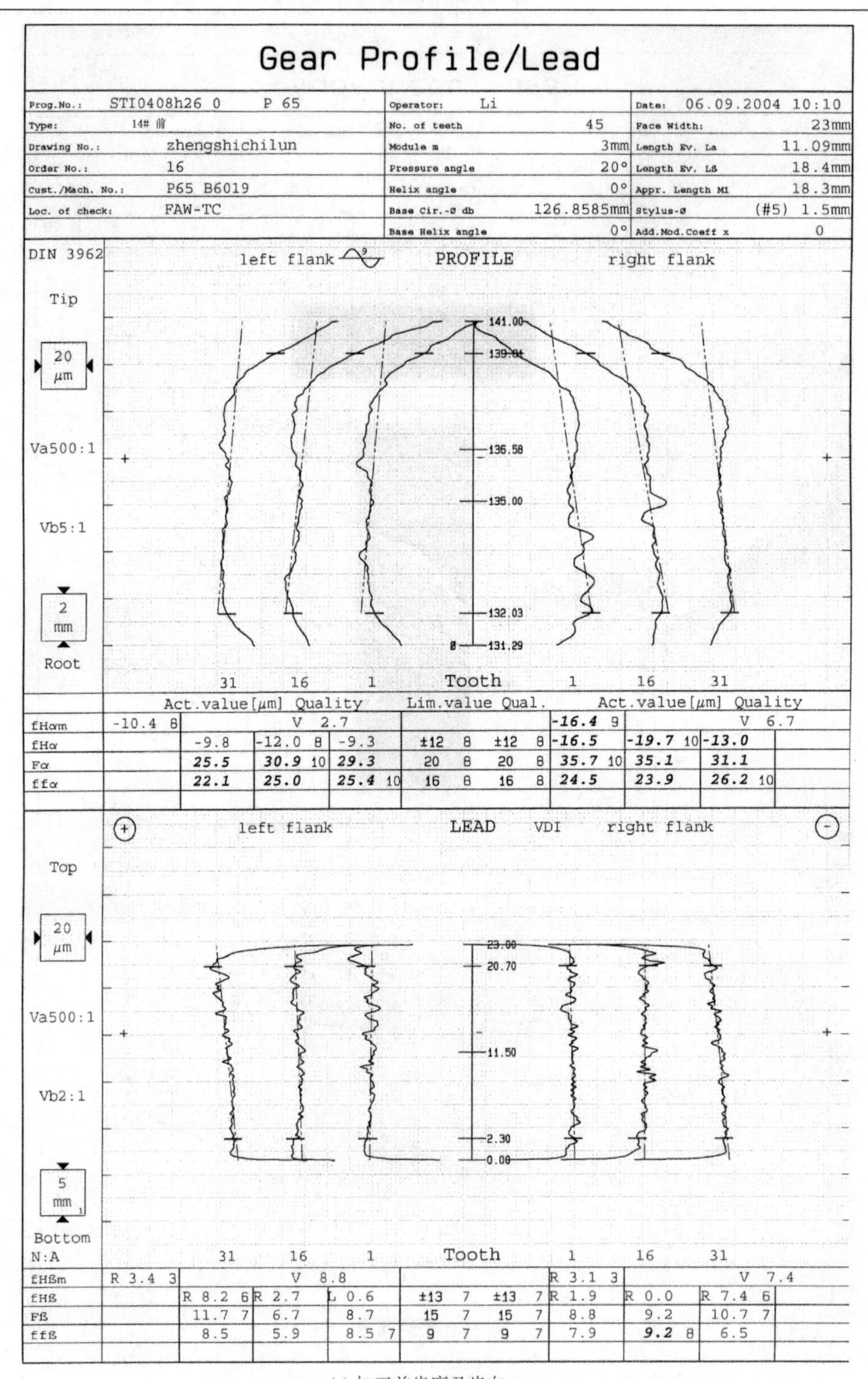
Gear Profile/Lead
Prog.No.: STI0408h26 0 P 65
Operator: Li
Date: 06.09.2004 10:10
Type: 14# 前
No. of teeth 45
Face Width: 23mm
Drawing No.: zhengshichilun
Module m 3mm
Length Ev. La 11.09mm
Order No.: 16
Pressure angle 20°
Length Ev. Lß 18.4mm
Cust./Mach. No.: P65 B6019
Helix angle 0°
Appr. Length Ml 18.3mm
Loc. of check: FAW-TC
Base Cir.-Ø db 126.8585mm
Stylus-Ø (#5) 1.5mm
Base Helix angle 0°
Add.Mod.Coeff x 0
DIN 3962
left flank
PROFILE
right flank
Tip
20 μm
Va500:1
Vb5:1
2 mm
Root
141.00
139.84
136.58
135.00
132.03
131.29
31 16 1 Tooth 1 16 31
Act.value[μm] Quality
Lim.value Qual.
Act.value[μm] Quality
fHαm -10.4 8 V 2.7 -16.4 9 V 6.7
fHα -9.8 -12.0 8 -9.3 ±12 8 ±12 8 -16.5 -19.7 10 -13.0
Fα 25.5 30.9 10 29.3 20 8 20 8 35.7 10 35.1 31.1
ffα 22.1 25.0 25.4 10 16 8 16 8 24.5 23.9 26.2 10
left flank
LEAD VDI
right flank
Top
20 μm
Va500:1
Vb2:1
5 mm
Bottom
N:A
23.00
20.70
11.50
2.30
0.00
31 16 1 Tooth 1 16 31
fHßm R 3.4 3 V 8.8 R 3.1 3 V 7.4
fHß R 8.2 6 R 2.7 L 0.6 ±13 7 ±13 7 R 1.9 R 0.0 R 7.4 6
Fß 11.7 7 6.7 8.7 15 7 15 7 8.8 9.2 10.7 7
ffß 8.5 5.9 8.5 7 9 7 9 7 7.9 9.2 8 6.5

(a) 加工前齿廓及齿向

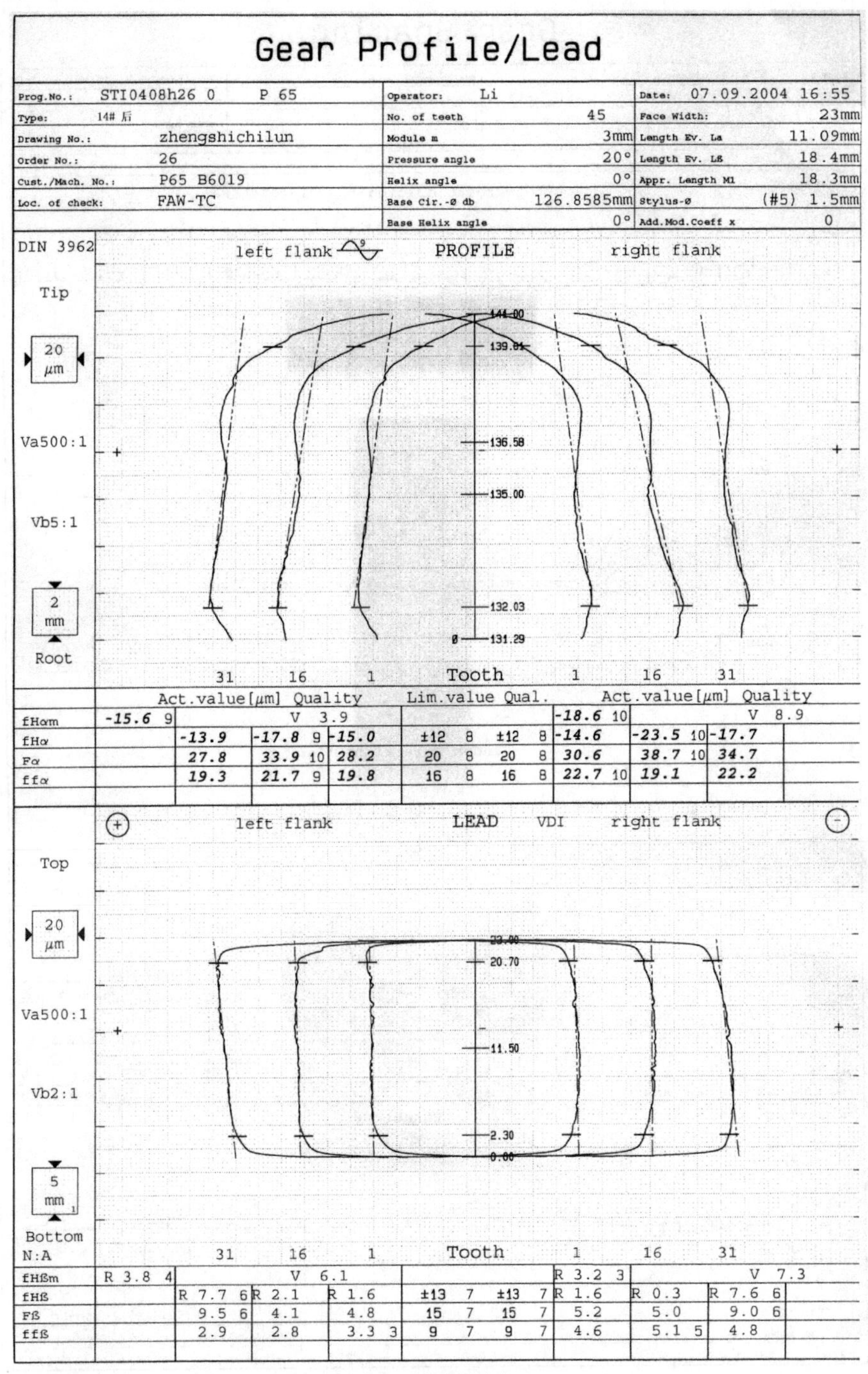

(b) 加工后齿廓及齿向

图 5.50　电化学机械复合光整加工前后齿廓及齿向

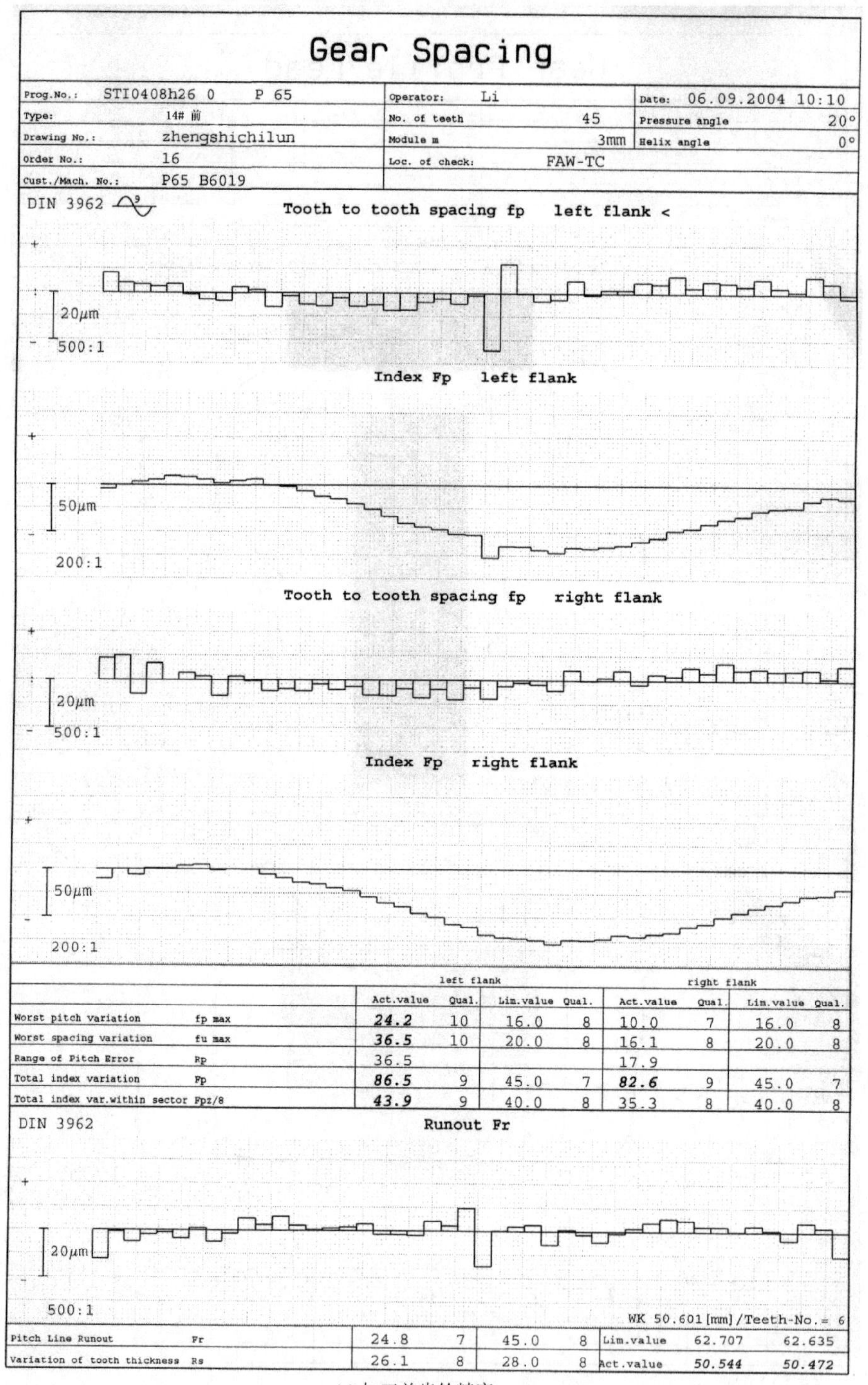
Gear Spacing
Prog.No.: STI0408h26 0 P 65
Operator: Li
Date: 06.09.2004 10:10
Type: 14# 前
No. of teeth 45
Pressure angle 20°
Drawing No.: zhengshichilun
Module m 3mm
Helix angle 0°
Order No.: 16
Loc. of check: FAW-TC
Cust./Mach. No.: P65 B6019
DIN 3962
Tooth to tooth spacing fp left flank <
20μm
500:1
Index Fp left flank
50μm
200:1
Tooth to tooth spacing fp right flank
20μm
500:1
Index Fp right flank
50μm
200:1
left flank
right flank
Act.value Qual. Lim.value Qual. Act.value Qual. Lim.value Qual.
Worst pitch variation fp max 24.2 10 16.0 8 10.0 7 16.0 8
Worst spacing variation fu max 36.5 10 20.0 8 16.1 8 20.0 8
Range of Pitch Error Rp 36.5 17.9
Total index variation Fp 86.5 9 45.0 7 82.6 9 45.0 7
Total index var.within sector Fpz/8 43.9 9 40.0 8 35.3 8 40.0 8
DIN 3962
Runout Fr
20μm
500:1
WK 50.601[mm]/Teeth-No.= 6
Pitch Line Runout Fr 24.8 7 45.0 8
Lim.value 62.707 62.635
Variation of tooth thickness Rs 26.1 8 28.0 8
Act.value 50.544 50.472

(a) 加工前齿轮精度

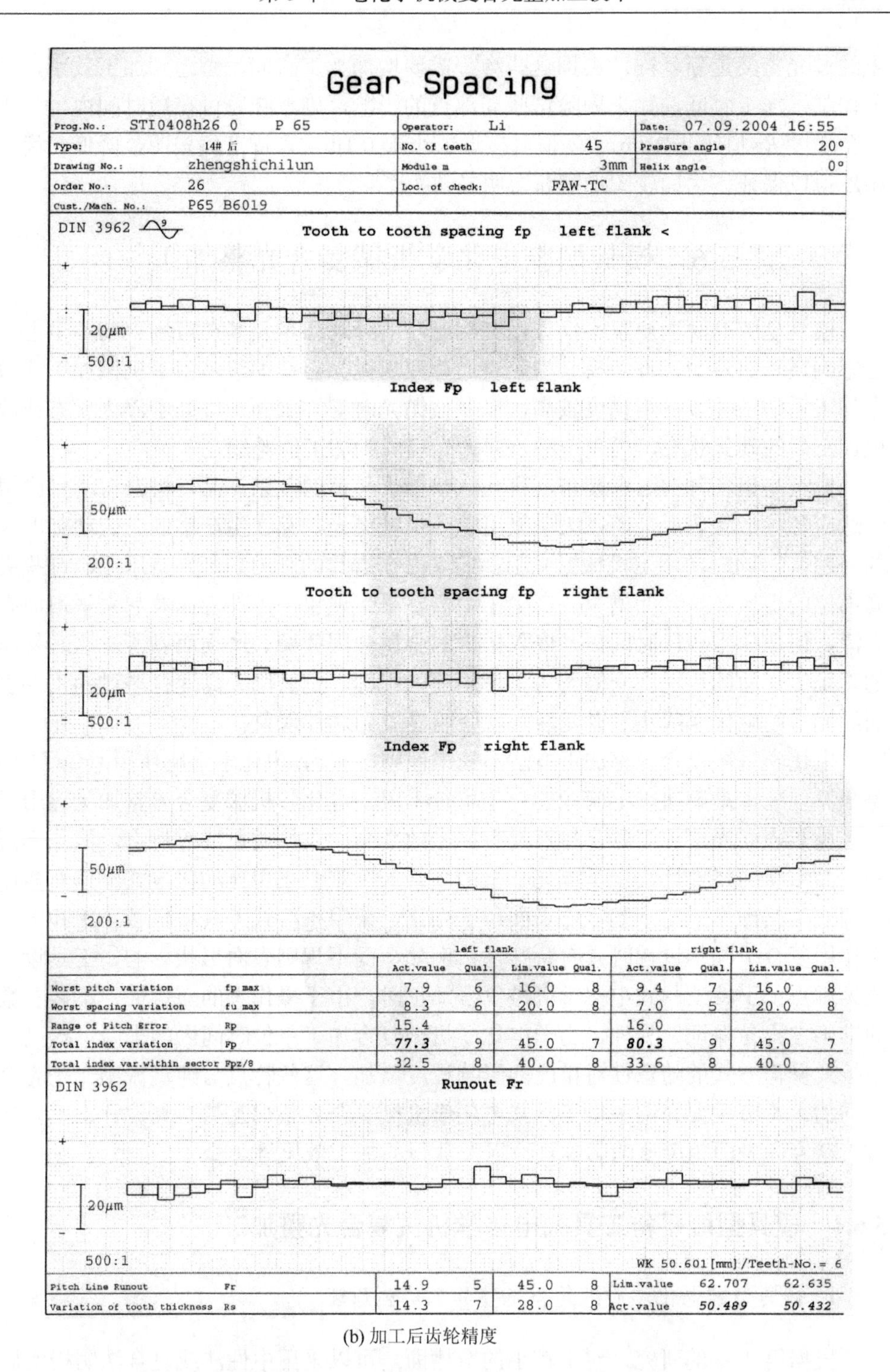

Gear Spacing

Prog.No.:	STI0408h26 0　　P 65	Operator:	Li	Date:	07.09.2004 16:55
Type:	14# 后	No. of teeth	45	Pressure angle	20°
Drawing No.:	zhengshichilun	Module m	3mm	Helix angle	0°
Order No.:	26	Loc. of check:	FAW-TC		
Cust./Mach. No.:	P65 B6019				

		left flank				right flank			
		Act.value	Qual.	Lim.value	Qual.	Act.value	Qual.	Lim.value	Qual.
Worst pitch variation	fp max	7.9	6	16.0	8	9.4	7	16.0	8
Worst spacing variation	fu max	8.3	6	20.0	8	7.0	5	20.0	8
Range of Pitch Error	Rp	15.4				16.0			
Total index variation	Fp	**77.3**	9	45.0	7	**80.3**	9	45.0	7
Total index var.within sector	Fpz/8	32.5	8	40.0	8	33.6	8	40.0	8

Pitch Line Runout	Fr	14.9	5	45.0	8	Lim.value	62.707	62.635
Variation of tooth thickness	Rs	14.3	7	28.0	8	Act.value	*50.489*	*50.432*

(b) 加工后齿轮精度

图 5.51　电化学机械复合光整加工前后齿轮精度

壑经过光整又重新暴露，去掉这些沟壑需要增加加工时间，考虑到加工效率，本节控制了加工时间，如果剔除这些局部点的影响，则意味着可在短时间内，使齿面粗糙度 *Rz* 值小于 1μm，*Ra* 值可接近或小于 0.1μm），周节偏差明显降低，齿形精度得以保证，齿面轮廓形貌获得明显改善[28]。

5.6　模具型腔电化学机械复合光整加工

模具型腔的表面质量不仅直接影响产品的外观质量及其在市场上的竞争力，也影响模具的寿命，许多模具型腔表面都要求抛光至镜面级。由于机械加工或放电加工后的工件表面粗糙度较高，以及被抛光时型腔表面一般处于淬火状态或放电加工后的硬化状态，模具型腔表面抛光也成为加工的难题之一。

模具是集各种曲面、棱角、盲孔、窄槽于一体的复杂产品，机器自动打磨很难适应各种形状表面，所以大量采用手工机械抛光，存在生产率低、劳动强度大的问题[29]。同时，手工机械抛光工件的表面在磨具的强力划刻、挤压下，有些尖峰部位的金属被挤到凹槽里，产生了“假整平”现象，工件表面看起来平坦而有光泽，但在使用一段时间后，嵌入槽内的金属会因疲劳、磨损而剥落。这时暴露的真正工作面的粗糙度一般要劣于使用前的指标。把磨削或高速打磨过的工件表面经轻微的电化学或化学抛光后，就会明显看到这种现象。

电化学机械复合光整加工方法不受工件硬度制约，电化学溶解作用避免了“假整平”现象，是解决以上问题的一个可行手段。电化学机械复合光整加工应用于型腔模具表面光整加工时，虽然具有抛光效率高、表面质量好等特点，但是不规则表面形状的特殊性决定了电化学机械复合加工难以采用自动化方式，仍然多以手持式工具操作。与规则零件表面加工相比，采用手持式工具将机械作用和电化学作用复合于同一过程时具有特殊性，例如，受不规则表面形状影响，工具设计成为难点；手持工具式电化学机械复合加工时，由于操作者的随意性，工艺参数的准确性不易保证；另外，由于电化学机械复合加工单位时间内的去除量提高，手持式操作方式的随意性对精度的影响程度增加，这些特点与纯机械抛光是完全不同的。本节主要介绍手持工具式电化学机械复合光整加工的工具设计、工艺参数对精度和表面粗糙度的影响规律以及获得的加工效果等。

5.6.1　模具型腔手持工具式电化学机械复合光整加工

1. 模具型腔电化学砂纸复合光整加工实施原理

根据第 4 章的研究，对于较小的窄槽面，可以采用中性法或复合法阴极实施方式，如图 5.52 所示的电化学油石或电化学锉刀的方式实施电化学机械复合加工。

复杂表面实施电化学机械复合加工选用中性法或复合法时应当考虑实施电化学与机械的复合作用的方便性。中性法电极容易制作，加工间隙恒定，工艺参数容易调整，加工质量较稳定；便于对大面积规则型腔面尤其对有回转类型腔的模具，进行高效光整加工，但这种方法的磨具更换比较麻烦。复合法的工具小巧紧凑，可制成易随型腔变化的条状、柱状、锥状等电极，但其工艺参数不易掌握，工具制作较难。该法的工艺核心在于导电磨头与工件间能否形成有效的加工间隙，以及间隙内是否始终通有适量的工作液。

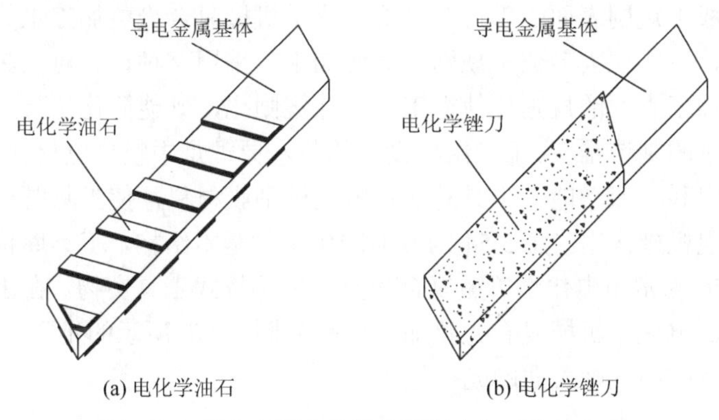

(a) 电化学油石　(b) 电化学锉刀

图 5.52　复杂表面电化学机械复合加工实施方式

根据模具型腔的特点，本节介绍一种电化学砂纸复合光整加工方式，它是通过电化学作用和砂纸机械抛光的复合作用实现零件表层金属去除的。图 5.53 为其基本原理，阴极和工件分别接电源负极和正极，阴极表面包覆一层弹性垫，外面包覆砂纸，形成抛光工具，弹性垫及砂纸支撑阴极与工件，阴极与工件之间形成极间间隙，阴极和工件之间通以电解液，加工过程中刮膜工具与工件间进行相对运动，刮膜工具对电化学作用后的表面产生机械作用，电化学作用和机械作用的交替使工件表层材料得到去除。电化学砂纸复合光整加工类似于图 4.23（a）中的镶嵌阴极法电化学机械复合加工实施方式，但是采用砂纸进行机械作用具有一定的弹性，也容易更换磨具。

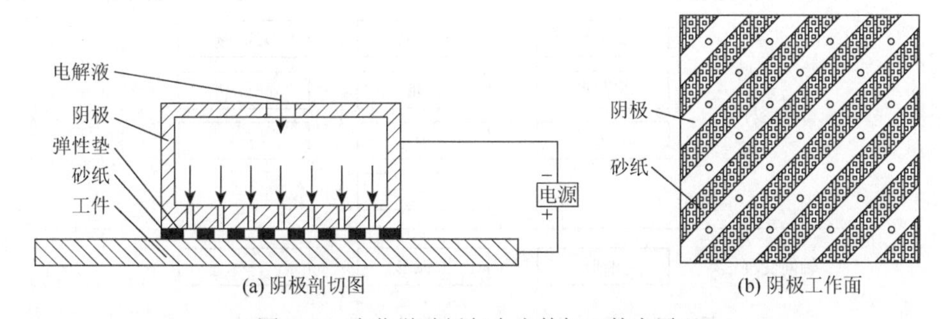

(a) 阴极剖切图　(b) 阴极工作面

图 5.53　电化学砂纸复合光整加工基本原理

采用电化学机械复合加工不规则表面时，在加工过程中必须保证加工区域流场和电场的均匀性，流场和电场主要由阴极工具决定，不规则表面的工具设计应满足此要求。不规则表面形状变化多，设计工具时应充分考虑各种表面形状条件下都能保证电场和流场，为此提出电化学机械复合加工方法，并依此方法建立阴极工具库。在多数情况下，机械零件上的不规则表面实际上可分解为几种规则表面的组合，这些规则表面的工具设计又表现出共性。在设计电化学机械复合加工工具时，以圆形、三角形和矩形为基本工具形状，在其基础上进行截面变种和轴向变种，构成不规则表面的手持工具式电化学机械复合光整加工工具库。通过阴极工具组合，可实现大多数不规则表面的加工。采用这种设计对工具设计本身带来的好处是加工表面的规则化使得工具设计规则化，既能简化工具形状和结构，又能降低工具的制造难度。工具结构设计的基本原理是中空导电材料作工具基体，同时具有导电和导流功能，工具外层包覆机械刮膜材料，使工具既可实现电化学作用又能实现机械作用。图 5.54 为方形阴极工具基本结构，工具库构成如图 5.55 所示，图 5.56 为常用电化学机械复合光整加工手持式工具实物。在工具库基础上将不规则表面电化学机械复合光整加工分解为图 5.57 所示的步骤，依据图 5.57 所示的步骤完成不规则表面的光整加工。

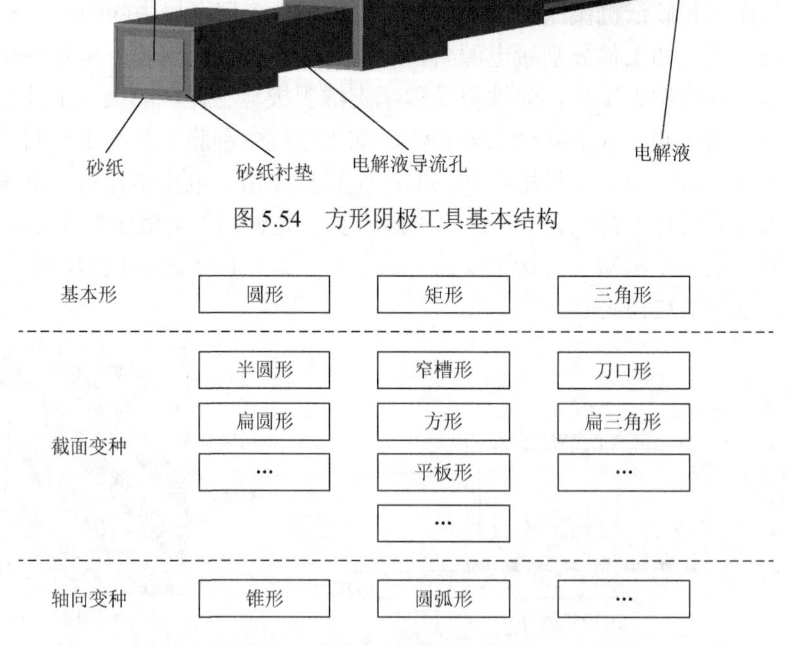

图 5.54　方形阴极工具基本结构

图 5.55　手持式电化学机械复合光整加工工具库

图 5.56　常用电化学机械复合光整加工手持式工具实物

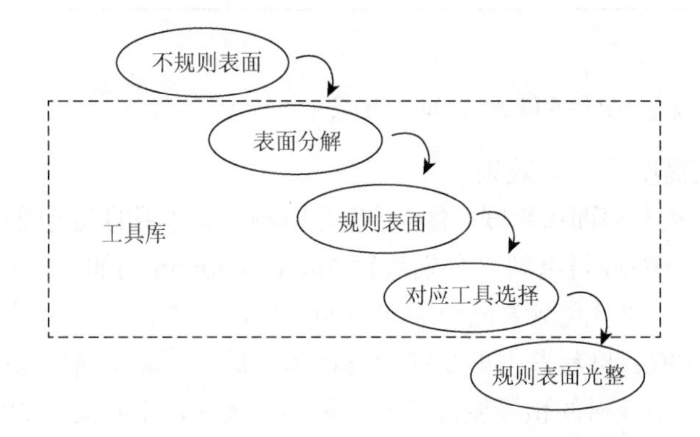

图 5.57　不规则表面电化学机械复合光整加工步骤

2. 模具型腔电化学砂纸复合光整加工条件

影响电化学机械复合加工表面粗糙度的因素包括电化学参数和机械作用参数两个方面。对电化学参数而言，在合理设计阴极的条件下，采用表面分解思想，不规则表面与规则表面相比没有本质区别。机械作用参数则不同，由于手持式工具的操作特点，操作的随意性对加工效果具有影响。机械作用参数主要包括磨料粒度、工具硬度、磨料含量、摩擦速度、工具压力等。设计的工具使用水砂纸进行机械刮膜，工具硬度、磨料含量在加工过程中可视作常量，因此应当重点关注磨料粒度、摩擦速度、工具压力这三个参数对表面粗糙度的影响。由于手持式电化学砂纸加工的操作特点，准确表征摩擦速度和工具压力的变化较为困难。在实验中，摩擦速度以工具在单位时间内在实验区域的运动次数表征；为控制工具压力，在工具上连接一弹性装置，通过调节弹性装置的弹性力实现工具压力调节。实验参数范围如表 5.10 所示。

表 5.10　加工参数的取值范围

项目	参数
电解液	主要成分：$NaNO_3$
	浓度：20%水溶液
	温度：20℃±5℃
机械参数	磨料及材质：砂纸、Al_2O_3
	磨料目数：400～1000 目
	摩擦速度：70 次/min（50mm 范围内）
	工具压力：0.01～0.3MPa
电化学参数	极间间隙：1.5mm
	电流密度：0～25A/cm^2

3. 模具型腔电化学砂纸光整加工效果

1）表面粗糙度的加工效果

（1）磨料粒度与表面粗糙度。磨料粒度是影响机械作用的关键因素，采用 400 目、600 目、800 目、1000 目磨料，分别进行 5min 和 30min 的加工，图 5.58 为实验结果。实验过程中，同时观测表面形貌状态的变化，表 5.11 为表面状态的变化规律。加工 5min 时，400 目磨料获得的粗糙度降低幅度最大，降低幅度随磨料粒度减小而减小，1000 目磨料获得的粗糙度降低幅度最小；增加加工时间至 30min 时，400 目磨料获得的粗糙度降低幅度最小，降低幅度随磨料粒度减小而增大，1000 目磨料获得的粗糙度降低幅度最大。通过观测加工过程中的表面形貌可以发现，加工时间较短时，采用较大的磨料粒度有利于表面的宏观整平，采用较小的磨料粒度则有利于表面微观整平；增加加工时间，采用较大的磨料粒度，局部整平效果不佳，但采用较小的磨料粒度可获得良好的宏观效果和局部整平效果。实验结果表明，在电化学机械复合加工中，更换磨料粒度可提高整平效率，这点和机械抛光的规律一致。

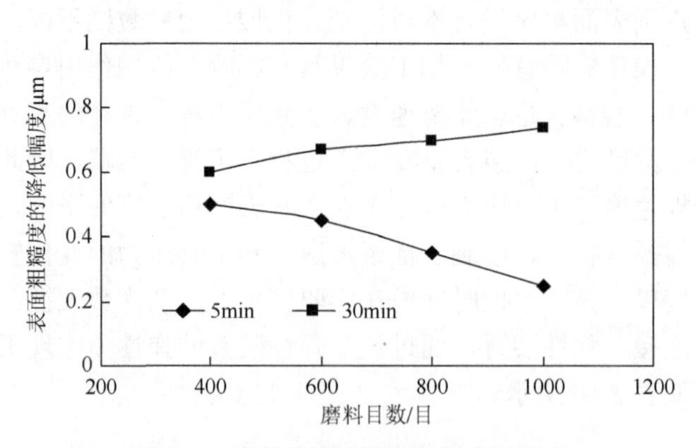

图 5.58　磨料粒度对表面粗糙度的影响

表 5.11　表面状态在加工光整过程中的变化

时间/min	磨料目数/目	表面状态
5	400	表面凸凹基本整平，局部留有深沟壑，宏观整平效果好
	600	大范围内表面凸凹基本整平，局部留有较深沟壑，宏观整平效果较好
	800	表面分散范围内凸凹获得整平，留有较多较深沟壑，局部整平效果好
	1000	表面分散范围内凸凹获得整平，留有较多较深沟壑，局部整平效果好
15	400	表面凸凹基本整平，宏观整平效果好
	600	表面凸凹基本整平，留有个别较深沟壑，宏观整平效果好
	800	表面凸凹基本整平，留有少数较深沟壑，宏观整平效果好
	1000	表面凸凹基本整平，留有少数较深沟壑，宏观整平效果和局部整平效果好
30	400	表面凸凹基本整平，宏观整平效果好
	600	表面凸凹基本整平，宏观整平效果好
	800	表面凸凹基本整平，宏观整平效果和局部整平效果好
	1000	表面凸凹基本整平，宏观整平效果和局部整平效果好

在以往电化学机械复合加工研究中，从工艺方便性角度考虑，加工过程中不更换磨料粒度而直接采用较细磨料进行加工是一项技术优势。但采用手持式工具，砂纸在加工过程中由于磨损需要更换，可在更换砂纸时同时更换磨料粒度，以提高加工效率。

（2）工具摩擦速度与表面粗糙度。在不同摩擦速度条件下，测量表面粗糙度的降低幅度。图 5.59 为工具摩擦速度对表面粗糙度的影响，每分钟往复 70～130 次，随着摩擦速度的提高，粗糙度降低幅度增大，但 130 次/min 和 150 次/min 获得的粗糙度降低幅度基本相同。由于摩擦速度反映单位时间内电化学作用和机械作用的交替次数，摩擦速度过低，反映电化学作用强而机械作用弱，电化学作用形成的氧化膜不能被及时刮除导致整平能力下降；摩擦速度过高，则会减弱电化学作用效果，来不及形成表面氧化膜，同样不利于整平。从人机工程学角度讲，对于手持式工具，运动速度过高会增大操作者的劳动强度。在本书实验条件下，每分钟往复 90～130 次是合适的。

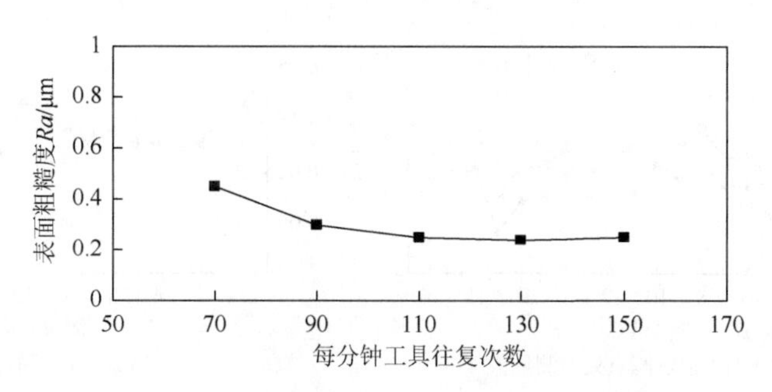

图 5.59　工具摩擦速度对表面粗糙度的影响

(3) 工具压力与表面粗糙度。实验研究工具压力在 0.05～0.3MPa 变化时对表面粗糙度的影响，图 5.60 为工具压力对表面粗糙度的影响。随着工具压力增加，表面粗糙度降低效果增强，但压力增加到 0.15MPa 时，对表面粗糙度的影响减弱，类似于工具摩擦速度，工具压力的增加同样会增加操作者的劳动强度，因此不宜过高。根据实验结果，工具压力超过 0.1MPa，即可获得较好的加工效果。

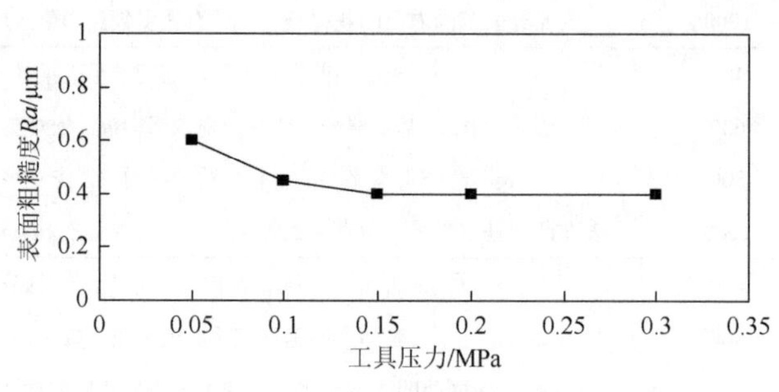

图 5.60　工具压力对表面粗糙度的影响

2) 精度的加工效果

考虑到便于测量和评估，选取直径为 ϕ120mm、材料为 GCr15、硬度为 HRC62、原始表面经过磨削、表面粗糙度 *Ra* 为 0.8μm 的平面圆盘试件作为研究对象，在极间间隙为 1.5mm、刮膜工具为 400#～2000#的砂纸、工具摩擦速度为 70 次/min (50mm 范围内)、刮膜压力为 0.1～0.3MPa 的实验条件下，研究其平面度在加工前后的变化。在其上确定 21 个测量点，通过对比加工前后测量点的去除量差，获得对平面度的影响规律。

图 5.61 为精度实验结果。结果表明，表面粗糙度 *Ra* 从 0.8μm 降至 0.024μm 时，去除量平均值约为 0.015mm，最小去除量为 0.012mm，最大去除量为 0.02mm，去除量在 0.012～0.02mm 波动，这说明在此实验条件下，在 ϕ120mm 加工范围内，手持式工具电化学机械复合加工在单一运动方向条件下，去除量的不均匀性不超过 0.008mm，对平面度可能造成的影响小于 0.01mm。

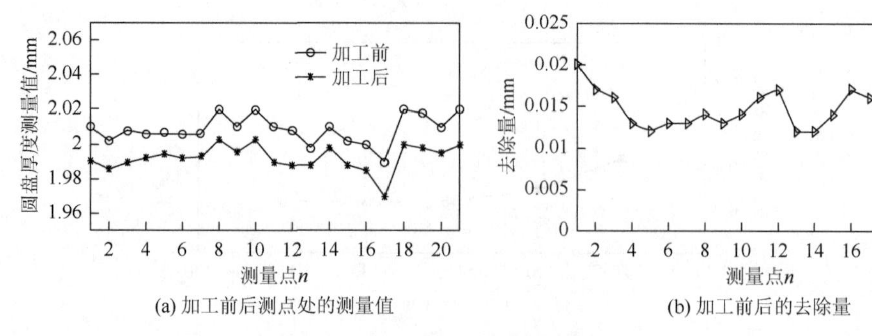

(a) 加工前后测点处的测量值　　(b) 加工前后的去除量

图 5.61　精度实验结果

3）不规则表面加工效果

以带外圆弧平面、内曲面、窄槽面零件为对象进行加工实验。工艺为精铣，表面粗糙度 *Ra* 为 1.0～0.8μm，各零件表面形状、采用的分解方法和所选择的工具形状如表 5.12 所示。采用自制工具完成零件光整加工，加工后表面粗糙度 *Ra* 达 0.02μm。

表 5.12　典型零件加工

	带外圆弧平面	内曲面	窄槽面
分解方法	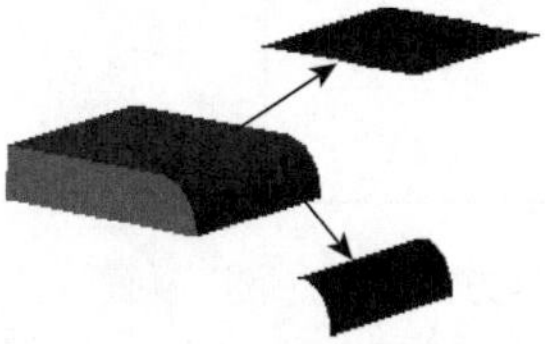	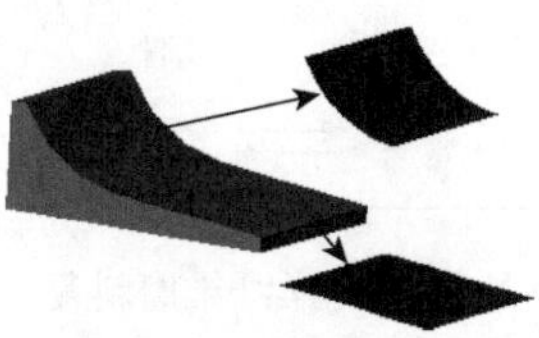	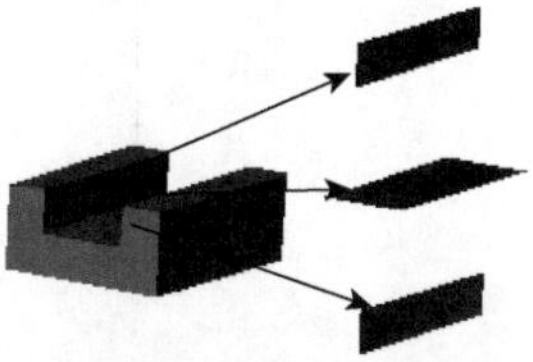
阴极	平板形阴极＋方形阴极	半圆形阴极＋平板形阴极	窄槽形阴极＋方形阴极
加工效果			

5.6.2　模具型腔数控电化学机械复合光整加工

手持工具式电化学机械复合光整加工实施方式的优点是操作简单、实施方便，缺点是人工操作具有不稳定性、劳动强度大。随着磨具磨粒技术的发展和进步，将电化学机械复合加工与数控技术相结合，在设备上实现复杂表面的电化学机械复合自动化加工越来越有可行性。

实现数控电化学机械复合光整加工的技术核心是阴极工具的制作，可以采用包覆式阴极工具，如图 5.62 所示，采用棒状阴极结构，在阴极外表面包覆一层纤维磨料，它支撑阴极与工件之间形成极间间隙，阴极上开设有电解液导流孔，电解液从导流孔流入极间间隙，阴极转动使得纤维磨料对工件表面形成机械作用，工具阴极就可以像铣刀一样对工件进行数控光整加工。

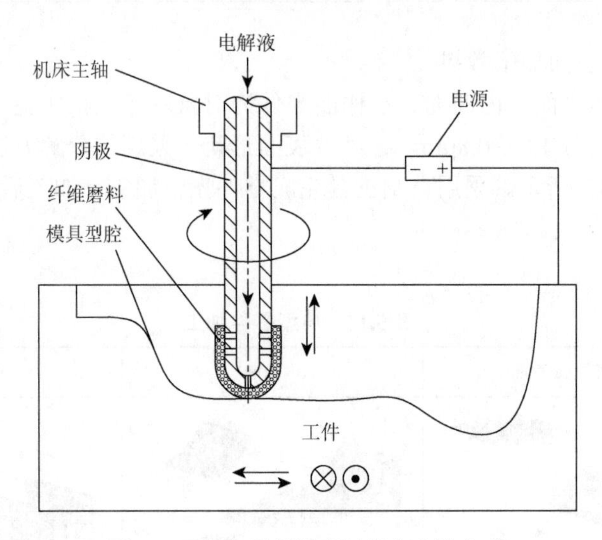

图 5.62　电化学纤维磨料复合实施方式

另外，也可以采用磁粒研磨阴极工具，如图 5.63 所示，采用棒状磁粒研磨工具，在工具外表面包覆一层导电材料作为阴极包壳，与电源的负极相连，磁极在电磁线圈作用下产生磁力，吸附磁性磨料压在模具型腔表面上，电解液通过外置导流管导入阴极与工件之间，磁极转动实现电化学作用和磁粒研磨的交替。

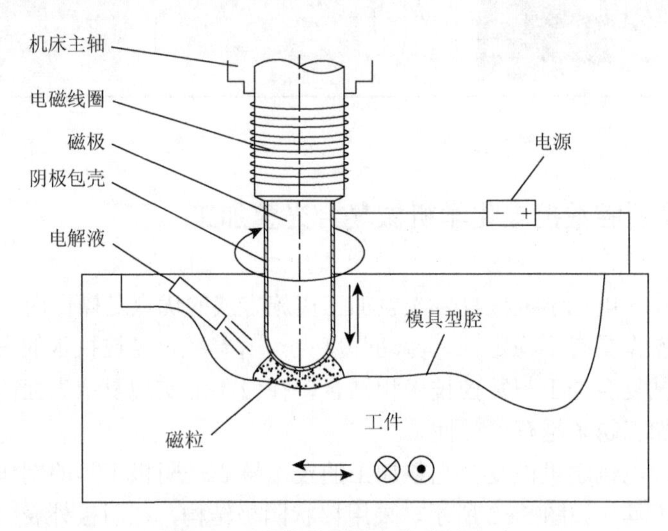

图 5.63　电化学磁粒复合实施方式

将上述复合原理与数控系统相结合，就形成了电化学机械复合数控加工系统。图 5.64 为磁性磨料抛光和电化学加工相结合的模具型腔电化学磁粒复合数控加工机床示意图。该机床主体由传统的三轴数控铣床改造而成，在主轴上通过增加电磁线圈产生对磁性磨料的约束力，磁性磨料在零件加工表面与磁芯之间形成聚集，成为具有一定刚度的“磁粒刷”，通过主轴旋转运动带动“磁粒刷”对模具复杂型腔表面进行机械抛磨，同时在零件表面上具有电化学作用，形成机械作用和电化学作用的交替，实现数控电化学机械复合加工。该工艺技术目前仍然存在的技术难题是非导电性磁性磨料的制备，因为常规的导电性磁性磨料会造成阴阳极间的短路，使加工无法进行。除了数控机床，也可以采用机械手和电化学机械复合工具相配合，实现复杂模具型腔曲面的加工。

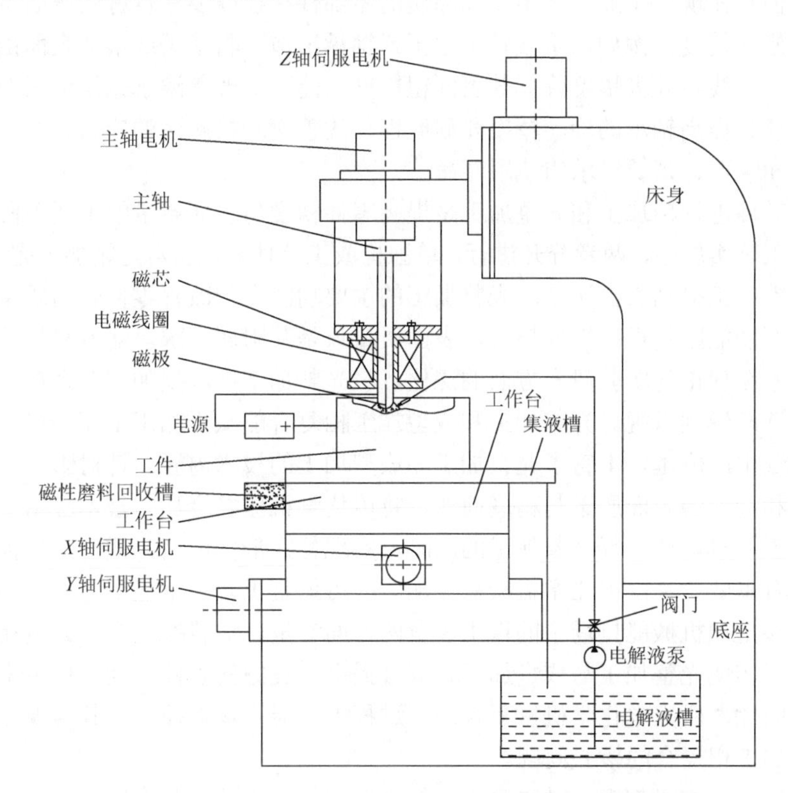

图 5.64　模具型腔电化学磁粒复合数控加工机床示意图

与切削加工相区别，抛磨加工的工具与零件之间为弹性接触，既要保证对工件表面有一定的抛磨压力，压力又不能过大导致磨头损坏，特别是在数控加工模式下，数控系统必须能够实时感知抛磨力的大小。而电化学机械复合加工中，电化学作用需要在合适的极间间隙条件下进行，还需要对极间间隙进行实时感知(至少保证阴阳极不能接触短路)。因此，需要有机械抛磨力和极间间隙的自适应调整系统，这也是电化学机械复合加工实现数控化的难题。

第 6 章　电化学机械复合精准光整加工技术

电化学机械复合加工对精度和表面质量均会产生影响。但长期以来，电化学机械复合加工主要作为光整加工技术，精度由前道工序决定，它不破坏加工精度即可。但是在现代工业生产中，高品质的零部件往往既要求良好的表面质量，又要求良好的精度。例如，重载轴承滚子或轴承滚道，将滚子或滚道表面由直母线改为凸度母线，并大幅度降低其表面粗糙度，能有效改善滚子或滚道表面的物理力学性能、提高轴承的旋转精度和耐磨性、改善滚动接触区的应力分布、降低轴承振动和噪声、延长轴承的使用寿命[30]。

对零件进行精加工和光整加工是提高零件精度与表面质量的重要手段。但在传统的工艺实施中，两者分开进行，单独构成工艺体系，通常是精加工完成成型，再经光整加工提高表面质量。光整加工的主要功能在于改善零件表面质量，精加工的主要功能则是提高零件精度，表面质量只是其附属要求。随着科技的发展和加工技术在理论与实验研究方面的深化，将光整加工和成型加工复合在一起的加工技术逐渐受到重视。光整加工和成型加工相复合能减少加工工序、提高生产效率和降低生产成本，丰富了光整加工和成型加工的技术内涵。针对影响零部件使用性能和寿命的表面质量与精度问题，将电化学机械复合加工技术应用于零部件表面加工，对零件进行光整加工的同时，实现特定形状成型，或进一步提高其精度，具有重要意义。电化学机械复合加工的可调整工艺参量包括电化学能量场中的作用参量和机械能量场中的作用参量两方面参量，调整参量多，为电化学机械复合加工实现光整加工与成型加工相复合提供了良好的条件，同时也带来了新的问题。因此，研究电化学机械复合加工过程中的能量场调控，是其实现光整加工与成型加工相复合的核心问题。

任何制造方式都需通过物质流、能量流和信息流的相互作用来实现，从这一角度看待制造过程，就是人类对能量或能量场操控的过程。随着制造业的自动化和智能化发展，通过综合能量场的优化，实现物质流、能量流和信息流的相互作用，将物质变为终端产品，成为制造工程的共同本质。场调控制造就是针对制造工程的共同本质，研究其中的科学规律和调控方法。如图 6.1 所示，电化学机械复合加工的能量场涉及电场、流场和机械场等多个能量场因素，可以从多个自由度进行工程优化和创新，优化空间也会扩大和拓展，解决问题的难易程度和最优解也会有区别。因此，从能量场角度，研究如何集成和优化各种能量场，以获得更有效、合理的工程解决方案，是电化学机械复合加工技术发展过程中的重要研究路径之一。

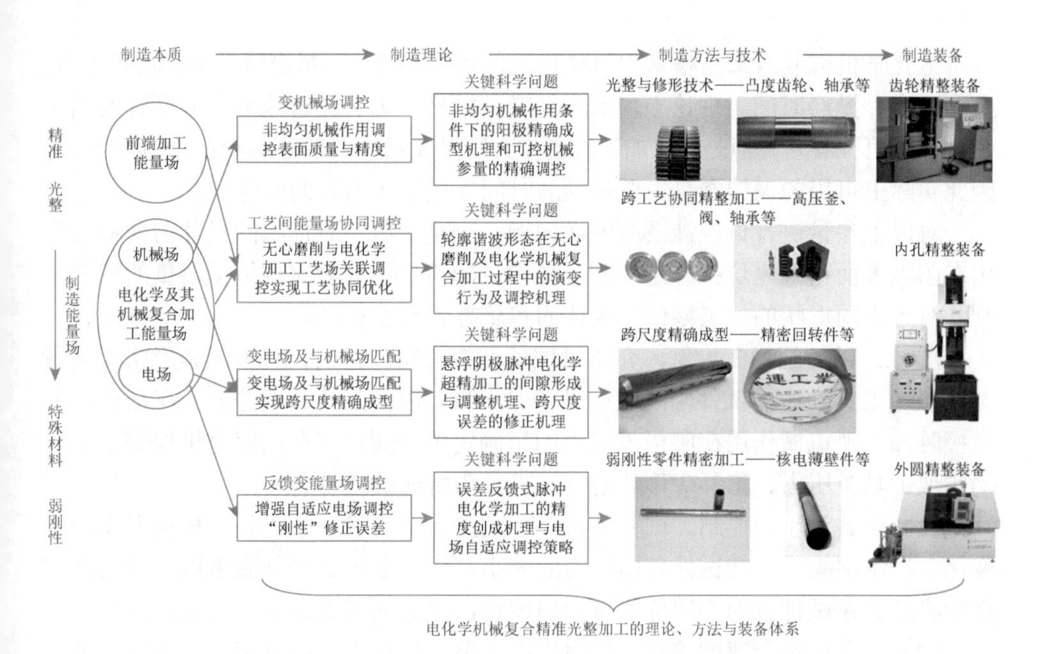

图 6.1　电化学机械复合精准光整加工的能量场调控

近年来，作者从加工能量场调控的视角思考电化学机械复合加工的精度和表面质量问题，着眼于精密难加工零部件的加工，瞄准电化学及其机械复合加工实现精密加工和光整加工背后的理论与工程问题，在相关项目的支持下，开展了场调控电化学机械复合精准光整加工技术研究。研究主要围绕两个目标展开，一是在光整过程中使零件形成特定的形状；二是光整过程中同时提高零件精密度。在实现手段方面，主要从三个方面进行研究，分别是机械场调控、电场调控、不同工艺之间能量场的协同调控。本章结合作者近年来在这方面所做的工作，介绍有关研究与应用。

6.1　调控机械场实现光整与成型复合加工

本节围绕在电化学机械复合光整加工过程中使零件形成特定形状的目标，研究通过控制的机械作用参量实现非均匀机械作用调控材料非均匀去除的手段，并介绍该技术思想在齿轮鼓形修形、轴承滚道凸度加工等方面的应用。

6.1.1　机械场的可调控因素及实施方式

电化学机械复合加工技术中机械作用的可控参量，包括磨料粒度、抛磨压力、抛磨速度和抛磨时间。理论上，磨料粒度、抛磨压力、抛磨速度和抛磨时间四个参量都是可控参量，但是，在加工过程中，实时变换磨具的磨料粒度不可能实现，因此实际上可用的调控参量主要是抛磨时间、抛磨压力和抛磨速度。

对以上参量进行调控涉及两方面问题：一是刮膜工具形状的设计需使机械作用在阳极表面精确定位；二是控制机械参量的装置能有效完成机械参量的精确控制。对于不同形状的加工零件，具体的实施方式也不相同。

图 6.2 以外圆加工为例，介绍机械场调控的实施方式。刮膜工具形状拟采用圆柱形，工具轴线与试件轴线交错呈 90°安装，以使工具与试件表面在理论上为点接触，实现机械作用在阳极表面上的精确定位。通过三台伺服电机控制三个运动实现工具头压力、工具头移动速度、工具头转速等控制。

（1）工具头压力控制。伺服电机 2 驱动滑台 2 运动，使得弹性机构形变产生变化，控制刮膜工具在试件表面压力的大小，伺服电机 2 与伺服电机 1 的配合实现刮膜工具在试件表面不同位置压力的调整，此时伺服电机 3 为恒速转动。

（2）工具头移动速度控制。伺服电机 1 驱动滑台 1 使得刮膜工具移动速度不同，此时伺服电机 2 不转动，伺服电机 3 为恒速转动。

（3）工具头转速控制。伺服电机 3 控制刮膜工具的转动速度，伺服电机 1 与伺服电机 3 配合使得刮膜工具在试件表面不同位置的转速不同，此时伺服电机 2 不转动。

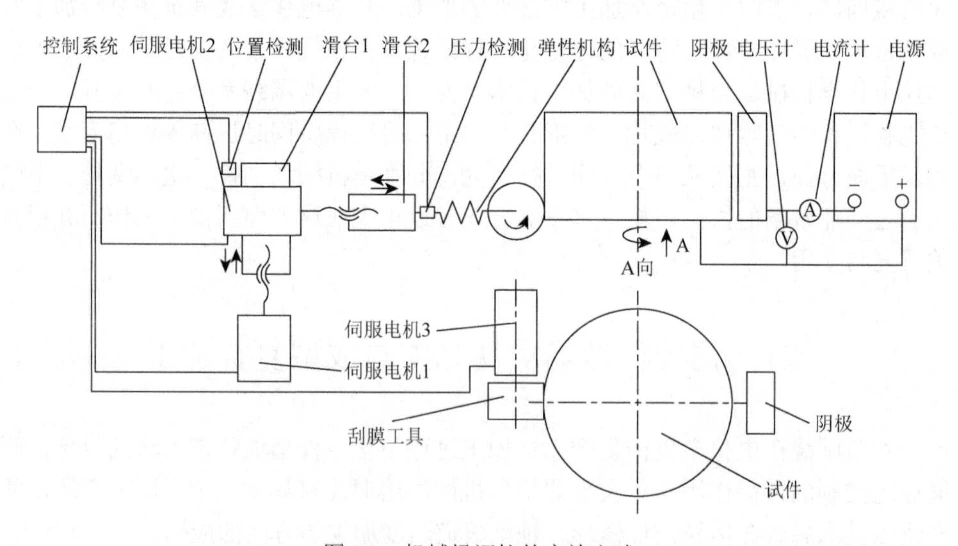

图 6.2　机械场调控的实施方式

根据图 6.2 所示的机械场调控的实施方式，针对不同形状的加工表面，可以进行部分结构的变形，达到机械参量调控的目的。

6.1.2　调控机械作用时间实现齿形修鼓

调控机械场实现齿轮齿形修鼓是机械场调控电化学机械复合加工的应用之一，可以通过调控机械作用时间而实现。

如图 6.3 所示，在展成法电化学机械复合加工圆柱齿轮方式中，齿面上齿长方向（除齿端外）任意加工时刻的电化学作用是均匀的，因此电化学作用本身并不具有齿向修鼓作用。但是，珩磨轮对工件产生的机械作用区域为齿宽的一部分，通过控制珩磨轮的移动速度 $v_h = f(t)$，能够控制珩磨轮在工件轴向不同位置的滞留时间，使得去除量在工件齿向产生不均匀分布，从而达到控制机械作用在工件齿长方向不同位置的作用时间以实现齿轮修鼓。

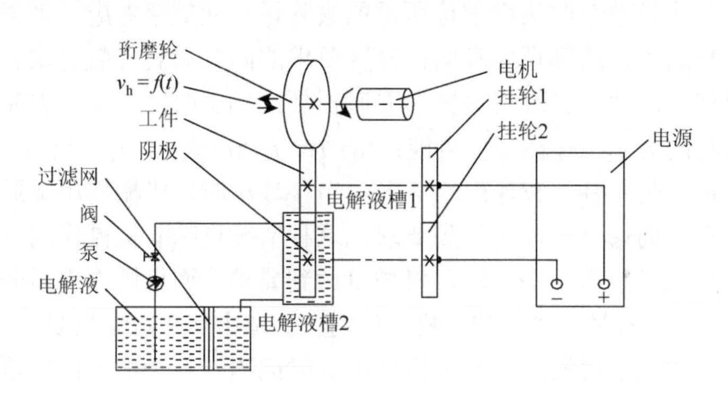

图 6.3　圆柱齿轮电化学机械复合加工调控机械作用时间

在不考虑修形的条件下，为保证一定加工时间内的机械作用与电化学作用尽可能多的交替次数，珩磨轮一次轴向移动过程中，相邻两次机械作用区域边缘连接而不产生重叠为最佳情况。但是，当需要修形时，为使机械作用强弱从齿宽中部向两端形成不均匀分布，相邻两次机械作用区域就需要在齿端部位重叠。同时，为保证机械作用在空间上的均匀性，根据第 4 章的介绍，珩磨轮不同次轴向运动过程中机械作用位置的安排最好采用 2^n 法，对于齿轮有修形要求时依然适用。

通过控制机械作用强弱分布实现齿形修鼓，得到的最终鼓形量取决于两个因素：一是珩磨轮在一次轴向运动过程中齿端与齿宽中间部位因机械作用不均而导致的去除量差；二是这一差值的积累次数，即珩磨轮的轴向运动次数。根据前述的运动规律，在珩磨轮一次轴向运动过程中，机械作用强度变化会呈现出明显的非连续性，但是当珩磨轮轴向运动次数不断增加时，由于对机械作用进行了空间分布的均匀化处理，其变化是趋向于连续的。

在有修形要求时，加工时间由两方面条件决定：一方面需使机械作用最弱部位的表面粗糙度达到预期要求；另一方面需使机械作用强弱部位的去除量差达到修形要求。从满足表面粗糙度角度讲，机械作用最弱部位（齿宽中间部位）的机械作用分布规律与无修形要求时一样，因此由表面粗糙度决定的加工时间与无修形要求时也一样；从满足修形要求角度讲，可以通过实验测量珩磨轮多次轴向运动后齿面上的去除量差，进而求出珩磨轮一次轴向运动后齿面上的去除量差，因此在已知修形量条件下，就可以确定珩磨轮轴向运动次数即加工时间。齿面上某一部位的机械作用时间取决于珩磨轮的轴向移动速度，即齿面齿向去除量的分布规律与珩磨轮轴向运动速度变化规律是一致的。以下量化的研究通过控制珩磨轮轴向运动速度变化规律实现预期的修鼓要求。

如图 6.4 所示，W_t 为齿宽，V 为从表面粗糙度角度考虑需要的去除量，E 为修鼓量，G 为实现修鼓时齿端部位所需的去除量。从效率考虑，理想的情况是在最短的加工时间内，达到预期表面粗糙度要求的同时达到修鼓要求。假设珩磨轮以某种特定规律运动，实现去除量为 V 时需要的加工时间为 t_1，实现修鼓量 E 时需要的加工时间为 t_2，存在三种可能：$t_1 = t_2$、$t_2 > t_1$ 或 $t_1 > t_2$。当 $t_1 = t_2$ 时，两方面条件都满足，是一种比较理想的情况；当 $t_2 > t_1$ 时，机械作用最弱部位粗糙度已经满足要求，而修鼓量尚未达到要求，这种情况意味着机械作用在齿宽中间和齿端强弱差异不足；当 $t_1 > t_2$ 时，修鼓量达到要求，而机械作用最弱部位粗糙度尚未满足要求，这种情况则意味着机械作用在齿宽中间和齿端强弱差异程度太大，因此必须考虑改变珩磨轮的运动规律以在 t_1 时间内获得合适的修鼓量。上述问题可归纳为：已知预期修鼓量 E、齿宽中间部位的去除量 V、达到去除量 V 所需的珩磨轮轴向移动次数 n_h，确定珩磨轮移动速度的变化规律。这就有必要研究移动速度和去除量之间的关系。

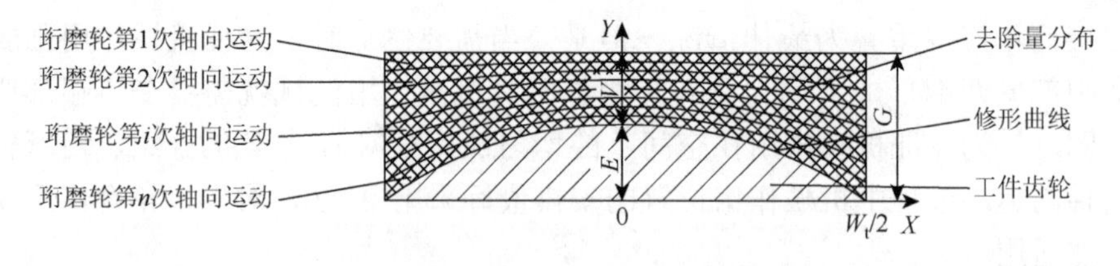

图 6.4　有齿向修形要求时的去除量分布

假定珩磨轮在齿端移动速度为 v_d，在中间部位移动速度为 v_z，通过检测珩磨轮 n_h 次轴向运动后的齿形，可得一次轴向移动过程中齿端部位去除量 g 和齿宽中

间部位去除量 h，即由速度不同造成的在一次轴向移动过程中齿向去除量差为 $g-h$，由于此时齿面上去除量差异完全由珩磨轮轴向移动速度差异决定，因此做出假设：

$$\frac{v_d - v_z}{g-h} = c \tag{6.1}$$

式中，c、g 和 h 的值在一定工艺条件下由实验确定；v_z 的取值需保证相邻两次机械作用区域连接而不重叠。

将 $h = V/n_h$、$g = G/n_h$ 代入式（6.1），可得

$$v_d = v_z + c\left(\frac{G}{n_h} - \frac{V}{n_h}\right) = v_z + c\frac{E}{n_h} \tag{6.2}$$

对于齿面上轴向不同位置，式（6.2）表示的规律均应成立。因此，已知图 6.5 所示的修鼓曲线为 $y = f(x)$，根据式（6.2），可得珩磨轮沿工件齿向移动速度的变化规律为

$$v(x) = v_z + c(x) \cdot \frac{G - f(x) - V}{n_h} \tag{6.3}$$

式（6.3）是一个通用公式，$c(x)$与具体的加工对象有关，可通过实验确定。

图 6.5 为珩磨轮按一定规律运动时，在 4min 内，加工时间依次增大得到的齿向齿形线。由图可见，随着加工时间增加，不仅齿面轮廓平滑化、齿形修鼓量逐渐增大，齿端也被倒圆。通过控制珩磨轮轴向运动规律实现齿形修鼓量是可以控制的。

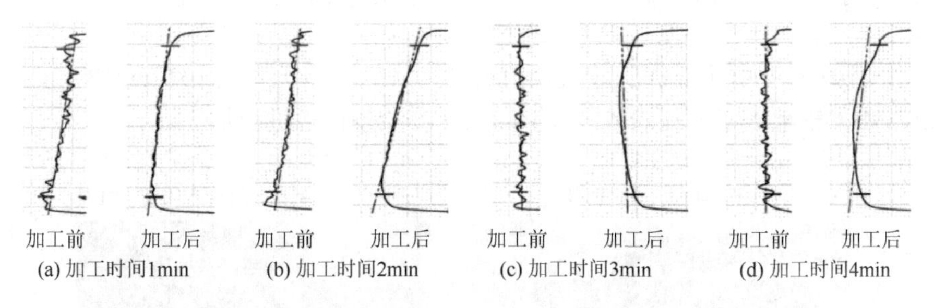

图 6.5　不同加工时间后的修形形状

6.1.3　调控机械压力实现轴承滚子修形

调控机械场实现轴承滚子凸度修形是机械场调控电化学机械复合加工的另一个应用，可以通过调控机械作用压力实现。基于本书作者提出的“非均匀机械作用调控电化学机械加工精度与表面粗糙度”的技术思想，魏泽飞[6]通过实验详细研究了调控机械压力实现轴承滚子的修形问题。

在前述图 6.2 所示的机械场调控实施方式中，通过伺服系统控制磨头对工件表面不同位置的压力，而轴承滚子尺寸较小，因此采用无心定位方式定位零件。为了简化工艺系统、提高可靠性，设计了图 6.6 所示的非均匀机械压力电化学机械复合加工原理装置。驱动电机通过同步带带动驱动轮旋转，两个驱动轮同步旋转支撑工件并驱动轴承滚子以一定速度旋转。定位导电棒接阳极，既能使工件导电，又能和前顶尖使工件在轴向定位。非均匀机械作用前端修成弧形，在弹簧力的作用下使砂带作用于轴承滚子上，形成非均匀力接触，并在机械磨削电机的作用下做轴向往复运动，以形成阳极钝化膜的非均匀去除。阴极置于轴承滚子下端，与电源负极连接，并与工件保持一定间隙，中间通以电解液，带走反应产物及热量。

(a) 整体图

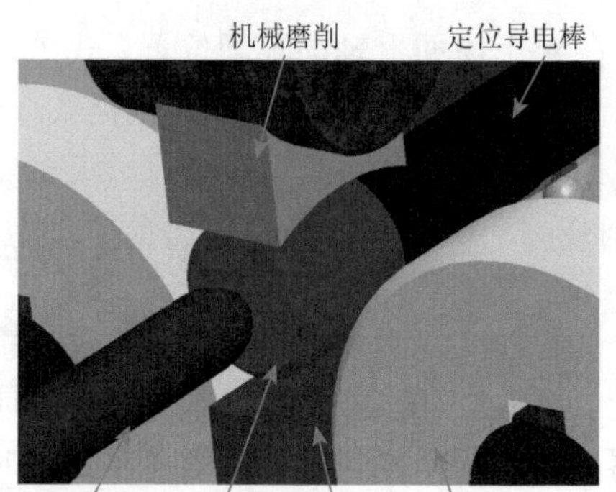

(b) 放大图

图 6.6　非均匀机械压力电化学机械复合加工原理装置

采用图 6.7 所示的加工装置，对材料为 GCr15、尺寸为 ϕ12mm×12mm 的 NJ212M 型轴承滚子，在表 6.1 所示的正交实验条件下进行加工。

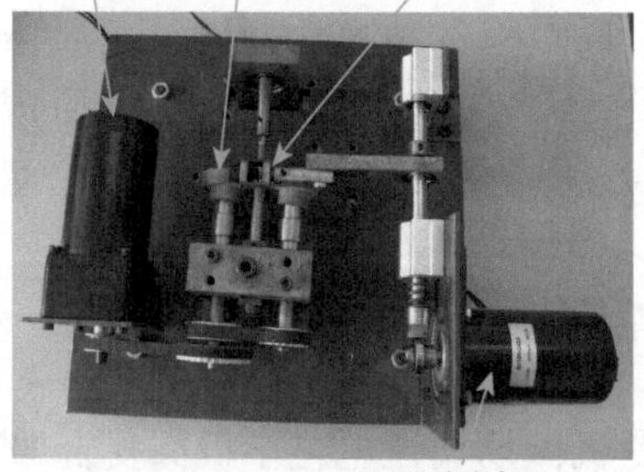

(a) 整体图

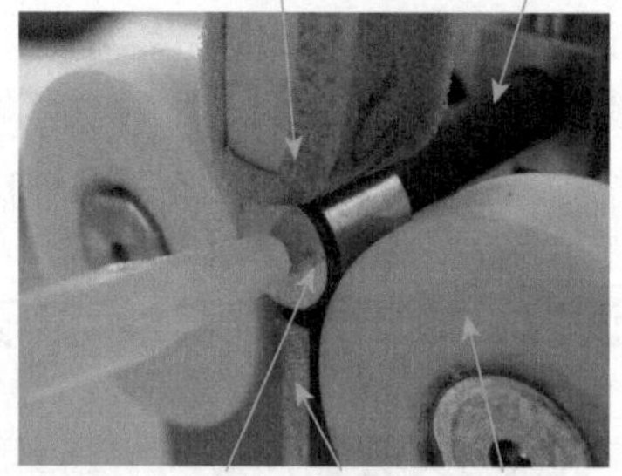

(b) 放大图

图 6.7　非均匀机械压力电化学机械复合加工装置

表 6.1　电化学机械复合加工参数

参数	数值
加工电压 U/V	5～12
电流密度 i/(A/cm^2)	3，4，4.5，5
工件转速 ω/(r/min)	350，400，450，500
极间间隙 $\varDelta$/mm	0.5
油石压力 p/MPa	0.05，0.1，0.15，0.2
磨粒粒度 ξ/μm	8.3，10.2，12.4，15.1
加工时间 t/s	60，90，120，150

阴极材料选用紫铜，加工面积为 0.48cm^2，工作端面经线切割加工成与轴承滚子表面弧度一致的圆弧，以保证阴阳极极间间隙为均匀间隙。电解液采用质量分数为 20%的 $NaNO_3$ 水溶液，温度为 25℃。工件表面粗糙度采用 TalysurfCLI2000 型轮廓仪测量，圆度采用 Talyrond365-500 型圆度测量仪测量。

表 6.2 为正交实验结果，包括表面粗糙度 Ra、轮廓最大高度 Rz 以及试件材料去除量 H。图 6.8 为加工前后轴承滚子的实物图和表面粗糙度。对实验结果进行综合评估，认为第 7 组参数组合得到的结果较好。在表面粗糙度从 0.0874μm 降至 0.0332μm 的情况下，圆度误差值由 0.93μm 降低到 0.39μm，得到明显改善，如图 6.8～图 6.10 所示；滚子凸度值由 0.63μm（近似为平直滚道）增加到 38.3μm，证明此方法完全可以实现轴承滚子的凸度加工。

表 6.2　电化学机械复合加工实验数据

序号	工件转速 ω/(r/min)	油石压力 p/MPa	电流密度 i/(A/cm^2)	磨粒粒度 ξ/μm	加工时间 t/s	表面粗糙度 Ra/μm	轮廓最大高度 Rz/μm	去除量 H/g
1	350	0.05	3	15.1	60	0.0706	0.669	0.0074
2	350	0.1	4	12.4	90	0.0393	0.297	0.0209
3	350	0.15	4.5	10.2	120	0.0312	0.449	0.015
4	350	0.2	5	8.3	150	0.0231	0.292	0.0394
5	400	0.05	4	10.2	150	0.0363	0.318	0.0466
6	400	0.1	3	8.3	120	0.0661	0.508	0.0157
7	400	0.15	5	15.1	90	0.0332	0.323	0.0462
8	400	0.2	4.5	12.4	60	0.0356	0.305	0.021
9	450	0.05	4.5	8.3	90	0.0435	0.372	0.0092
10	450	0.1	5	10.2	60	0.0386	0.372	0.0259
11	450	0.15	3	12.4	150	0.0511	0.393	0.0199
12	450	0.2	4	15.1	120	0.0433	0.505	0.0283

续表

序号	工件转速 ω/(r/min)	油石压力 p/MPa	电流密度 i/(A/cm^2)	磨粒粒度 ξ/μm	加工时间 t/s	表面粗糙度 Ra/μm	轮廓最大高度 Rz/μm	去除量 H/g
13	500	0.05	5	12.4	120	0.0398	0.372	0.0342
14	500	0.1	4.5	15.1	150	0.0410	0.373	0.0312
15	500	0.15	4	8.3	60	0.0501	0.452	0.0212
16	500	0.2	3	10.2	90	0.0309	0.437	0.0207
17*	350	0.05	4	8.3	120	0.0658	0.531	0.012
18*	400	0.1	3	10.2	150	0.0582	0.446	0.0214
19*	450	0.15	5	12.4	60	0.0471	0.455	0.028
20*	500	0.2	4.5	15.1	90	0.0394	0.401	0.0186

*为验证数据。

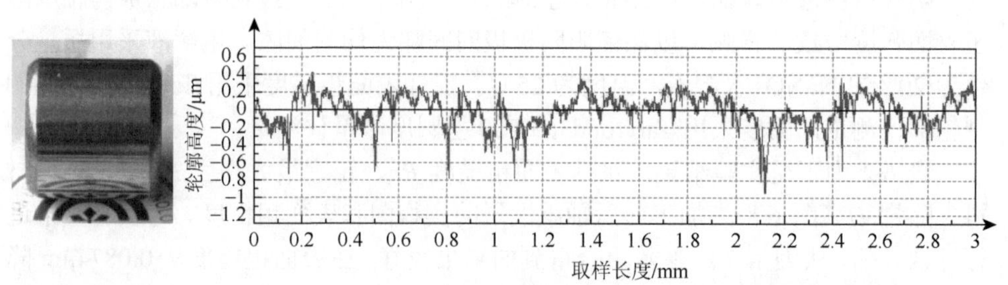

(a) 加工前试件　　(b) 加工前试件表面粗糙度(Ra为0.0874μm，Rz为0.772μm)

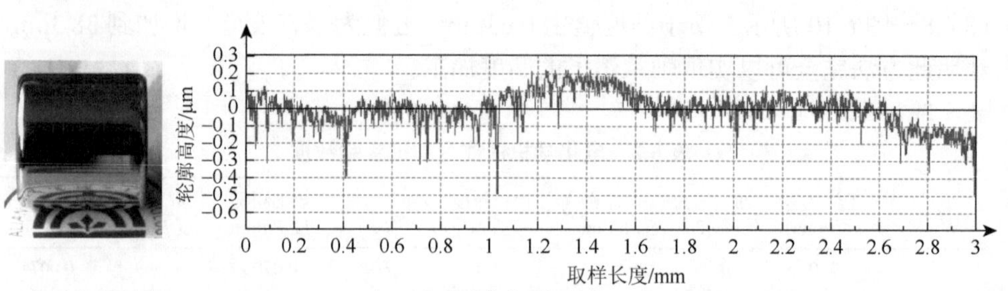

(c) 加工后7号试件　　(d) 加工后7号试件表面粗糙度(Ra为0.0332μm，Rz为0.323μm)

图 6.8　加工前后轴承滚子的实物图和表面粗糙度

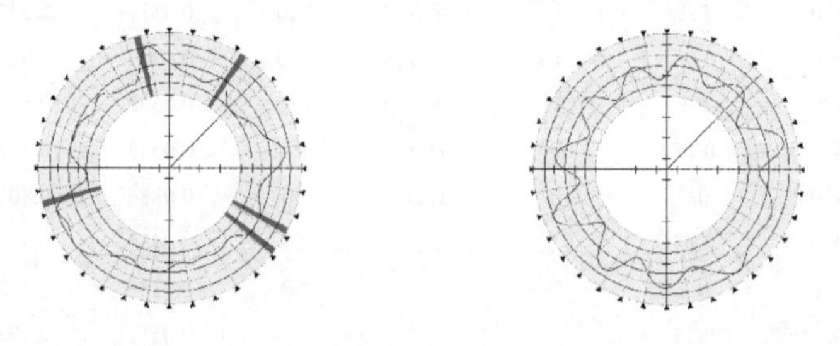

(a) 加工前圆度误差（RoNt = 0.93μm）　(b) 加工后7号试件圆度误差（RoNt = 0.39μm）

图 6.9　加工前后轴承滚子的圆度轮廓

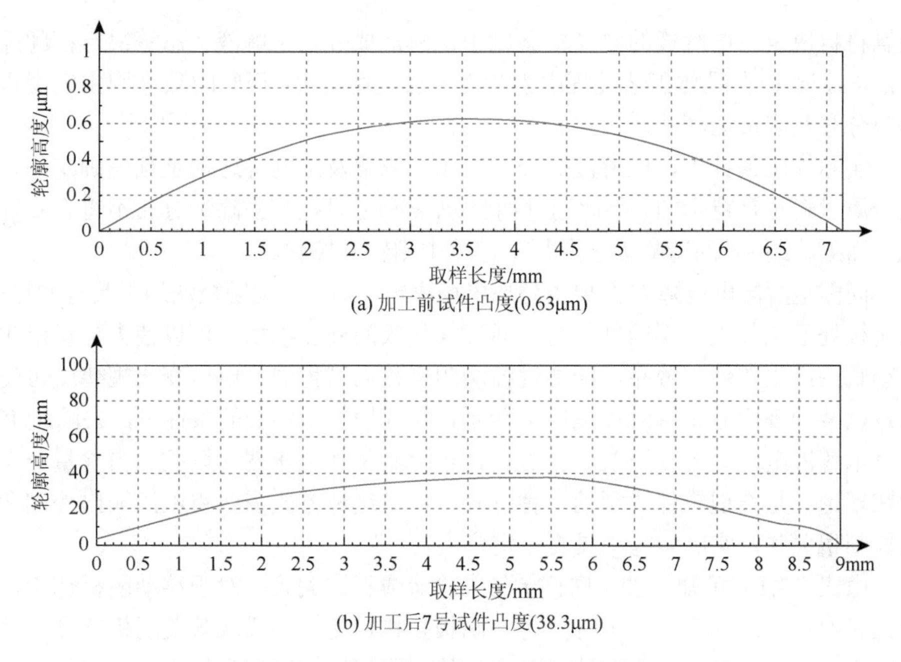

(a) 加工前试件凸度(0.63μm)

(b) 加工后7号试件凸度(38.3μm)

图 6.10　加工前后轴承滚子的凸度轮廓

6.2　调控电场实现光整与成型复合加工

本节围绕在电化学机械复合光整加工过程中使零件形成特定形状的技术目标，研究通过控制电化学作用参量实现非均匀电化学作用调控材料非均匀去除的手段，并介绍该技术思想在轴承滚道凸度加工、齿轮鼓形修形等方面的应用。

6.2.1　电场可控因素分析

电化学加工的材料去除量符合法拉第定律，阳极表面某点处金属去除量可表示为

$$V = \frac{\eta\sigma\kappa U t}{\varDelta}$$

该式即式（3.1），由此可知，电流效率 η、体积电化学当量 σ[mm^3/(A·s)]、电解液的电导率 κ[(Ω·mm)$^{-1}$]、间隙电解液电压降（即极间电压）U(V)及加工时间 t(s)的变化均会影响该点处的去除深度。那么，在加工过程中，以某种规律改变式中的工艺参量就可实现加工零件按一定规律成型。

式（3.1）中，电流效率 η 的主要影响因素有工作电流密度、阳极金属材料、电解液成分，以及电解液浓度、温度等工艺条件；体积电化学当量 σ 主要由阳极

金属材料决定；电解液的电导率 κ 则由电解液成分及电解液状态等决定；间隙电解液电压降 U 在具体工艺过程中主要由外加电场决定；极间间隙 Δ 则由宏观极间间隙分布及阴极运动轨迹决定。

实际加工条件下，电解液成分、配比、浓度及温度等通常是预先确定的，阳极金属材料也是特定的，因此通过调整 η、σ 和 κ 以控制去除量分布不符合实际情况，而 U、t 和 Δ 的影响因素在加工过程中则较易控制。

间隙电解液电压降 U 主要由外加电场决定，结合移动阴极法加工具有的特点，当阴极处于工件表面不同部位时，通过变化极间外加电场，可以使去除量沿阴极移动轨迹产生非均匀分布，即通过控制阴极移动过程中的电压变化规律就可使去除量以某种规律分布。按式（3.1）所示，在其他参量不变的条件下，去除量 V 与间隙电解液电压降 U 成正比。因此，通过控制外加电压变化以控制去除量分布规律在理论上是实现零件成型的一种方式。但是这种方式需要将电源输出控制和运动控制相关联，实际实施中具有一定难度。

由式（3.1）可知，加工时间 t 与去除量成正比关系，对于移动阴极加工，在阴极多次扫描过程中，加工时间 t 与阴极扫描速度、扫描次数及阴极厚度有关，而阴极几何尺寸是在加工前就已确定好的，阴极扫描速度和扫描次数在加工中则相对容易控制，这两者就成为控制去除量分布的关键因素，阳极的最终形状可由阴极扫描速度和扫描次数来决定。因此，通过控制阴极扫描速度和扫描次数以控制加工时间，进而控制去除量分布规律，这在理论上也是实现零件成型的一种可行方式。

极间间隙 Δ 与阴极形状和阴极运动轨迹有关，通过控制阴极形状和阴极运动轨迹均可实现，因此在理论上控制这两者是实现零件修形的一种可行方式。

6.2.2 电场调控的实施方式

图 6.11 是改变阴阳极极间间隙实现电场调控的原理示意图，将阴极与阳极相对部分制作成特定的曲线形状，使得阴阳极极间间隙呈现非均匀分布，在阳极不同部位电场强弱分布不均匀，从而实现与阴极运动方向相垂直方向的不均匀材料去除，达到成型目的。图 6.12 是改变阴极厚度实现电场调控的原理示意图，将阴极厚度制作成特定的曲线形状形成变厚度阴极，在阳极不同部位电场作用时间产生差异，从而实现在阴极运动方向上的不均匀材料去除，达到成型目的。图 6.13 是改变阴极移动速度实现电场调控的原理示意图，阴极在阳极表面移动过程中，在不同部位的运动速度不一样，在阳极不同部位电场作用时间产生差异，从而实现在阴极运动方向上的不均匀材料去除，达到成型目的。对于以上电场调控方式，还可以复合使用实施。图 6.14 是改变阴极移动速度和改变极间间隙调控方式的联

合使用实现电场调控，从而实现在阴极运动方向上和阴极运动垂直方向上的不均匀材料去除，达到复合成型目的。图 6.15 是改变阴极移动速度和改变阴极厚度调控方式的联合使用实现电场调控，从而实现在阴极运动方向上和阴极运动垂直方向上的不均匀材料去除，达到复合成型目的。

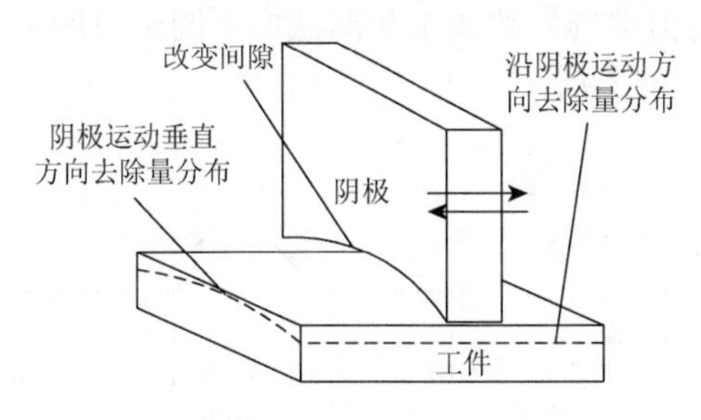

图 6.11　改变极间间隙实现电场调控的原理示意图

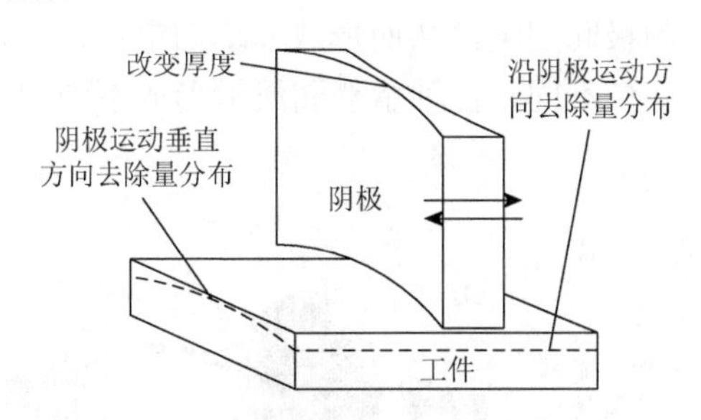

图 6.12　改变阴极厚度实现电场调控的原理示意图

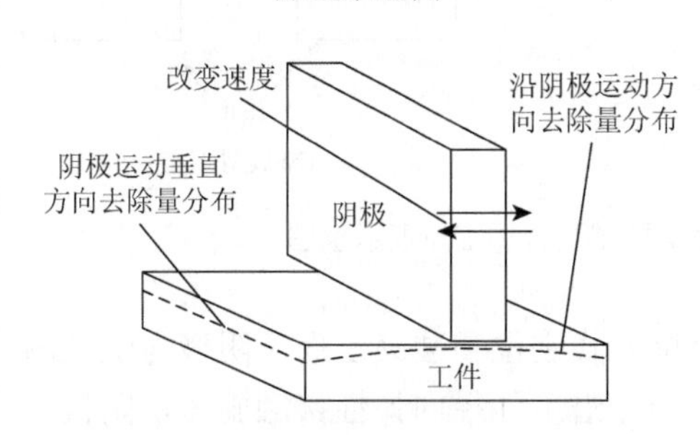

图 6.13　改变阴极移动速度实现电场调控的原理示意图

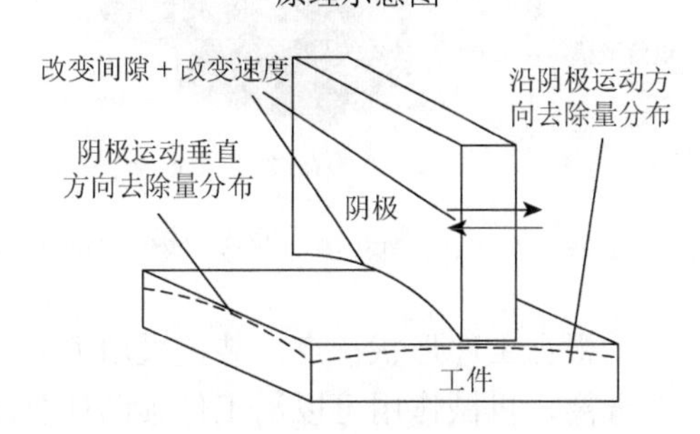

图 6.14　改变阴极移动速度 + 改变极间间隙实现电场调控的原理示意图

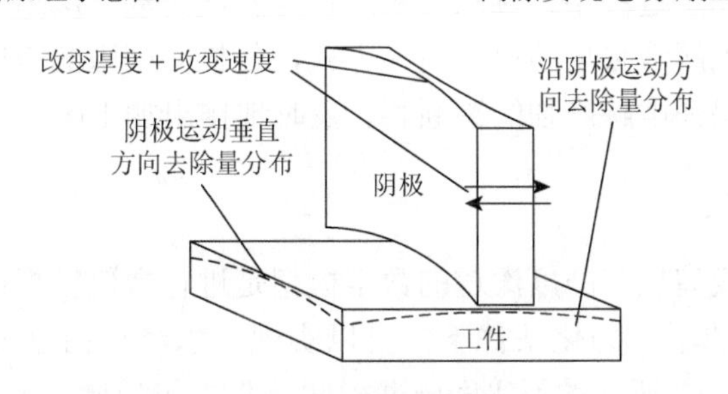

图 6.15　改变阴极移动速度 + 改变阴极厚度实现电场调控的原理示意图

6.2.3　非均匀极间间隙实现轴承滚道修形

调控电场实现轴承滚道凸度修形是电场调控电化学机械复合加工的应用之一，可以通过调控极间间隙实现电场非均匀分布而实现去除量非均匀分布。陶彬[7]对非均匀极间间隙实现轴承滚道修形进行了比较系统的研究。

1. 加工原理

图 6.16 为非均匀极间间隙电化学机械复合加工原理示意图，机械作用采用砂带受压于工件表面，通过将阴极上与零件相对应部分加工成不同形状，形成非均匀极间间隙，从而形成非均匀电场，非均匀电场导致轴承套圈截面不同部位的去除量不同，使轴承套圈滚道形成不同的截面形状。

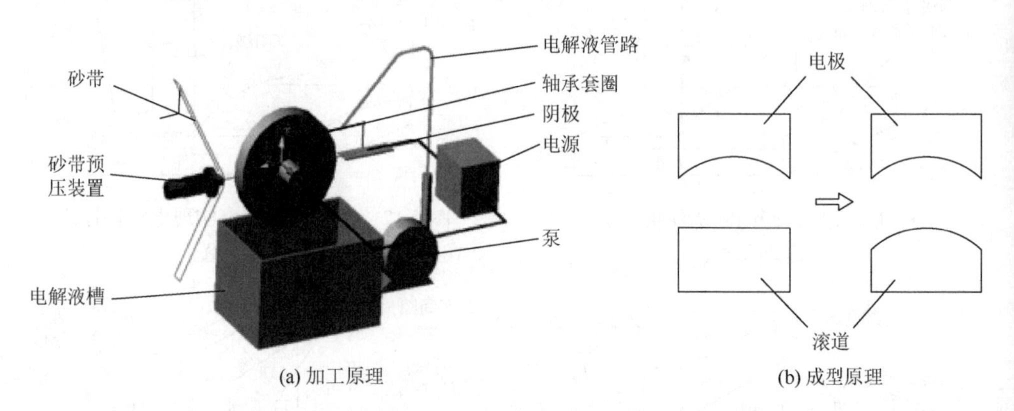

(a) 加工原理　(b) 成型原理

图 6.16　非均匀极间间隙电化学机械复合加工原理示意图

根据工件形状特点，装置采用无心定位方式定位和装夹工件。阴极与机械磨头分离，机械作用可以沿工件轴向往复运动，沿工件径向弹性接触施压，阴极与轴承套圈中心相对，间隙可调。加工不同规格的轴承套圈时，仅需调整阴极和机械工具的位置。加工过程中，轴承套圈绕自身轴线转动，滚道表面接受的电化学作用时间相同。电解液采用喷射式注入方式，使极间间隙的电解液不但具有一定的速度，而且可保证电解产物能够顺利、及时地排出加工区。

2. 凸度的控制

建立电化学成型加工凸度滚道的数学模型是进行数值模拟研究的前提条件。在满足极间电场的不均匀化条件下，可以实现轴承滚道由直母线到凸度母线的加工。采用如图 6.17 所示的不等间隙薄板凹端阴极作为加工工具。由于两极之间的不等间隙，在相同加工时间内，沿工件母线长度方向上可获取不均匀的去除量，实现要求的凸度值；而工件的凸度曲线曲率与阴极凹端的曲线形状相关。

在电化学加工过程中，当系统处于平衡状态后，两极之间的距离达到平衡间隙就不再变化，此时极间间隙与时间无关。而当整个系统处于非平衡状态时，两极的间隙变化与时间有关。

图 6.18 为不等间隙阴极实现滚道凸度的电化学加工模型。

图 6.17　不等间隙薄板凹端阴极

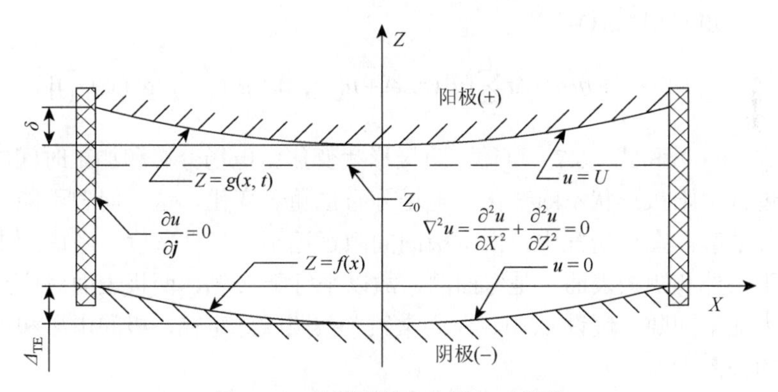

图 6.18　凸度滚道电化学加工模型

δ-阳极滚道凸度值；Δ_{TE}-阴极的凹度值

对于平衡状态下极间区域的电压分布可近似用拉普拉斯方程来描述：

$$\nabla^2 U = \frac{\partial^2 u}{\partial x^2} + \frac{\partial^2 u}{\partial y^2} = 0 \tag{6.4}$$

边界条件为

$$\begin{cases} u = 0, & \text{在阴极表面上} \\ u = U, & \text{在阳极表面上} \\ \partial u / \partial \boldsymbol{j} = 0, & \text{在绝缘边界上} \end{cases}$$

式中，u 为电场电压；$\boldsymbol{j}$ 为垂直于阳极表面的法向单位矢量。

在图 6.18 中，阴极形状在加工过程中不变，用 $Z = f(x)$表示。$Z = Z_0$ 为阳极原始形状，表示平直滚道。阳极形状在加工过程中，随时间变化，用 $Z = g(x, t)$表示。t_0 表示加工初始时刻，t_i 表示加工某一时刻，t_j 表示加工终了时刻。$g(x, t_0)$，…，$g(x, t_i)$和 $g(x, t_j)$所指示曲线分别代表对应时刻的阳极形状。

某一时刻阳极曲线方程为 $Z=g(x, t_i)$，即任意时刻的阳极形状可表示为

$$Z|_{t=t_i}=Z|_{t=t_{i-1}}+\Delta Z=Z|_{t=t_{i-1}}+\eta\sigma\kappa\Delta t\cdot\frac{\partial u}{\partial \boldsymbol{j}} \tag{6.5}$$

式中，κ 为电解液的电导率；σ 为阳极金属的体积电化学当量；u 为极间电压；η 为电流效率；ΔZ 为阳极的形状变化量；$\frac{\partial u}{\partial \boldsymbol{j}}$ 为电场梯度，且 $u=u(z,x)$，那么有

$$\begin{aligned}g(x,t_i)&=g(x,t_{i-1})\\&\quad+\eta\sigma\kappa\cdot\Delta t[u_z'(z,x)+u_x'(z,x)+u_z'(z,x)\cdot g_x'(x,t_{i-1})]\end{aligned} \tag{6.6}$$

加工终了时刻 t_j 的阳极形状可表示为

$$\begin{aligned}g(x,t_j)&=g(x,t_0)\\&\quad+\eta\sigma\kappa\cdot\Delta t\sum_{i=1}^{j}[u_z'(z,x)+u_x'(z,x)+u_z'(z,x)\cdot g_x'(x,t_{i-1})]\end{aligned} \tag{6.7}$$

由式（6.6）和式（6.7）可得，阳极形状变化由电场分布和加工时间决定。由于加工过程中阳极形状不断变化，电场分布也随着变化，这一问题不能应用拉普拉斯方程求解。在该研究中，由于极间间隙远远小于工件宽度，考虑到电力线分别垂直于工件和阴极表面，是弯曲的，故以平行于 Z 轴，两极表面对应点纵向距离差作为加工间隙。假设 κ、η、σ 为常数，按照欧姆定律，极间电压和近似电流线之间的关系为

$$\delta_t=g(x,t)-f(x) \tag{6.8}$$

$$i=\kappa\frac{u}{\delta_t} \tag{6.9}$$

在凸度成型加工过程中，采用阴极固定而工件匀速回转。根据法拉第定律，在 t_i 时刻转动一圈后，工件表面的曲线方程表示为

$$\begin{aligned}g(x,t_i)&=g(x,t_{i-1})+\frac{u\eta\sigma\kappa\Delta t}{g(x,t_{i-1})-h(x)}\\&=g(x,t_{i-1})+\frac{u\eta\sigma\kappa\Delta t}{\delta_{t_{i-1}}}\end{aligned} \tag{6.10}$$

式中，Δt 为每一圈中阳极某点扫过阴极加工面的时间；$\delta_{t_{i-1}}$ 为 t_{i-1} 时刻的极间间隙；在加工终了时刻 t_j，工件表面的曲线方程表示为

$$g(x,t_j)=g(x,t_{j-1})+\frac{u\eta\sigma\kappa\Delta t}{\delta_{t_{i-1}}}=g(x,t_0)+\sum_{i=0}^{j-1}\frac{u\eta\sigma\kappa\Delta t}{\delta_{t_{i-1}}} \tag{6.11}$$

根据式(6.11)，最终的阳极工件形状 $g(x, t)$与阴极形状 $f(x)$和加工时间 t 有关。

阴极设计主要有两种方法：一种是对极间电流线几何近似处理的几何设计方法，如 $\cos\theta$ 法、相对位移法、斜阴极法等；另一种是根据极间电势分布满足拉普拉斯方程的数值求解法，如解析计算法、导电纸模拟法、有限差分法和有限元法等。其中，有限元法可以对电场强度分布进行较精确的分析，为电极设计和电参数配置提供指导。图 6.19 是作者课题研究组采用 ANSYS 分析设计的工具阴极形状，图 6.20 为极间间隙电场分布图。因此，从理论上讲，实现阳极形状的控制，可以先通过有限元分析确定阴极形状后，再通过控制加工时间来实现。

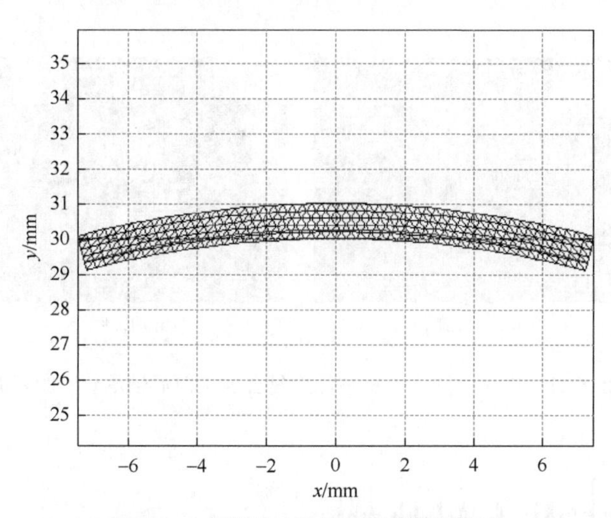

图 6.19　有限元法设计的工具阴极形状

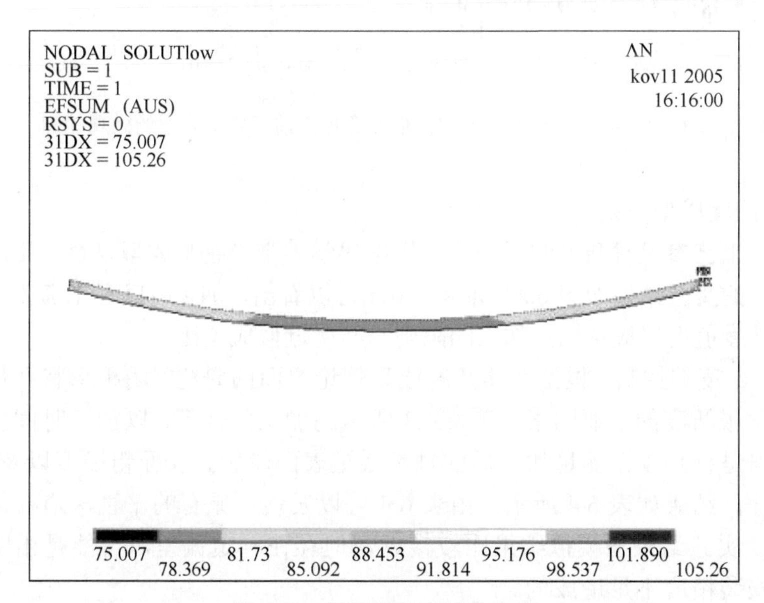

图 6.20　极间间隙电场分布图

3. 加工效果

1）表面加工效果

电化学砂带光整与修形复合加工前后轴承套圈的表面如图 6.21 所示，表面光泽性能显著提高；图 6.22 为电化学砂带光整与修形复合加工前后的轴承套圈微观轮廓，对比可知，电化学机械复合加工后表面粗糙度大幅减小，由 *Ra* 为 0.588μm 降至 *Ra* 为 0.034μm。

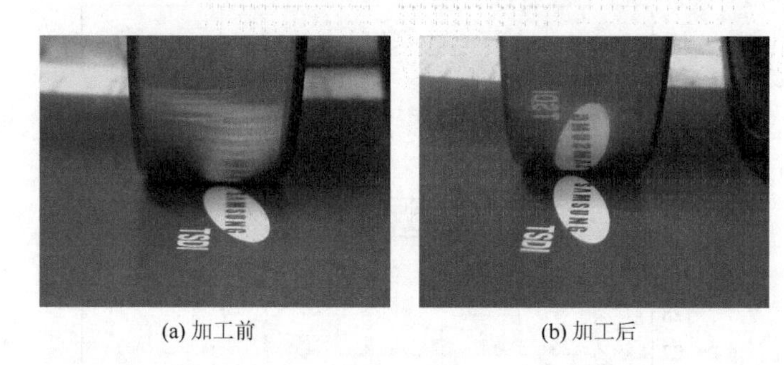

(a) 加工前　　(b) 加工后

图 6.21　电化学砂带光整与修形复合加工前后轴承套圈的表面

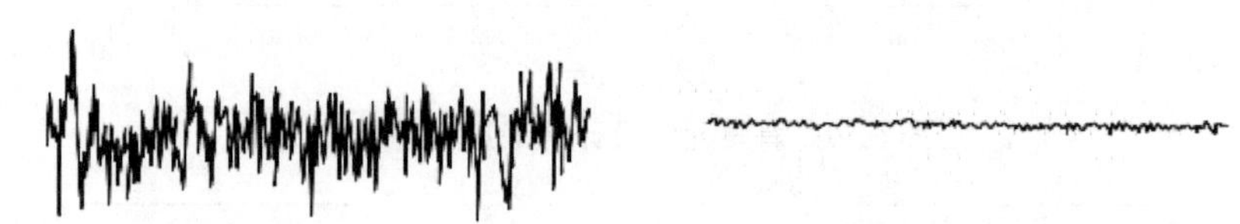

(a) 加工前（*Ra*为0.588μm，*Rz*为4.80μm）　　(b) 加工后（*Ra*为0.034μm，*Rz*为0.275μm）

图 6.22　电化学砂带光整与修形复合加工前后轴承套圈的微观轮廓

2）凸度成型效果

（1）工艺参量对凸度的影响。采用电化学砂带光整与成型复合加工轴承套圈获得凸度的实验结果如图 6.23 所示。由图可以看出，加工时间和电流密度与轴承滚道的凸度值近似成正比，加工间隙则与凸度近似成反比。

（2）凸度的控制。根据前述凸度成型理论方面的研究，阴极形状和加工时间是决定阳极凸度的主要因素。在表 6.3 所示的加工条件下，以加工时间和阴极形状为变量进行加工。测量加工后的轴承滚道表面轮廓、表面粗糙度以及（最大）径向尺寸，结果如表 6.4 所示。由表 6.4 可以发现，原有的平直滚道在加工后出现凸度，实验结果与模拟结果比较接近，但存在一定偏差，可能是由阴极加工精度及安装精度不足造成的。

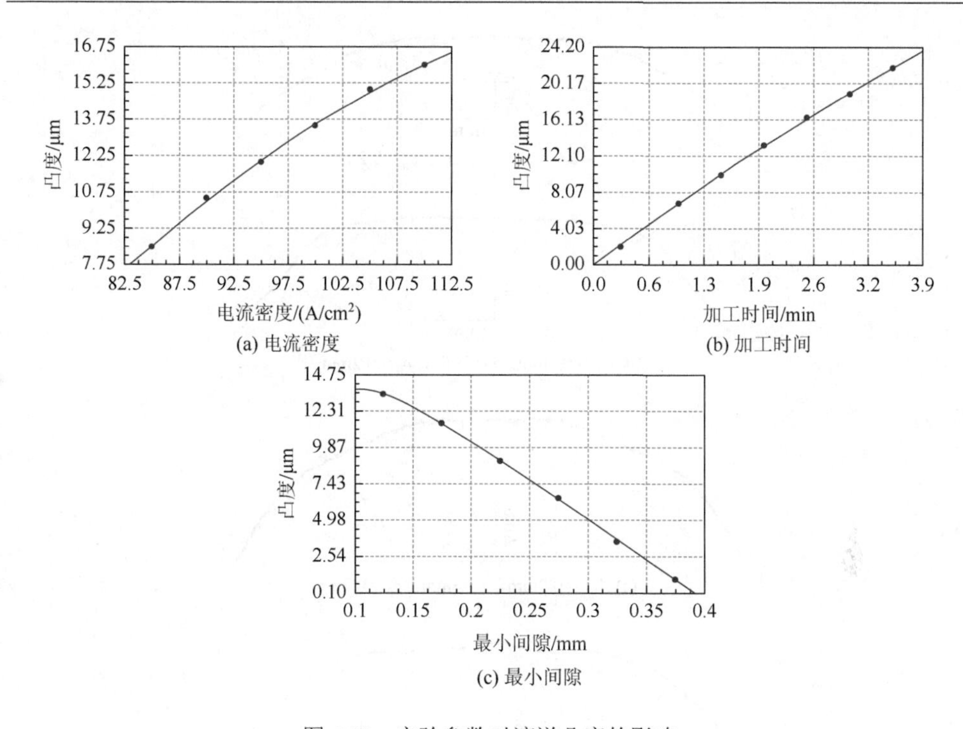

图 6.23　实验参数对滚道凸度的影响

表 6.3　电化学机械复合加工参数

极间电压 U/V	极间间隙 Δ/mm	加工时间 t/min	阴极		工件转速 ω/(r/min)
			表面轮廓	凹度 Δ_{TE}/mm	
25	0.2	1，2，3，4	圆弧凹端	0.8，0.6，0.2	150

表 6.4　滚道凸度成型加工实验结果与模拟结果的对比

加工时间 t/min	阴极凹度 /mm	凸度			径向尺寸			表面粗糙度 Ra/μm
		模拟结果 /μm	实验结果 /μm	相对误差 /%	模拟结果 /mm	实验结果 /mm	绝对误差 /mm	
1	0.6	3.6	4.2	16.7	71.9988	71.991	0.0078	0.030
2	0.6	7.1	8.3	16.9	71.9976	71.988	0.0096	0.029
3	0.2	6.9	8.1	17.4	71.9928	71.983	0.0098	0.031
4	0.8	14.63	17.4	18.9	71.9961	71.987	0.0091	0.033

实验后的电化学机械复合加工滚道的表面轮廓如图 6.24 所示。

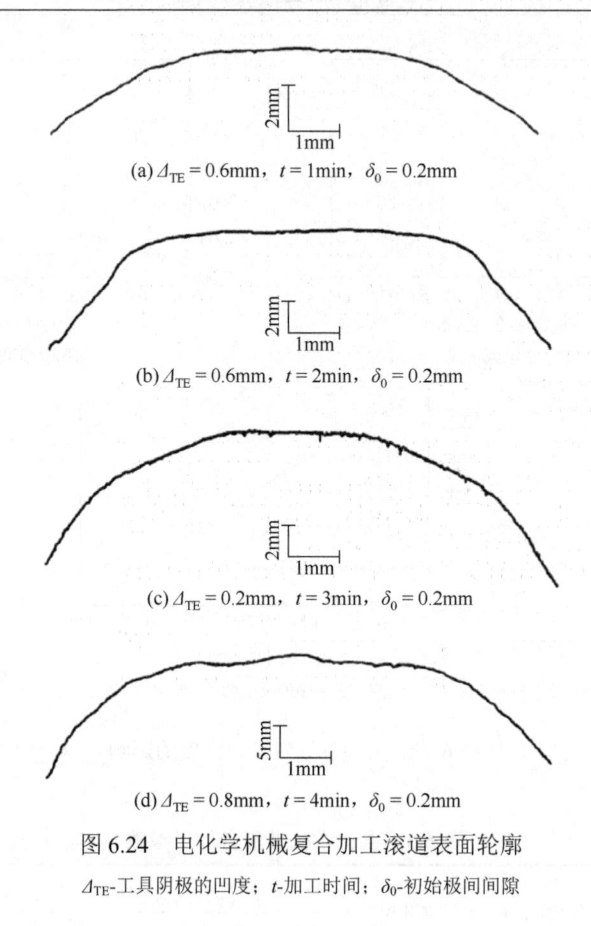

(a) $\varDelta_{TE} = 0.6mm$，$t = 1min$，$\delta_0 = 0.2mm$

(b) $\varDelta_{TE} = 0.6mm$，$t = 2min$，$\delta_0 = 0.2mm$

(c) $\varDelta_{TE} = 0.2mm$，$t = 3min$，$\delta_0 = 0.2mm$

(d) $\varDelta_{TE} = 0.8mm$，$t = 4min$，$\delta_0 = 0.2mm$

图 6.24　电化学机械复合加工滚道表面轮廓

$\varDelta_{TE}$-工具阴极的凹度；t-加工时间；δ_0-初始极间间隙

根据以上介绍，影响凸度成型的关键可控因素是加工时间和阴极形状，实际加工时可以通过模型和模拟，确定合理的阴极形状，控制加工时间可以得到预期的滚道凸度。

6.2.4　多电场因素调控实现齿轮齿形和齿向修形

对多电场因素进行调控实现齿轮齿形和齿向修形是电场调控电化学机械复合加工的另一个应用，可以通过同时调控极间间隙和电化学作用时间，使得电场非均匀分布，进而实现去除量的非均匀分布。

在实际生产中，有些零件需要获得特殊的形状，这要求去除量按特定的规律分布。例如，有些齿轮既要求齿向方向形成鼓形齿，又要在齿形方向进行齿顶修缘，调控单一因素难以满足这种要求。因此，在同一加工过程中，可采取多因素电场调控方式满足多个要求，如采用非均匀极间间隙和变电化学作用时间相结合的加工方式。

1. 加工原理

移动阴极脉冲电化学光整加工[31]实现齿轮修形可以控制的工艺因素有极间外加电压、阴极移动速度、阴极扫描次数、阴极形状和阴极运动轨迹等。但是，将这几项因素与阴极移动方向联系起来考虑可以发现，它们对去除量分布规律的影响均有差别。如图 6.25 所示，在与阴极运动相垂直的方向上，只有控制阴极形状才能使去除量产生不均匀分布，而其他各项因素的控制都是使去除量在阴极运动相一致的方向上形成非均匀分布。

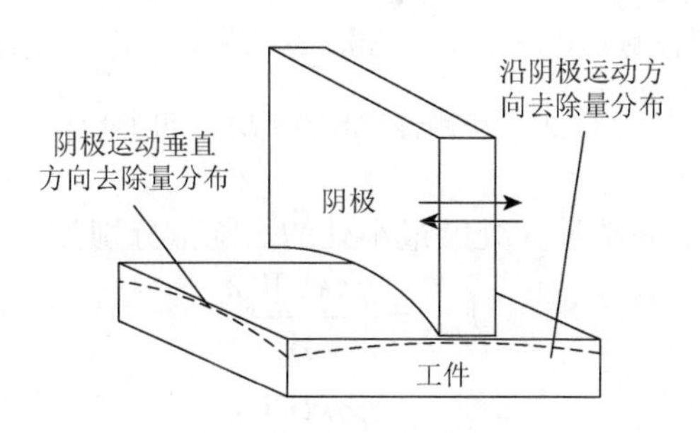

图 6.25　去除量分布的特点

图 6.26 为调控电化学作用参量实现齿形和齿向成形的方法。

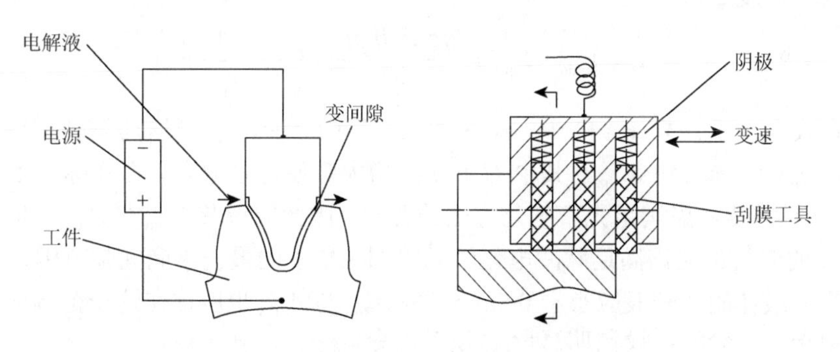

图 6.26　齿轮成形法电化学机械复合加工

2. 工艺参量的确定

1）不均匀间隙的确定

间隙不均匀分布可以实现去除量的不均匀分布，但在实际中，往往齿轮修形量分布是已知的。因此，要解决的问题就是在已知齿廓修形量分布的情况下，如何根据修形量分布确定极间间隙分布。

如图 6.27 所示，欲获得预期的阳极形状，首先考虑极间间隙最大处和最小处的去除量差，该值可反映齿廓的最大修形量，设最大间隙和最小间隙分别用 $\Delta_{\max}$ 和 $\Delta_{\min}$ 表示。

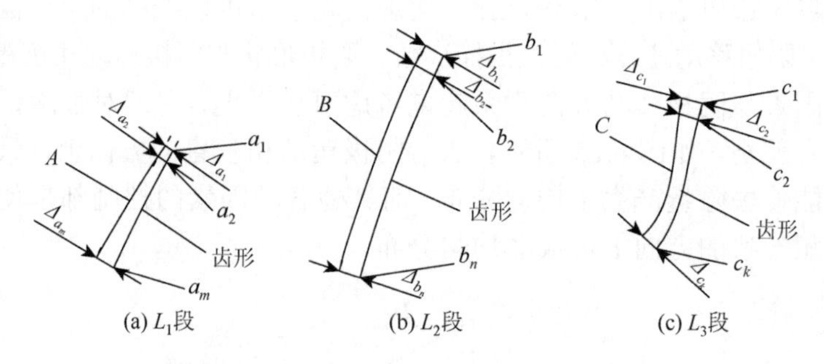

图 6.27　齿廓修形时的不均匀间隙分布

经过 n_s 次扫描，间隙最大处及最小处的去除量分别为

$$V_{\max}=\frac{\eta\sigma\kappa UW_g n_s}{v_f\Delta_{\max}} \tag{6.12}$$

$$V_{\min}=\frac{\eta\sigma\kappa UW_g n_s}{v_f\Delta_{\min}} \tag{6.13}$$

式中，W_g 为阴极厚度，mm；v_f 为扫描速度，mm/s。n_s 次扫描后，两部位去除量的不均匀程度 ζ 为

$$\zeta=V_{\min}-V_{\max}=\frac{\eta\sigma\kappa UW_g n_s}{v_f}\left(\frac{1}{\Delta_{\min}}-\frac{1}{\Delta_{\max}}\right) \tag{6.14}$$

假设条件下，式（6.14）中 $\eta\sigma\kappa$ 在加工过程中不变，对 ζ 具有影响的因素为 U、$t(t=W_g n_s/v_f)$、$\Delta_{\min}$ 和 $\Delta_{\max}$，其中 U 和 t 的增大都使得 ζ 增大。在实际加工中，确定 U、t 时需要考虑满足光整工艺方面的要求，因此需调节 $\Delta_{\min}$ 与 $\Delta_{\max}$。但是 $\Delta_{\min}$ 与 $\Delta_{\max}$ 的取值都应该满足脉冲电化学光整加工要求的最佳极间间隙范围，根据基础研究，最佳间隙一般应小于 0.5mm，故 $\Delta_{\min}$ 与 $\Delta_{\max}$ 也应该在这一范围内取值。

根据上述分析，设预期修形量为 ζ'，令

$$\zeta'=\frac{\eta\sigma\kappa UW_g n_s}{v_f}\left(\frac{1}{\Delta_{\min}}-\frac{1}{\Delta_{\max}}\right) \tag{6.15}$$

由前述分析可知，脉冲电化学加工的极间间隙在特定工艺条件下应尽可能取小值。因此，首先确定修形量最大处的极间间隙，即最小极间间隙，在此处假定极间间隙最小值为 $\Delta'_{\min}$，可得

$$\zeta'=\frac{\eta\sigma\kappa UW_g n_s}{v_f}\left(\frac{1}{\Delta'_{\min}}-\frac{1}{\Delta_{\max}}\right) \tag{6.16}$$

则修形量最大处的极间间隙为

$$\Delta_{\max}=\frac{1}{\dfrac{1}{\Delta'_{\min}}-\dfrac{v_{\mathrm{f}}\zeta'}{\eta\sigma\kappa U W_{\mathrm{g}} n_{\mathrm{s}}}} \tag{6.17}$$

以上讨论了最小间隙值、最大间隙值的确定方法。其他各处间隙值只需将式（6.17）中最大修形量 ζ' 换作该处要求的修形量即可确定。

另外，按式（6.13）计算去除量时并未考虑极间间隙变化对加工的影响，但在去除量相对于极间间隙比较小的情况下，以初始间隙代替加工过程中的间隙所带来的误差是比较小的；以式（6.12）为基础计算整个不均匀间隙范围内的去除量分布，是用阳极表面某点间隙长度近似该点电流线长度，也会带来误差，在阴阳极极间间隙比较小且阴阳极曲率差也比较小时，近似误差是比较小的。

2）阴极移动速度的确定

齿轮的齿向修形可分为对称修形和不对称修形，但不管哪一种修形，问题的实质都是去除量在齿向的不均匀分布。因此，考虑到问题的一般性，以齿轮某一端为例，研究阴极沿齿向移动时，使去除量产生不均匀分布的速度控制规律。

实际生产中，工程图纸上鼓形量尽管标注方法不一，但都可以将鼓形曲线离散化用坐标值来表示。如图 6.28 所示，工件预期鼓形形状可表示为一系列点（$a_1, a_2, \cdots, a_i, \cdots, a_n$），其中 a_1 点是鼓形曲线最高点，a_n 点是鼓形曲线最低点即齿端部。阴影部分为待加工部位，鼓形最高处与工件原始表面的距离为 h_1，该值由光整加工需要的去除量决定。

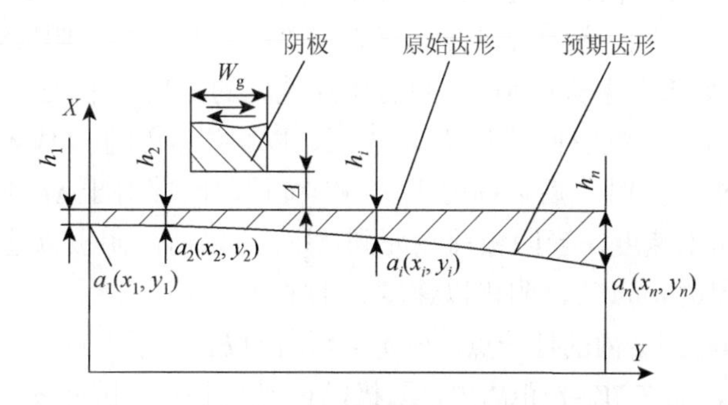

图 6.28　齿向修形示意图

工件表面某点处的加工时间由阴极移动速度和阴极厚度来决定：

$$t=\frac{W_{\mathrm{g}}}{v} \tag{6.18}$$

设 t_i 为阴极扫过 a_i 点所用的时间，v_{a_i} 为阴极扫过 a_i 点的速度，则在 a_i 点处有

$$t_i = \frac{W_g}{v_{a_i}} \tag{6.19}$$

根据法拉第定律，工件表面某点 a_i 处的去除量 V_{a_i} 与时间成正比：

$$V_{a_i} = \frac{\eta\sigma\kappa U t_i}{\Delta} \tag{6.20}$$

如果不考虑间隙在加工过程中变化的影响，$\eta\sigma\kappa U/\Delta$ 可作为一常数 C，则工件表面 a_i 点处的去除量为

$$V_{a_i} = C t_i \tag{6.21}$$

由式（6.19）和式（6.21）可得，a_i 点处的阴极移动速度为

$$v_{a_i} = C\frac{W_g}{V_{a_i}} \tag{6.22}$$

式（6.22）表明，a_i 点处的阴极移动速度可由 a_i 点处的去除量求得。如果以 a_i 点处的去除量来近似从 a_i 到 a_{i+1} 区间内的去除量，则可知 a_i 到 a_{i+1} 区间内的阴极移动速度。

值得注意的是，由于阴极具有一定厚度，在阴极扫过离散点过程中，离散点附近阴极厚度区域内受两种不同速度加工。因此，在 a_i 点附近，齿形加工后的局部形状与阴极厚度有关。所以，考虑三种情况，分别为阴极厚度小于离散点间距、阴极厚度等于离散点间距和阴极厚度大于离散点间距。

（1）阴极厚度小于离散点间距。如图 6.29 所示，考虑 a_{i-1} 点到 a_i 点和 a_i 点到 a_{i+1} 点两段内的情况。根据上述推理，如果不考虑阴极厚度，在 a_{i-1} 点到 a_i 点区间内，阴极以速度 $v_{a_{i-1}}$ 扫过被加工表面，而在 a_i 到 a_{i+1} 区间内，阴极以速度 v_{a_i} 扫过被加工表面（在此处未考虑从 v_{a_i} 到 $v_{a_{i-1}}$ 过程中加速度的影响）。但是，由于阴极具有一定厚度，在 a_i 点附近受两种不同速度的加工，以阴极前端速度代表阴极移动速度，当阴极前端扫过 a_i 点时，后端尚处于 $x_i - W_g$ 位置，因此对于 $x_i - W_g$ 与 x_i 之间的表面，存在两种加工速度，当阴极前端面到达 a_i 点以前，阴极以速度 $v_{a_{i-1}}$ 扫过，而当阴极前端面到达 a_i 点后，阴极以速度 v_{a_i} 扫过。

设 b 为 $x_i - W_g$ 到 x_i 内的任一点，与 a_i 点距离为 L，对于 b 点，在 L 距离内，阴极以 $v_{a_{i-1}}$ 速度扫过，而在 $W_g - L$ 距离内，阴极以 v_{a_i} 速度扫过，因此 b 点处的去除量为

$$V_b = C\left(\frac{L}{v_{a_{i-1}}} + \frac{W_g - L}{v_{a_i}}\right) \tag{6.23}$$

在 a_i 点处，$L = 0$，根据式（6.23）可得

$$V_b = C\frac{W_g}{v_{a_i}} \tag{6.24}$$

在 a_i 点以左 x_i-W_g 处，$L=W_g$，则

$$V_b = C\frac{W_g}{v_{a_{i-1}}} \tag{6.25}$$

根据式（6.23），在 x_i-W_g 到 x_i 距离内，去除量 V 呈线性增加，去除量分布如图 6.29 所示。

（2）阴极厚度等于离散点间距。根据式（6.23），当阴极厚度等于 a_i 到 a_{i+1} 间的距离时，过渡线段形状如图 6.30 所示。此时的误差值是由在离散点之间以直线段代替曲线产生的误差，误差值的大小与鼓形量和离散点间距有关。在实际中，齿轮鼓形量相对于齿轮宽度而言很小，因而鼓形曲率半径比较大，在一定宽度范围内，齿向鼓形变化量很小，即由直线段代替曲线段带来的误差是比较小的。

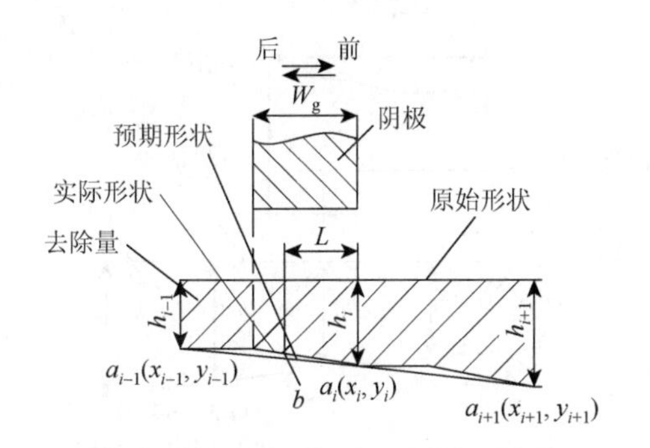

图 6.29 阴极厚度小于离散点间距

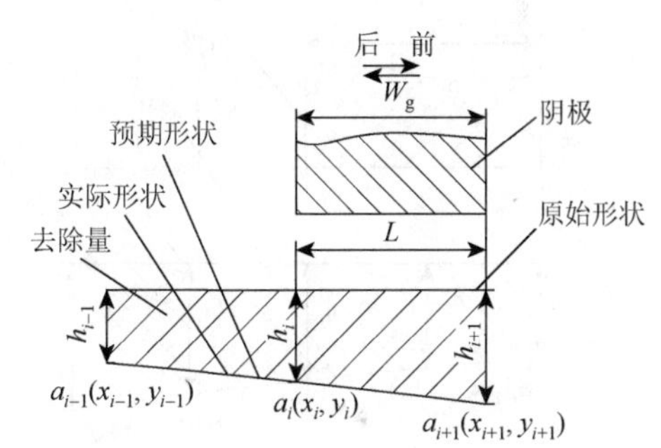

图 6.30 阴极厚度等于离散点间距

由上述分析可知，阴极厚度等于离散点间距时得到的修形曲线形状比阴极厚度小于离散点间距时好；离散点间距越小，误差越小。

（3）阴极厚度大于离散点间距。在实际中，离散点间距可以很小，但是阴极厚度受到刚度的限制并且为提高生产率不能过小，就需要考虑当阴极厚度大于离散点间距时的情况。此时离散点可以很近，所以只考虑离散点处的去除量，以阴极厚度等于离散点间距 2 倍时的情况进行讨论。

考察任意一点 a_i 处的去除量，以阴极前端速度代表阴极移动速度，如图 6.31（a）所示。当阴极前端到达 a_i 点后，a_i 点开始加工，阴极前段处于 a_i 点到 a_{i+1} 点之间时，a_i 点处以速度 v_{a_i} 加工，当阴极前段处于 a_{i+1} 到 a_{i+2} 之间时，a_i 点处以速度 $v_{a_{i-1}}$ 加工。因此，根据式（6.23），该处去除量为

$$V_{a_i} = C\left(\frac{W_g}{2v_{a_i}} + \frac{W_g}{2v_{a_{i+1}}}\right) = \frac{CW_g}{2}\left(\frac{1}{v_{a_i}} + \frac{1}{v_{a_{i+1}}}\right) \tag{6.26}$$

式（6.26）表明，a_i 处的实际去除量与预期去除量之间具有误差，该值是由 a_i 和 a_{i+1} 处理论去除量的平均值近似 a_i 处去除量时带来的近似误差。不难理解，近似误差与以阴极哪一点处速度代表阴极移动速度有关，如图 6.31（b）所示，当以距阴极前端 $W_g/4$ 处速度代表阴极移动速度时，a_i 处去除量为

$$V_{a_i}=C\left(\frac{W_g}{4v_{a_{i-1}}}+\frac{W_g}{2v_{a_i}}+\frac{W_g}{4v_{a_{i+1}}}\right)=\frac{CW_g}{2}\left(\frac{1}{2v_{a_{i-1}}}+\frac{1}{v_{a_i}}+\frac{1}{2v_{a_{i+1}}}\right) \tag{6.27}$$

式（6.27）表明，此时 a_i 处的实际去除量与预期去除量之间具有的误差为：以 a_{i-1} 与 a_{i+1} 处理论去除量的平均值再与 a_i 处理论去除量平均，来近似 a_i 处去除量时的近似误差。比较式（6.26）与式（6.27）可知，近似误差的大小与具体的修形形状有关。用同样的方法，可以分析阴极厚度内包含更多离散点时的情况。

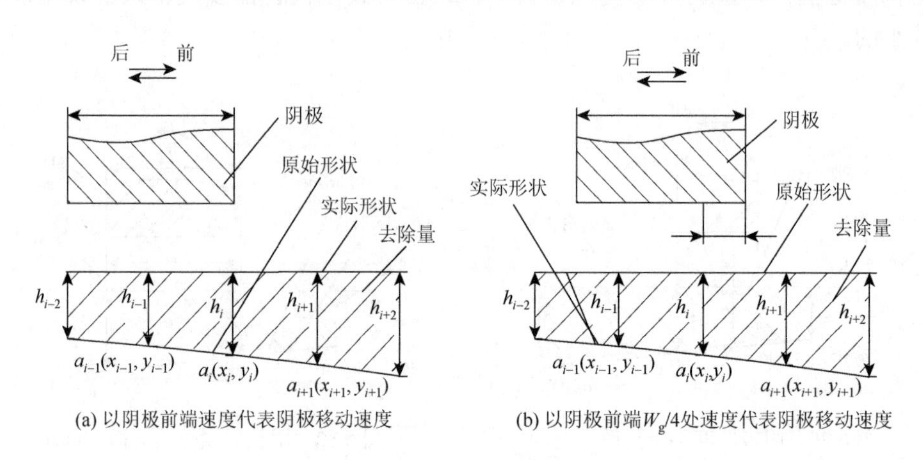

(a) 以阴极前端速度代表阴极移动速度　(b) 以阴极前端 $W_g/4$ 处速度代表阴极移动速度

图 6.31　阴极厚度大于离散点间距

分析上述三种情况，当工艺条件允许时，取较小的阴极厚度值并使离散点间距等于阴极厚度，能使实际齿形与预期齿形较好吻合；而在更多情况下，当离散点间距小于阴极厚度时，通过合理选取阴极上代表其运动速度的位置，也能使实际齿形与预期齿形较好吻合。

以上讨论的是阴极一次扫描实现加工的情况，实际加工中，通常需要多次扫描实现加工。多次扫描与一次扫描实现修形的原理是一致的，区别在于多次扫描时，每次扫描过程中某点的扫描速度应由该点的去除量与扫描次数的比值来确定。产生的误差是每次扫描产生误差的积累。

以上分析中未考虑加速度的影响，更深入的研究则需考虑此问题，但这要结合驱动电机具体的加速度特性来分析。

3）加工效果

在不同的间隙条件下，本书作者进行了不均匀间隙对齿廓修形的影响实验研

究。其中，最小间隙$\Delta_{\min}$与最大间隙$\Delta_{\max}$对修形量ζ的影响需从两方面考虑：一是当最小（或最大）间隙确定时，间隙不均匀性对修形量的影响；二是当间隙不均匀性确定时，最小（或最大）间隙对修形量的影响。

表6.5和表6.6给出了部分实验结果。由表6.5可知，在最小间隙一定的条件下，间隙不均匀性的增大会使去除量不均匀性增大；由表6.6可知，在间隙不均匀性一定的条件下，最小间隙的减小会使去除量不均匀性增大，与理论分析的结果一致。综合上述结果可知，通过控制$\Delta_{\min}$与$\Delta_{\max}$的取值以控制去除量分布的不均匀性实现齿廓修形完全可行。在间隙不均匀性取0.2mm、最小间隙取0.1mm的条件下，在3s左右的时间内，即可使去除量分布不均匀性超过40μm，依据目前齿轮齿廓修形一般采用的修形量，采用不均匀间隙方法可以满足齿廓修形量的要求。

表6.5　最小间隙一定条件下间隙不均匀性对修形量的影响

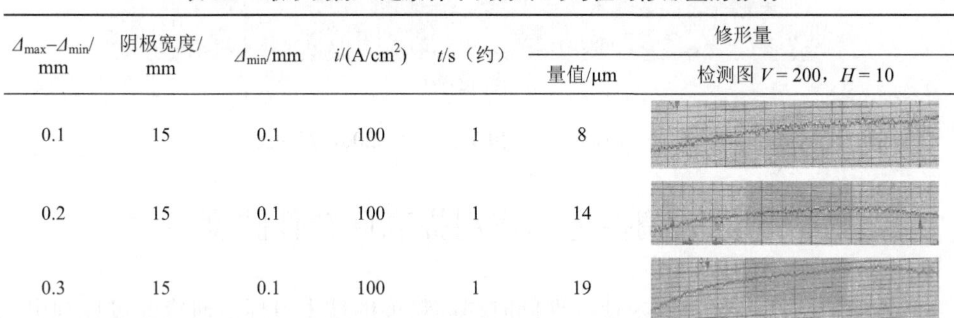

$\Delta_{\max}-\Delta_{\min}$/mm	阴极宽度/mm	$\Delta_{\min}$/mm	i/(A/cm^2)	t/s（约）	修形量	
					量值/μm	检测图 $V=200$，$H=10$
0.1	15	0.1	100	1	8	
0.2	15	0.1	100	1	14	
0.3	15	0.1	100	1	19	

注：①检测图倾斜是测量时工件倾斜导致的，计算量值时以两端连线中点到测量曲线中点距离记；②实验中只控制了极间间隙不均匀量，而未严格控制间隙不均匀分布形状。

表6.6　间隙不均匀性一定条件下最小间隙对修形量的影响

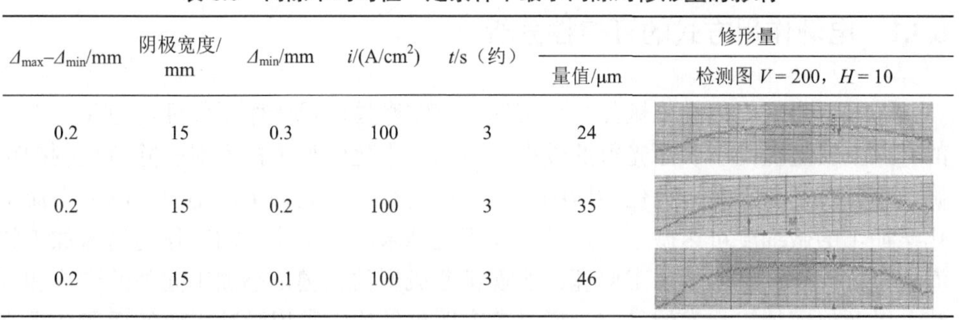

$\Delta_{\max}-\Delta_{\min}$/mm	阴极宽度/mm	$\Delta_{\min}$/mm	i/(A/cm^2)	t/s（约）	修形量	
					量值/μm	检测图 $V=200$，$H=10$
0.2	15	0.3	100	3	24	
0.2	15	0.2	100	3	35	
0.2	15	0.1	100	3	46	

在平面上进行齿端修缘和齿向全修形模拟实验，齿端修缘时阴极只在齿端部位变速度，而在中间部位恒速度，齿向全修形时阴极在齿向全长范围内变速度。图6.32为齿向修形模拟实验结果，结果表明，通过控制阴极移动速度，端部可以实现修缘，在齿向全长也可实现修形。

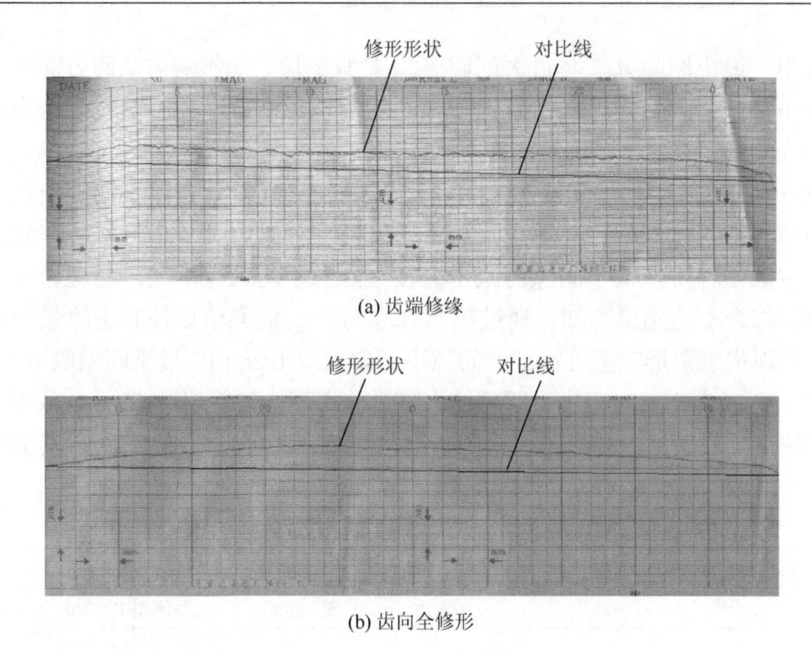

(a) 齿端修缘

(b) 齿向全修形

图 6.32　齿向修形模拟实验（$V = 200$，$H = 10$）

6.3　调控电场作用提高回转件圆度

本节围绕在光整过程中使零件同时提高精度的技术目标，研究通过控制电化学作用的方式，包括电化学作用范围和加工间隙，实现电化学机械复合加工回转类零件时工件圆度的提高。

6.3.1　电场作用方式的可控性分析

一般认为，电化学机械复合加工的成型精密性由机械作用保证，电化学作用的介入主要是提高了表面光整的效率。然而，电化学加工技术对去除量控制的精确性一直在不断提高，电化学微细加工领域的相关研究证实，小间隙脉冲电流电化学加工的微细度可达微米级，精密度可达纳米级，电化学加工作为精密加工的潜力巨大。根据电化学加工原理，实现精密成型的关键是小加工间隙的形成和调整，以及保证加工状态的稳定。通过改变阴极结构，采用脉冲电流等手段实现小间隙稳定加工的同时，在工艺原理上也有利于修正误差，充分发挥电化学机械复合加工的微观精确成型优势和小间隙电化学加工的宏观精确成型优势，有效提高加工精度。

精密加工阶段的主要误差来源是工件定位误差向加工误差的传递和工件自身

误差的遗传，从电化学作用角度提高加工精度也应从减小传递误差和遗传误差两方面入手。从传递误差角度，电化学作用的非接触特性可以阻隔机床振动误差向工件传递，而阴阳极间隙变化对去除量的反馈影响，又会使机床（工艺系统）的运动误差向工件传递，因此减小传递误差的关键是要阻断机床运动误差通过阴极向工件传递；从遗传误差角度，目前常规的电化学超精加工方式的电化学作用范围局限于零件局部，不能实现阴极精度向工件精度的有效复印，因此减小遗传误差的关键是扩大电化学在工件表面的作用范围并强化阴极精度向工件精度复印的能力。

6.3.2　调控电场作用方式的实现方法

调控电场作用方式的关键是如何实现稳定的小间隙加工和电化学作用范围的扩大。采用悬浮阴极电化学机械复合加工是手段之一。悬浮阴极电化学机械复合加工阴极结构如图6.33（a）所示。阴极与滑轨1固定连接，滑轨1可沿y方向做直线运动，直线轴承1安装于支撑板上，支撑板与滑轨2之间用直线轴承

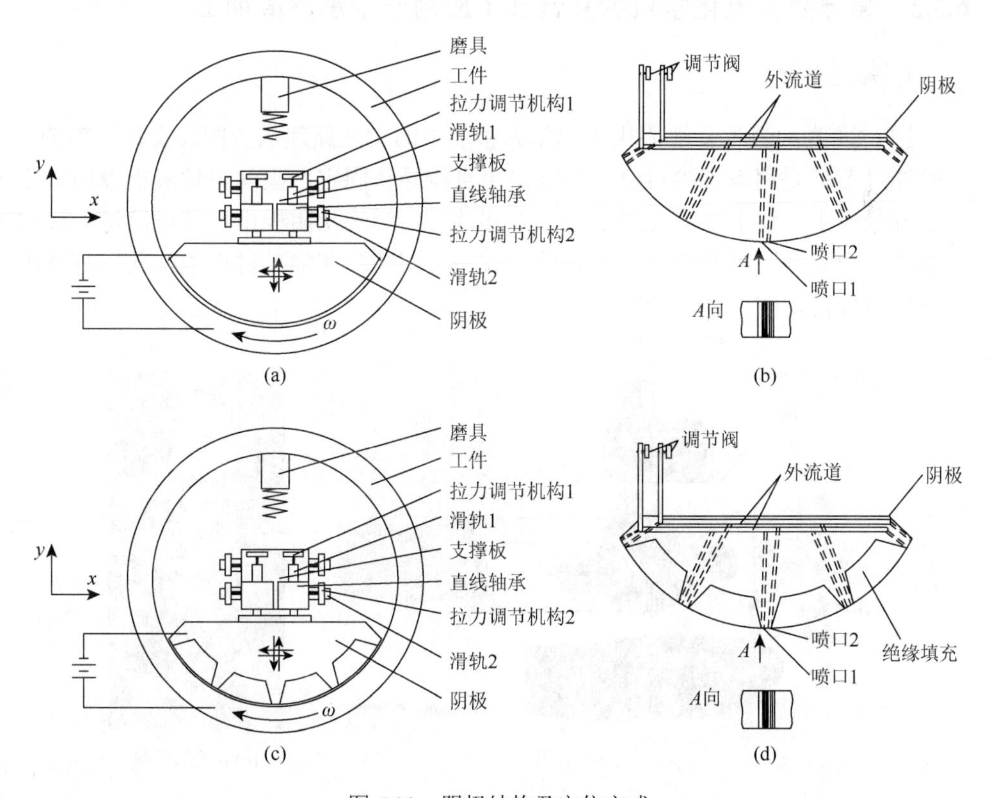

图6.33　阴极结构及定位方式

连接，可使阴极随支撑板沿 x 方向做直线运动，沿 x 方向和 y 方向的直线运动的合成可实现阴极在工件轴截面内的平动，在阴阳极之间电解液的动、静压力作用下，阴极在工件表面悬浮。滑轨 1、2 上均安装拉力调节机构，以调节阴极系统受力，从而实现阴极在工件轴截面内能平动，而不能转动，也不能沿工件轴向移动。

阴极的结构设计应保证极间电解液产生动静压和流场均匀稳定，因此可采用如图 6.33（b）所示的阴极结构，电解液静压力由泵产生，采用外流道构成双独立供液系统，使极间电解液静压力可调，通过管路中的调节阀实现压力调节；动压力由阴极和工件之间的相对运动形成的具有一定承载能力的液膜产生。通过以上实施方式，利用电解液液膜支撑阴极悬浮形成加工间隙，可以实现小间隙条件下的自动进给，有利于提高加工稳定性；通过扩大阴极在工件上的覆盖范围，有利于阴极精度向阳极的复映，实现工件精度的提高。为避免电解液流程太长导致温度过高，阴极表面也可做成间断性的，中间加入绝缘材料隔断，如图 6.33（c）和（d）所示。

6.3.3　悬浮阴极电化学机械复合加工应用于轴承滚道加工

1. 加工原理

图 6.34 为回转件悬浮阴极电化学光整加工的实现原理示意图及实物局部图。工件通过芯轴采用双顶尖定位，阴极采用直线导轨固定，极间电解液支撑阴极相对工件悬浮于滑块上，只能沿滑道上下移动。电解液从阴极出口流过流道，极间电解液压力支撑阴极悬浮在工件表面形成加工间隙。在加工过程中，采用悬浮阴极可使阴极自动向工件进给。

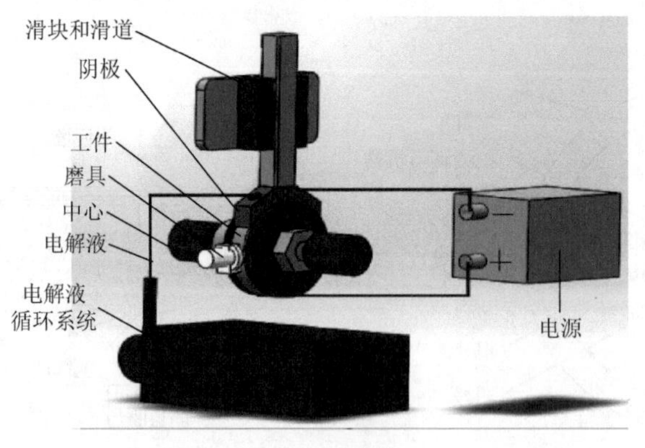

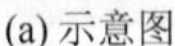
(a) 示意图　　　　(b) 实物局部图

图 6.34　回转件悬浮阴极电化学光整加工的实现原理示意图及实物局部图

2. 加工条件

加工条件如表 6.7 所示。

表 6.7　加工条件

项目	参数	取值范围
阴极	尺寸/mm	ϕ95×16（≤整个加工表面的 1/3）
	出口尺寸/mm	ϕ12
	材料	2Cr13
工件	尺寸/mm	ϕ95×17.5
	材料	GCr15
电源	输出容量/kVA	20
	输入电压/V	380
	输出电压/V	0～30
	最大输出电流/A	100
电解液	流量/(L/h)	200～600
	压力/MPa	0.030～0.070
	主要成分	$NaNO_3$ + 其他
	质量分数	10%～25%
实验参数	加工时间/s	10～60
	磨料及粒度/μm	砂带，30
测量仪器	粗糙度测量仪	YS2205B
	圆度仪	YS2901

3. 加工效果

圆度的改善可能是由表面粗糙度的改善而获得的，也可能是表面轮廓发生了根本性的改变而获得的，如果是后者，则意味着该种工艺对圆度误差具有根本性的改善能力。为了研究扩大电化学作用是否能够使得表面圆度轮廓发生根本性的改变，从而证明其具有根本性的误差改善能力，将圆度轮廓划分为不同的轮廓形态，包括多边缘轮廓、三角轮廓和椭圆轮廓，进而研究各类的轮廓形态在加工前后的形态变化特点。

不同阴极覆盖范围对三种轮廓形状的影响如图 6.35 所示。对于三角轮廓和椭圆轮廓，当阴极覆盖范围为 90°时，圆度的改善最为理想。对于多边缘轮廓，当阴极覆盖范围为 120°时，对圆度的改善最佳。对比实验结果，可知扩大阴极覆盖范围对多边缘轮廓的改善效果要优于三角轮廓和椭圆轮廓。

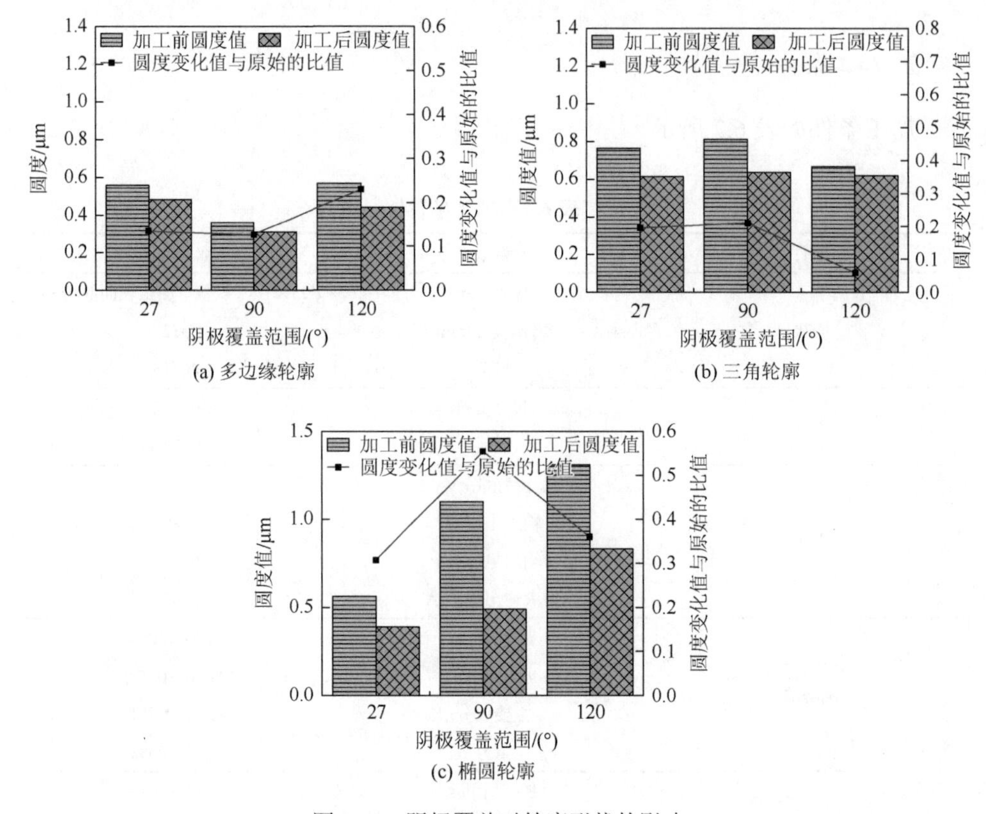

(a) 多边缘轮廓　(b) 三角轮廓

(c) 椭圆轮廓

图 6.35　阴极覆盖对轮廓形状的影响

如图 6.36 所示，通过分析加工前后轮廓形态的变化，以及对比在不同阴极覆盖范围条件下加工前后的曲线可以发现，三角轮廓有向多边缘轮廓演化的趋势，

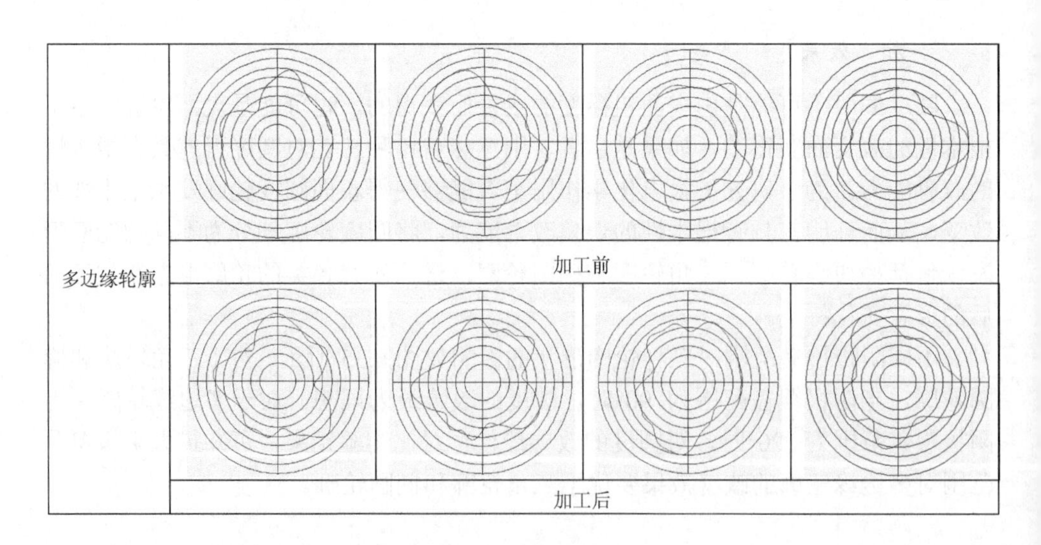

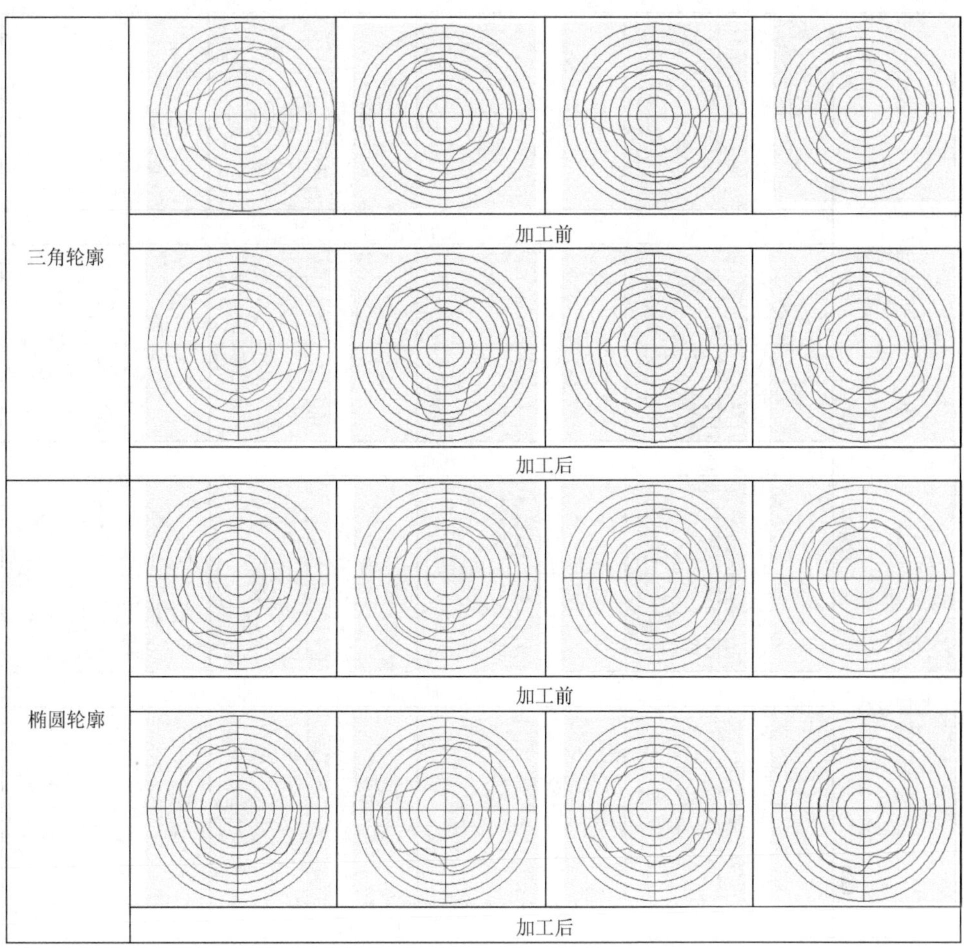

(a) 阴极覆盖范围为27°时轮廓变化

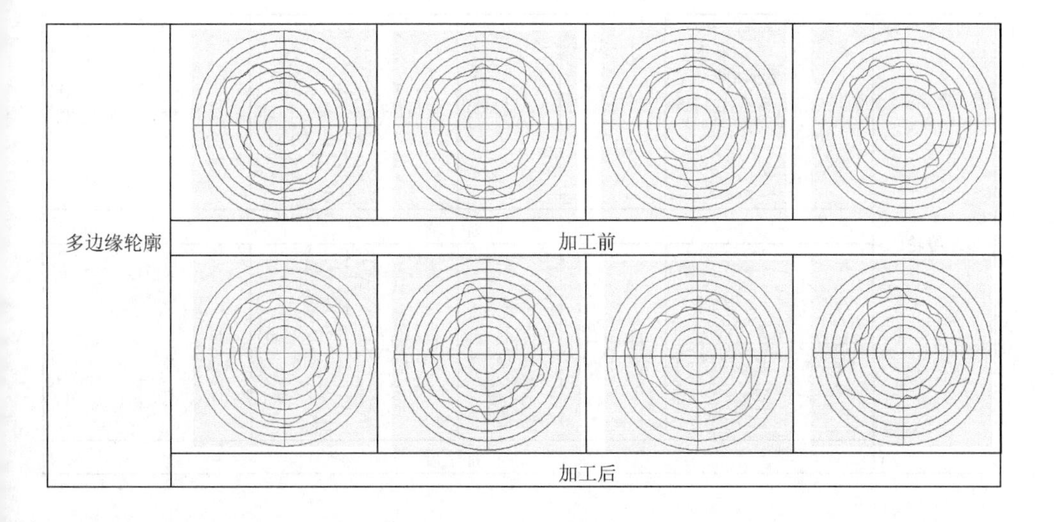

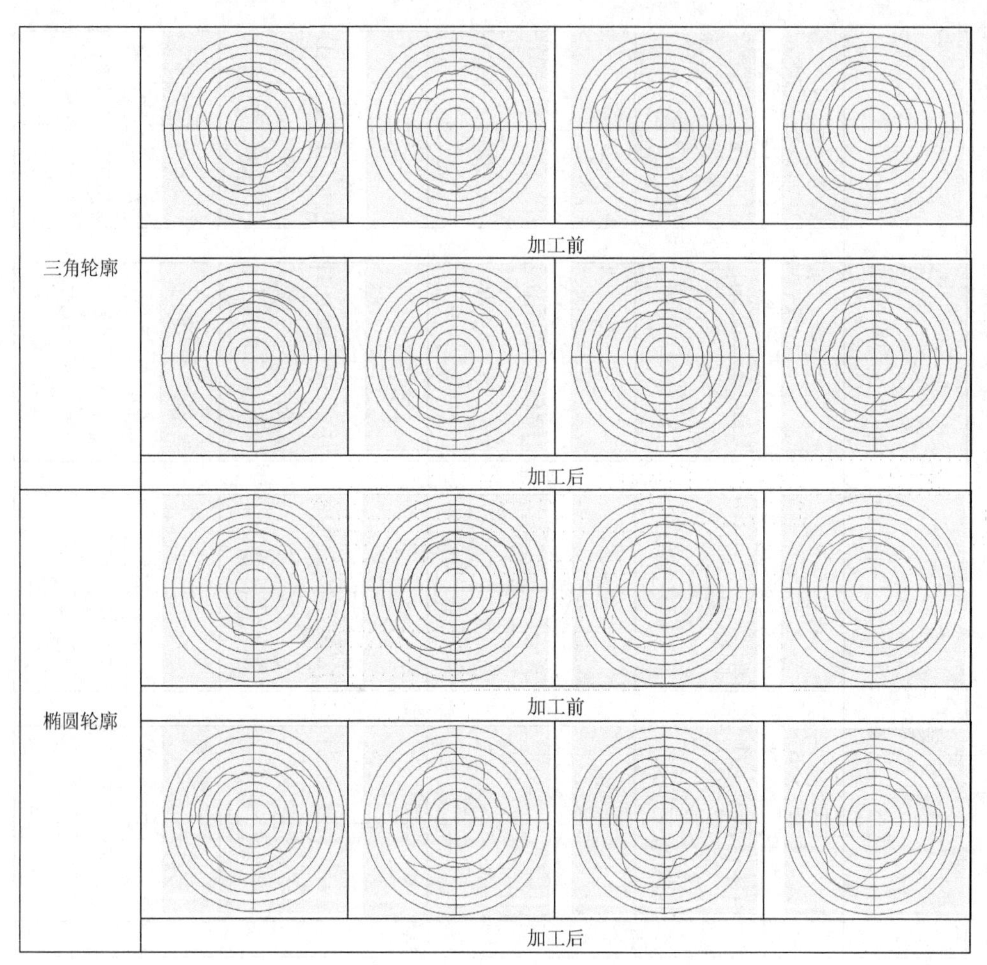

(b) 阴极覆盖范围为90°时轮廓变化

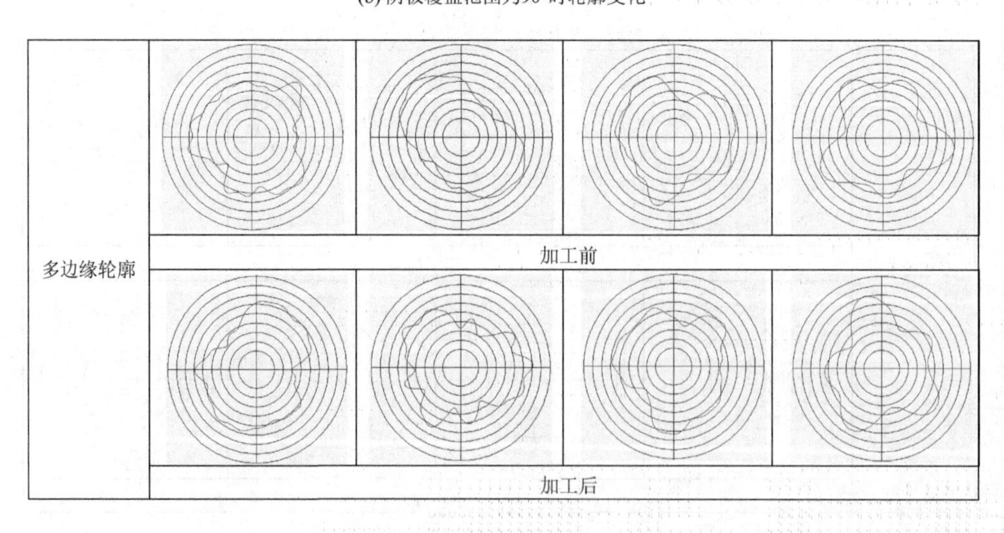

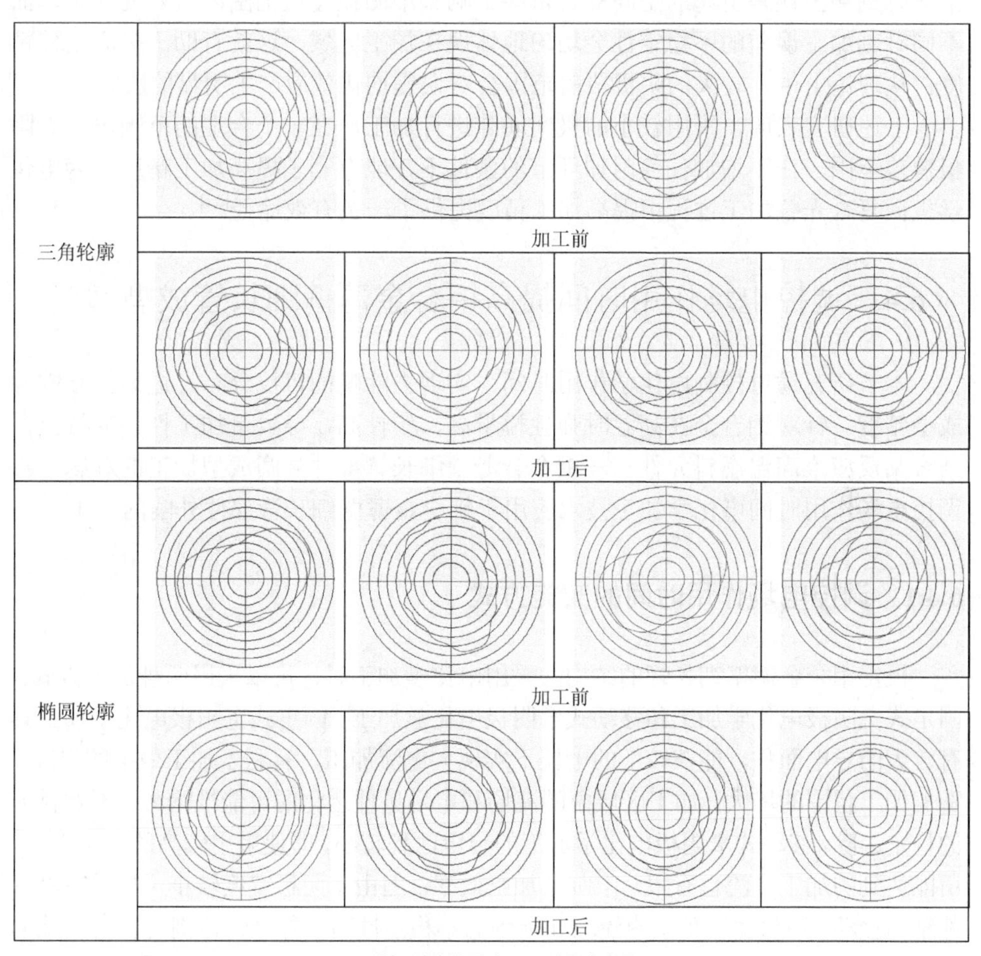

(c) 阴极覆盖范围为120°时轮廓变化

图6.36　阴极覆盖范围对轮廓变化的影响

而椭圆轮廓则明显向三角轮廓或多边缘轮廓转变。这说明，在相同的电化学作用和机械作用条件下，改变电化学作用的范围，会导致工件轮廓形状产生根本性的改变，进而影响工件精度。

这种现象很可能是由误差均化效应引起的。当电化学加工处于稳定状态时，工件表面上某一点的去除量取决于该点与阴极之间的距离，而此距离取决于工件的形状误差和工件与阴极之间的相对运动误差。在一定的阴极覆盖范围内，阴极覆盖部分为电化学作用区域，而未覆盖部分处于未加工状态。对于不同的阴极覆盖范围，尽管工件表面形状误差产生的空间变化是相同的，但是加工系统误差引起的空间变化对工件去除的影响和覆盖范围有关，覆盖范围越大，加工区域越大，某一时刻加工误差引起的空间变化将会影响整个阴极覆盖范围内误差的修正，而不同时刻加工误差的不稳定性会均匀地体现在加工区域，这就有助于提高工件精度。从理论上讲，较大的阴极覆盖范围会对误差均化效应产生明显的影响。

上述研究表明，采用较小的极间间隙进行加工，在一个合理的范围内扩大阴极覆盖范围，在不增加任何附加环节的条件下，能有利于提高加工精度，为电化学机械复合光整加工过程中提高加工精度提供了一条有效途径[32]。

6.4 调控电场作用时间提高钼合金薄壁细长管成型精度

本节研究通过控制电化学作用时间，实现去除量的可控分布，进而提高零件成型精度。针对钼合金在高温时弹性模量高、塑性高，导致可加工性差的特点，结合某反应堆高温燃料元件——钼合金薄壁细长管部件外圆成型加工的难题，将调控电场作用时间电化学加工技术应用于钼合金薄壁细长管部件外圆的加工。

6.4.1 调控电场作用时间的实施方式

根据钼合金薄壁细长管的结构，采用电化学加工时，可以采用两种加工方式：固定式宽阴极电化学加工和移动式窄阴极电化学加工。固定式宽阴极电化学加工具有较大的导电面积，能在较低的电压下实现大电流加工，有利于加工效率的提高。随着加工范围的增大，加工区域内的流场和电场条件恶化的可能性增大，影响材料的稳定去除。移动式窄阴极电化学加工的导电面积较小，即使采用较高的加工电压，所能达到的加工电流也有限，限制了加工效率，但由于阴极宽度较小，且阴极沿工件轴向移动，阴极宽度范围内流场和电场的不稳定性对工件全长范围内材料去除的影响较小，因此能获得较好的加工精度。结合两种加工的特点，可以采取宽、窄阴极两步法电化学加工。钼合金薄壁细长管两步法电化学加工原理如图 6.37 所示，先采用固定式宽阴极电化学加工实现材料的快速去除，图中虚线部分为固定式宽阴极电化学加工后工件的外形；再改变阴极移动的速度来控制工件不同位置的电化学作用时间，进而控制不同部位的材料去除量，实现工件精度的提高。

6.4.2 移动式窄阴极电化学加工的数学建模

1. 加工过程

移动式窄阴极电化学加工过程为：工件直径测量 → 测量结果反馈至控制系统 → 电极移动速度控制 → 修整工件。如图 6.38 所示，设工件上任意一点 A 的去

除量为 V_A，依照电化学加工原理，去除量是加工时间 t 和电流 I 的函数（仅考虑可控工艺参量），因此有 $V = f(t, I)$。采用变速移动阴极加工时，电流 I 为常数，加工时间 t 是阴极移动速度 v 的函数，因此有 $V = g(v)$，则任一点 A 处的阴极移动速度 $v_A = g^{-1}(V_A)$。因此，建立去除量和阴极移动速度之间的关系模型是两步法电化学加工的关键。

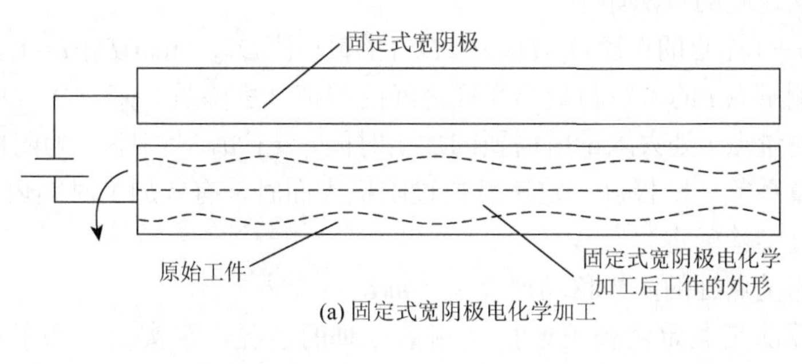

(a) 固定式宽阴极电化学加工

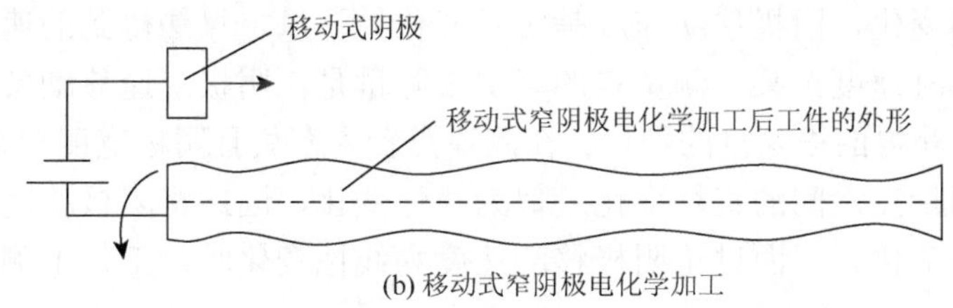

(b) 移动式窄阴极电化学加工

图 6.37　铝合金薄壁细长管两步法电化学加工原理

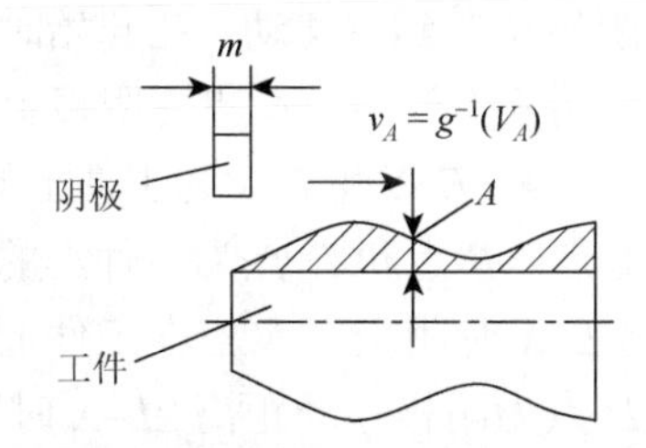

图 6.38　去除量和阴极移动速度的关系

2. 阴极宽度的确定

阴极宽度影响工件上某一点的加工时间。从提高加工精度的角度考虑，阴极宽度应尽可能小；从提高加工效率的角度考虑，阴极宽度应尽可能大，因此提高加工精度和提高加工效率是矛盾的。根据移动阴极法修正误差的原理，阴极宽度的确定原则为：宽度最大值不应大于测量点距离，宽度最小值由电化学加工的工艺条件决定。建立模型时，在工件上选取间隔相等的测量点，阴极宽度为小于测量点间隔的某一值。

3. 去除量与阴极移动速度关系的数学建模

1）数学模型的建立

在工件上设定若干个测量点，通过控制测量点的直径来控制工件精度。相邻两测量点之间的距离为 L，根据测量点的直径计算该点的阴极移动速度，测量点处阴极移动速度的算法如下：

（1）$n+1$ 个点的直径 $D_1, D_2, \cdots, D_{n+1}$ 的最小值 $D_{\min} = \min\{D_i\}(i=1, 2, \cdots, n+1)$。

（2）测量点 i 的半径与最小半径之间的差值（去除量）$y_i = (D_i - D_{\min})/2$。

（3）测量点 i 处去除量所需要的加工时间 $t_{v_i} = y_i/a$，其中，a 为阴极宽度 m 对应的去除量系数（阴极以一定速度扫过阳极表面时，有效加工时间内的材料去除深度，通过实验确定）。

（4）测量点处的阴极移动速度 $v_i = m/t_i$。

以上算法是假定阴极恒速扫过测量点时的情况。事实上，为了实现不同部位去除量的变化，阴极移动速度是实时变化的，以上算法得到的速度只能是某一时刻的瞬时速度。某一测量点的真实去除量是在阴极变速移动条件下，处于不同速度时获得的去除量的积累。在测量点较为密集且阴极宽度较小的情况下，相邻两个测量点之间的直径变化近似为线性变化，因此将阴极移动速度的变化确定为线性变化。下面讨论阴极移动速度为线性变化时，工件上测量点处的去除量模型。

为了尽可能接近真实的加工形状并使问题具有一般性，假设零件形状为波浪形，如图 6.39（a）所示。阴极从左到右移动，在起始时刻，阴极上的某一点与工件上的某一点平齐。M 点为阴极右端点，N 点为阴极上任意一点，N 点与阴极右端点 M 的距离为 X。A 点、C 点、E 点及 F 点为工件上的测量点，其中，A 点和 E 点为高点，C 点和 F 点为低点。B 点和 D 点为工件上的任意点。A 点为工件的左端点，B 点为阴极移动距离 $L-X$ 时阴极上 N 点在工件上的对应点，此时阴极右端点 M 与工件上 C 点重合；D 点为阴极移动距离 $2L-X$ 时阴极上 N 点在工件上的对应点，此时阴极左端点与工件上 C 点重合。为便于描述，A 点、C 点、E 点及 F 点的阴极移动速度分别为 v_i、v_{i+1}、v_{i+2}、v_{i+3}，加工时刻分别为 t_i、t_{i+1}、t_{i+2}、t_{i+3}；阴极上任一点 N 在不同加工时刻与工件上对应点 B 和点 D 处的阴极移动速度为 v_{i1}、v_{i2}，加工时刻分别为 t_{i1}、t_{i2}。

下面以 C 点为例建立去除量模型，图 6.39（b）给出了工件上 C 点电化学加工开始和结束时阴极的位置。当阴极右端点 M 与工件上 C 点重合时，工件上 C 点的电化学加工开始；当阴极左端点与工件上 C 点重合时，工件上 C 点的电化学加工结束。工件 C 点的去除时间是阴极经过 C 点的时间差。阴极在测量点之间的速度以线性变化时，A、C 两个测量点之间阴极的移动速度为

$$v_{AC}=v_i+\frac{X(v_{i+1}-v_i)}{L} \tag{6.28}$$

则 B 点处阴极的移动速度为

$$v_{i1}=v_i+\frac{(L-X)(v_{i+1}-v_i)}{L} \tag{6.29}$$

C、E 两个测量点之间阴极的移动速度为

$$v_{CE}=v_{i+1}+\frac{(L-X)(v_{i+2}-v_{i+1})}{L} \tag{6.30}$$

则 D 点处阴极的移动速度为

$$v_{i2}=v_{i+1}+\frac{X(v_{i+2}-v_{i+1})}{L} \tag{6.31}$$

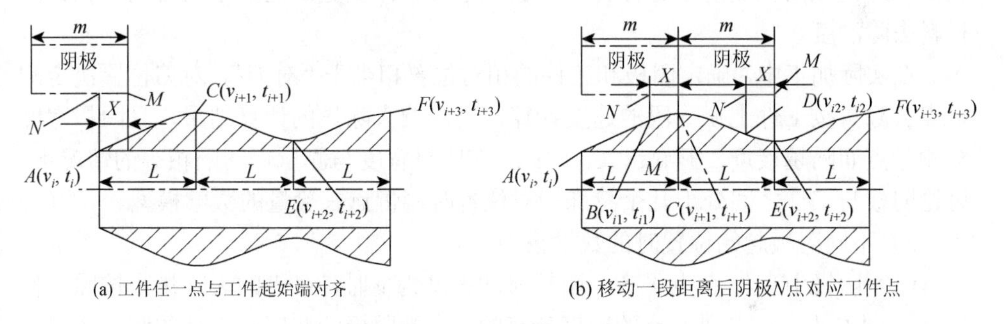

(a) 工件任一点与工件起始端对齐　(b) 移动一段距离后阴极N点对应工件点

图6.39　去除量和阴极移动速度的关系

B、C、D 点对应时刻 t_{i1}、t_{i+1}、t_{i2}，则 B 点、C 点和 C 点、D 点之间的速度 v 既是关于位移的函数，也是关于时刻 t 的函数：

$$v_{BC}=\frac{v_{i+1}-v_{i1}}{t_{i+1}-t_{i1}}t+v_{i1}-\frac{v_{i+1}-v_{i1}}{t_{i+1}-t_{i1}}t_{i1} \tag{6.32}$$

$$v_{CD}=\frac{v_{i2}-v_{i+1}}{t_{i2}-t_{i+1}}t+v_{i+1}-\frac{v_{i2}-v_{i+1}}{t_{i2}-t_{i+1}}t_{i2} \tag{6.33}$$

对 B 点、C 点和 C 点、D 点之间的速度 v 再进行积分，可得

$$\begin{cases}\int_{t_{i1}}^{t_{i+1}}v_{BC}\mathrm{d}t=\int_{t_{i1}}^{t_{i+1}}\left(\frac{v_{i+1}-v_{i1}}{t_{i+1}-t_{i1}}t+v_{i1}-\frac{v_{i+1}-v_{i1}}{t_{i+1}-t_{i1}}t_{i1}\right)\mathrm{d}t=X\\ \int_{t_{i+1}}^{t_{i2}}v_{CD}\mathrm{d}t=\int_{t_{i+1}}^{t_{i2}}\left(\frac{v_{i2}-v_{i+1}}{t_{i2}-t_{i+1}}t+v_{i+1}-\frac{v_{i2}-v_{i+1}}{t_{i2}-t_{i+1}}t_{i2}\right)\mathrm{d}t=L-X\end{cases} \tag{6.34}$$

则阴极在 B、C 和 C、D 两点之间的移动时间分别为

$$\begin{cases} t_{i+1} - t_{i1} = \dfrac{2X}{v_{i1} + v_{i+1}} \\ t_{i2} - t_{i+1} = \dfrac{2(L-X)}{v_{i+1} + v_{i2}} \end{cases} \tag{6.35}$$

阴极在 C 点处的加工时间为

$$t_C = t_{i+1} - t_{i1} + t_{i2} - t_{i+1} = \frac{2X}{v_{i1} + v_{i+1}} + \frac{2(L-X)}{v_{i+1} + v_{i2}} \tag{6.36}$$

则 C 点的去除深度为

$$h_C = v_s t_C = \left(\frac{2X}{v_{i1} + v_{i+1}} + \frac{2(L-X)}{v_{i+1} + v_{i2}} \right) v_s \tag{6.37}$$

式中，v_s 为该阴极宽度下工件材料的去除速度，即实验确定的单位时间内工件的材料去除深度。

在实际加工中，确定阴极和工件的相对位置相当于“对刀”，对刀位置决定测量点去除量按工件上哪一段的速度计算，会影响去除量的计算结果，且阴极宽度与测量点间隔越接近，影响越大。因此，在阴极宽度与测量点间隔相等的情况下，讨论阴极与工件之间处于几个特殊相对位置时测量点去除量的数学模型。

2）不同阴极起始位置时的数学模型

（1）阴极中点与 C 点平齐、阴极移动速度为 v 时，C 点的去除量是按照工件上 A 点到 C 点、C 点到 E 点的速度计算的。由于阴极的宽度与工件的测量间隔相等，则 $X = m/2 = L/2$，故 C 点的去除深度为

$$h_{L/2} = \left(\frac{1}{v_{i1} + v_{i+1}} + \frac{1}{v_{i+1} + v_{i2}} \right) L v_s \tag{6.38}$$

（2）阴极加工起始点与 C 点平齐、阴极移动速度为 v 时，C 点的去除量是按照工件上 C 点到 E 点之间的速度信息计算的。由于阴极的宽度与工件的测量间隔相等，则 $X = m = 0$，故 C 点的去除深度为

$$h_0 = \frac{2Lv_s}{v_{i+1} + v_{i+2}} \tag{6.39}$$

（3）阴极加工结束点与 C 点平齐、阴极移动速度为 v 时，C 点的去除量是按照工件 A 点与 C 点之间的速度计算的。由于阴极的宽度与工件的测量间隔相等，则 $X = m = L$，故 C 点的去除深度为

$$h_L = \frac{2Lv_s}{v_i + v_{i+1}} \tag{6.40}$$

6.4.3 钼合金薄壁细长管两步法电化学加工实验研究

1. 实验设计

为对比移动阴极和固定阴极的加工效率与加工精度，本节设计了固定式宽阴极电化学加工实验和恒速移动式窄阴极电化学加工实验。在此基础上，进行了变速移动窄阴极对精度修正的实验和不同窄阴极起始位置对去除量分布的影响实验，以验证所建立的数学模型。最后，通过实验验证宽、窄阴极两步法电化学加工的效率和加工精度。

采用自行研发的卧式电化学复合加工设备进行实验，实验条件如表 6.8 所示。

表 6.8　实验条件

项目	参数	取值或范围
阴极	外形尺寸/mm	阴极半径 = 工件半径 + 初始间隙，阴极厚度为 16～20，窄阴极宽度为 5～20，宽阴极宽度≤工件长度
	出液口缝隙宽度/mm	窄阴极宽度为 0.5（3 条）
		宽阴极宽度为 0.5（1 条）
	材料	2Cr13
试件	试件尺寸/mm	直径≤30，长度为 400～850
	材料	TZM 合金
电源	最大输出功率/kW	20
	输入电压/V	380
	输出电压/V	0～30
	最大输出电流/A	500
电解液	主要成分	$NaNO_3$
	质量分数	10%～25%
	流量/(L/h)	0～30
主要参数取值	加工电流/A	10～200
	初始间隙/mm	0.05～0.50
	工件转速/(r/min)	50～200

2. 实验结果及讨论

1）固定式宽阴极和恒速移动式窄阴极的加工实验

采用固定式宽阴极和恒速移动式窄阴极对相同条件的试件进行加工，对比两者在加工效率和加工精度方面的差异。

图 6.40 为阴极宽度为 800mm、电压为 12V、电流为 200A、转速为 200r/min 条件下，固定式宽阴极加工的实验结果，加工 12h 后，单边去除量为 2mm，在测量长度 800mm 范围内，每隔 50mm 取 1 个测量点（共 16 个测量点）测量工件的直径，加工前后的工件直径测量值的最大值与最小值的差值分别为 0.06mm 和 0.49mm，差值明显增大。

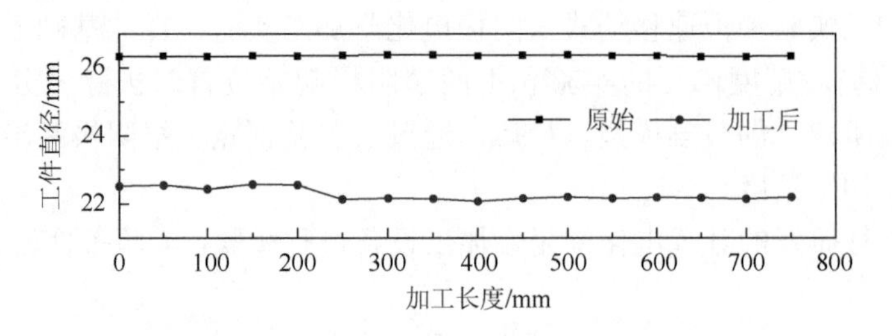

图 6.40　固定式宽阴极加工前后的测量结果

图 6.41 为阴极宽度为 10mm、电压为 20V、电流为 40A、转速为 200r/min 条件下，恒速移动式窄阴极加工的实验结果，加工 50h 后，单边去除量为 2mm，在测量长度 700mm 范围内，每隔 50mm 取 1 个测量点（共 15 个测量点）测量工件的直径，加工前后的工件直径测量值的最大值与最小值的差值分别为 0.04mm 和 0.03mm，差值略有变小，加工后误差和原始误差基本保持在同一量级。

对比固定式宽阴极和恒速移动式窄阴极的实验结果可知，固定式宽阴极由于导电面积增大，能采用较低的电压获得较大的加工电流，更容易实现高效率加工，但是精度退化较严重。实验发现，加工范围增大后，电解液流场分布不稳定，这可能是试件精度退化的主要原因。恒速移动式窄阴极保持了原始加工精度，这意味着变速移动式阴极加工条件下，合理控制阴极移动速度是可修正加工精度的。

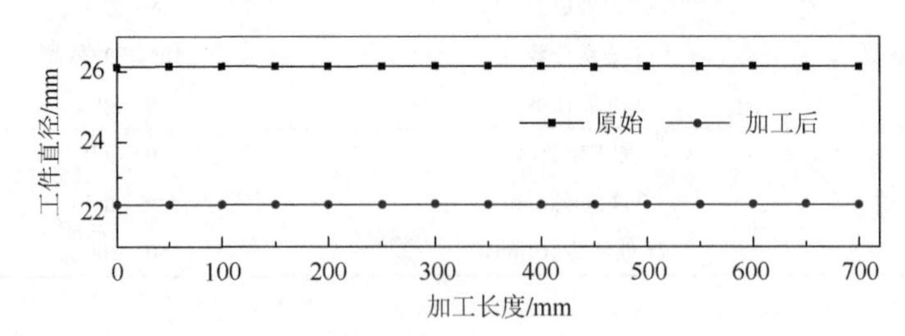

图 6.41　恒速移动式窄阴极加工前后的测量结果

2）变速移动式窄阴极加工实验

采用确定去除量系数 a，在阴极与工件某一测量点处于 3 个不同相对位置的条件下，进行变速移动式阴极加工实验，对比修正效果和数据分布规律来验证数学模型。在此基础上，通过实验数据平移，分析阴极与工件相对位置对修正效果的影响，进一步验证模型。

采用宽度为 20mm 的阴极，对直径为 23mm 的试件进行 450s 的加工，计算单位时间内的去除深度，从而获得去除量系数 $a = 69\mu m/min$。理想条件下，去除量系数 a 确定后，经过一次加工即可实现误差的修正，但由于电化学加工设备的精度，以及通过实验确定去除量系数产生的实验误差和阴极本身的误差等，可能需要多次加工才能完成误差的修正。总体来说，去除量系数 a 越大，修正能力越强，也越有可能产生新的误差，反之亦然。

采用固定式宽阴极大电流加工得到实验所需的钼合金薄壁细长管试件。为了提高精度，减小测量点间距，取间距为 5mm，减小加工区域长度，在 440mm 范围内取 87 个测量点。为尽可能提高加工效率，确定阴极宽度为 5mm。对 6.4.2 节中 3 种不同阴极起始位置进行加工实验，图 6.42 为加工前后的测量结果。

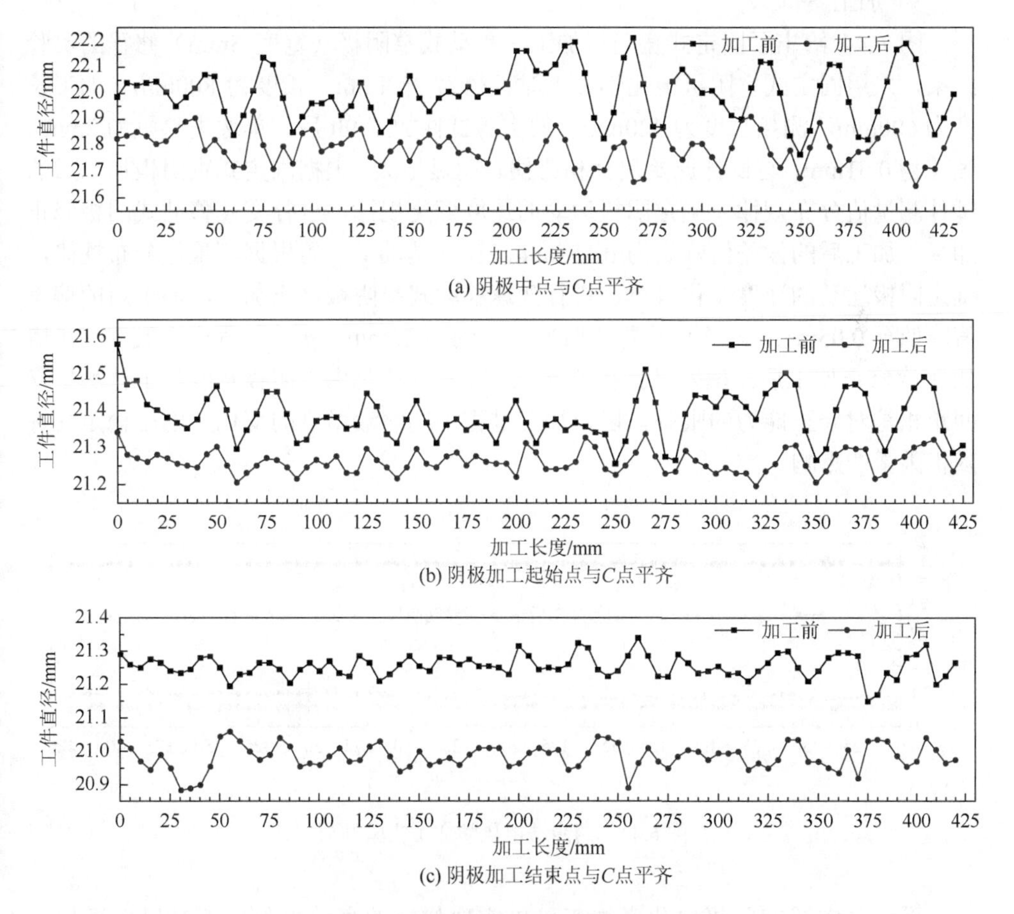

(a) 阴极中点与C点平齐

(b) 阴极加工起始点与C点平齐

(c) 阴极加工结束点与C点平齐

图 6.42　加工前后的测量结果对比

在阴极中点与 C 点平齐的情况下，进行了模型计算数据和加工后测量数据的对比，结果如图 6.43 所示，可以发现两者接近，且分布规律基本一致，证明了所建立数学模型的有效性。

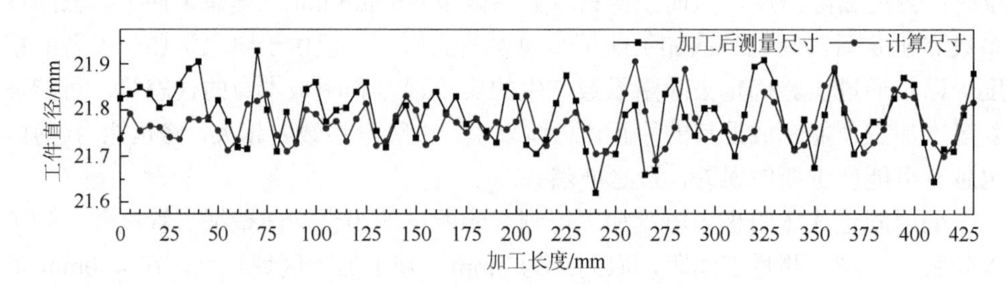

图 6.43　模型计算数据和加工后测量数据的对比

3）加工案例

图 6.44 给出了固定式宽阴极加工 + 移动式窄阴极（宽度 5mm）修正的实验结果，采用固定式宽阴极电化学加工对直径为 25.4mm、长度为 800mm（加工长度为 600mm，测量长度为 420mm）的实验试件加工 9h 后，单边去除量为 2mm，偏差为 0.51mm，与试件原始尺寸相比偏差明显增大。根据固定式宽阴极加工后的试件测量值分布规律，确定阴极运动的速度变化规律，进行变速移动式阴极修正加工，加工后的偏差值降低为 0.155mm。在此基础上，再根据测量值分布规律，确定阴极运动的速度变化规律，进行变速移动式窄阴极修正加工，加工后的偏差值降低至 0.05mm，两次修正加工时间合计约为 75min。实验过程中也发现，在增加 3 次修正加工后，偏差维持在 0.05mm 左右，这是由于阴极宽度与工件测量点间距相等对修正能力的限制，以及加工过程中电解液温度的变化、电压稳定性等随机因素的影响。

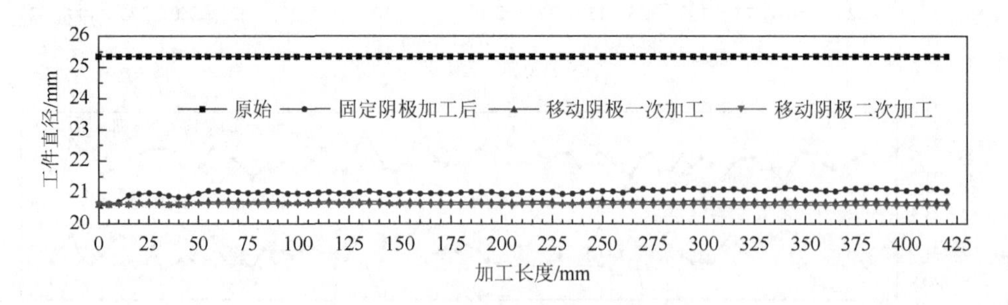

图 6.44　两步法电化学加工实验结果

采用固定式宽阴极电化学加工可以实现材料的高效去除，但难以保证加工精度。变速移动式窄阴极电化学加工依据测量点尺寸数据的变化，根据电化学蚀除原理，转变为测量点蚀除时间的变化，通过窄阴极速度的变化实现测量点蚀除时间的积累的变化，控制去除量，实现误差修正。结合固定式宽阴极电化学加工的高效加工和移动式窄阴极电化学加工的精度修正，可实现效率和精度的平衡。

6.5　跨工艺场调控提高回转件圆度

本节围绕不同加工工艺形成的轮廓特性对加工精度的影响，在光整过程中同时提高零件精度的技术目标，发挥电化学机械复合加工整平表面短波长轮廓的优势，研究在不同工艺阶段工艺参数的协同配置，达到整体优化的目的。以轴承滚道为例，研究无心磨削和电化学机械复合加工的跨工艺场协同调控与优化。

6.5.1　跨工艺场调控分析

圆度轮廓是圆度误差的图形化基础，圆度在零件加工过程中的形成和变化，本质上是圆度轮廓的演化过程，这一过程与加工工艺密切相关。无心磨削是回转类零件表面精加工的主要方式，在轴承环、轴承滚子、精密轴等加工中甚至是不可替代的工艺，无心磨削的成圆机理决定了其特有的圆度轮廓形成与遗传特性。因此，如何消除无心定位加工的圆度误差成为高精度回转件制造领域的重要课题之一。

无心磨削加工存在的主要问题是：加工表面的原始误差会影响工艺系统的稳定，进而影响加工结果。由于毛坯经热处理后的误差形态是随机的，当工艺系统调整至适于修正某种形态的轮廓误差时，对于其他误差形态的修正则可能是不稳定的。研究表明，无心磨削获得高精度零件的工艺条件较为苛刻，但是在较宽泛的工艺条件下可以形成高频次的轮廓波，而电化学机械复合加工对于整平频次较高的表面轮廓波具有优势，这就为“无心磨削 + 电化学机械复合加工”的跨工艺协同调控与优化提供了可能。如表 6.9 所示，“无心磨削 + 电化学机械复合加工”的技术方案，使得传统滚道精加工中出现的轮廓波高度没有明显降低而波长变短这一无意义现象，在引入电化学作用后却起到关键作用，即由于电化学机械加工有利于整平高频次谐波的特性，可接受的无心磨削半成品轮廓误差不再必须是谐波高度方向的有效整平，而只要形成长度方向的非低频次谐波轮廓均可接受，这显著降低了对无心磨削的技术要求，对提升精密滚道的生产效率和成品率具有重要意义。

表 6.9 无心磨削 + 超精加工与无心磨削 + 电化学机械加工的特点对比

加工技术	原始轮廓	无心磨削目标轮廓	要求	特点
无心磨削 + 超精加工	δ 椭圆度 或 δ 棱圆度	δ_2	整平轮廓波	可接受域小
无心磨削 + 电化学机械复合加工	δ 椭圆度 或 δ 棱圆度	δ_1 或 δ_2	整平轮廓波或形成高频次谐波（即形成非低频次轮廓波）	可接受域大

如图 6.45 所示，结合无心磨削和电化学机械加工轴承滚道各自的特点与局限，将电化学超精加工难以有效整平低频次谐波的技术难点转移至无心磨削阶段解决，而将无心磨削阶段工件原始误差形态不确定与工艺稳定性之间的矛盾由电化学超精阶段解决，即在无心磨削阶段，通过调控工艺参数，滚道表面轮廓形成非低频波的形态，在电化学机械复合加工阶段获得整平，发挥各自技术优势，从而最终高效整平轴承滚道轮廓圆度、波纹度及粗糙度误差。

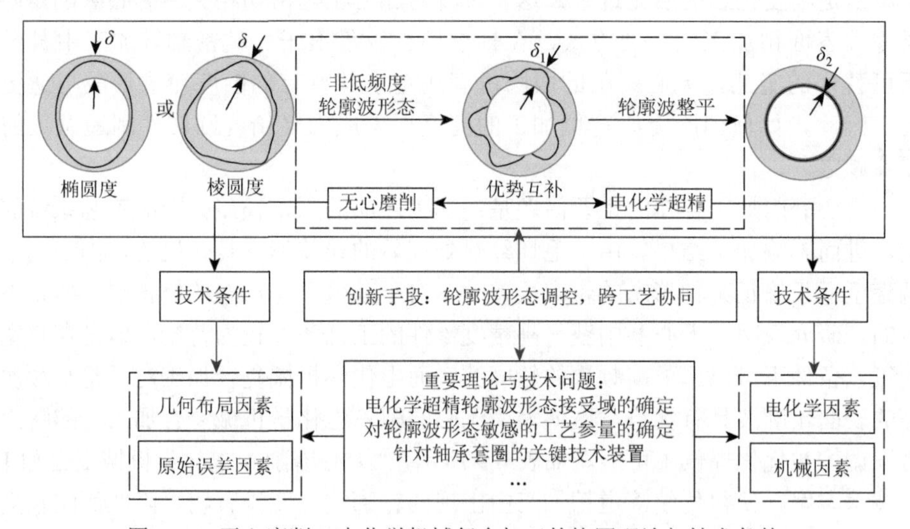

图 6.45 无心磨削 + 电化学机械复合加工的协同理论与技术条件

6.5.2 无心磨削和电化学机械复合加工的跨工艺场调控

通过设计无心磨削实验，研究工艺参数对轮廓形态的影响，可获得能形成不同轮廓形态的工艺参数配置规律。通过设计电化学机械复合加工实验，探究不同轮廓形态的变化规律，根据电化学机械复合加工不同轮廓形态所得到的效果，从工艺间协同角度，为合理地配置无心磨削工艺参量提供依据。

1. 无心磨削工艺参量对轮廓形态的影响

1）实验设计

无心磨削实验装置如图 6.46 所示，砂轮的逆时针旋转为主运动，托板与导轮为工件定位机构，导轮驱动工件做顺时针旋转运动，依靠砂轮的径向进给运动磨削工件表面，同时导轮水平倾斜一定角度来保证工件轴向运动。无心磨削实验条件如表 6.10 所示。

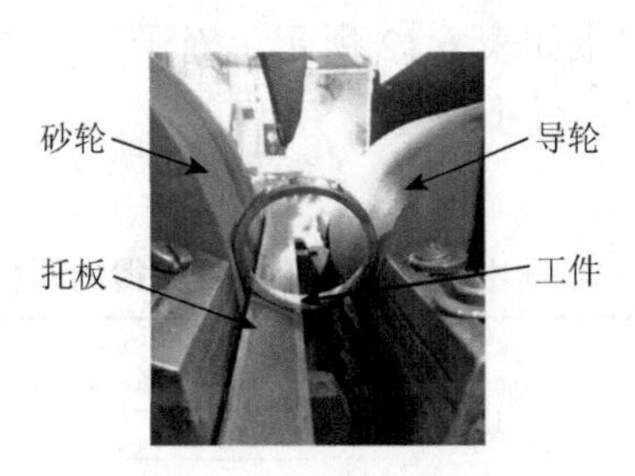

图 6.46　无心磨削实验装置

表 6.10　无心磨削实验条件

名称	参量	取值范围或型号
实验设备	无心磨床	MK1080
砂轮	砂轮直径/mm	500
	砂轮转速/(r/min)	1440
	磨料材料	白刚玉
	磨料目数/目	80
导轮	导轮直径/mm	300
	导轮转速/(r/min)	260
工件	尺寸/mm	$\phi75\times15$
	工件材料	GCr15 轴承钢
主要参数	导轮水平倾角/(°)	0.5
	径向进给量/mm	0.1
测量仪器	圆度仪	YS2901

无心磨削工艺系统的几何布局是影响零件轮廓波形态的主要因素。研究表明，托板顶角和中心高是影响圆度轮廓及误差值的主要因素，两者变化时，谐波高度和波长都会发生改变。因此，本节设计了不同托板顶角和不同中心高的加工实验，参数取值如表 6.11 所示。

表 6.11　无心磨削实验参数取值

托板顶角/(°)	中心高/mm
50	26，32，40
60	26，32，40
70	26，32，40

2）结果分析

（1）中心高和托板顶角对圆度误差值的影响。在三种托板顶角和三种中心高参数共九种组合配置条件下，分别加工 10 件工件，测量加工后圆度误差值，每件测量 3 次，取平均值，结果如表 6.12 所示。对于三种中心高，当托板顶角为 60°时，加工后圆度误差均值为最小。

表 6.12　不同中心高和托板顶角获得的圆度误差值

参数		工件序号	圆度误差值/μm		
			托板顶角/(°)		
			50	60	70
中心高/mm	26	1	0.66	0.61	0.72
		2	0.85	0.53	1.28
		3	0.76	0.34	0.93
		4	0.53	0.3	0.38
		5	0.54	0.35	0.51
		6	0.48	0.22	0.57
		7	0.52	0.23	0.88
		8	0.59	0.56	0.69
		9	0.53	0.57	0.47
		10	0.62	0.34	0.91
		平均值	0.61	0.41	0.73
	32	1	0.63	0.41	0.42
		2	0.53	0.38	0.95
		3	0.44	0.32	0.54
		4	0.49	0.38	0.54
		5	0.42	0.35	0.58
		6	0.86	0.28	0.5
		7	0.39	0.42	0.65
		8	0.54	0.22	0.51
		9	0.58	0.4	0.32

续表

参数		工件序号	圆度误差值/μm		
			托板顶角/(°)		
			50	60	70
中心高/mm	32	10	0.45	0.29	0.43
		平均值	0.53	0.35	0.54
	40	1	0.59	0.3	0.59
		2	0.59	0.62	0.44
		3	0.66	0.42	0.45
		4	0.48	0.36	0.5
		5	0.52	0.59	0.61
		6	0.4	0.24	0.76
		7	0.6	0.24	0.61
		8	0.51	0.35	0.43
		9	0.55	0.26	0.64
		10	0.65	0.49	1.35
		平均值	0.56	0.39	0.64

注：表中平均值是按四舍五入修约得到的。

（2）中心高和托板顶角对轮廓形态的影响。不同托板顶角和不同中心高组合条件下，加工前后工件轮廓的形态变化如表 6.13 所示。由表可以发现，当工件原始轮廓为三瓣轮廓形态时，在托板顶角分别为 50°和 60°时，中心高分别为 26mm、32mm 和 40mm 条件下，加工后的轮廓分别为多瓣形态、三瓣形态和多瓣形态；而托板顶角为 70°时，随着中心高的增加，加工后的轮廓均呈多瓣形态。这表明中心高对轮廓形态具有显著影响，在一定托板顶角范围内，提高或降低中心高，会使轮廓呈多瓣形态。

表 6.13　不同托板顶角和不同中心高条件下加工前后的轮廓形态

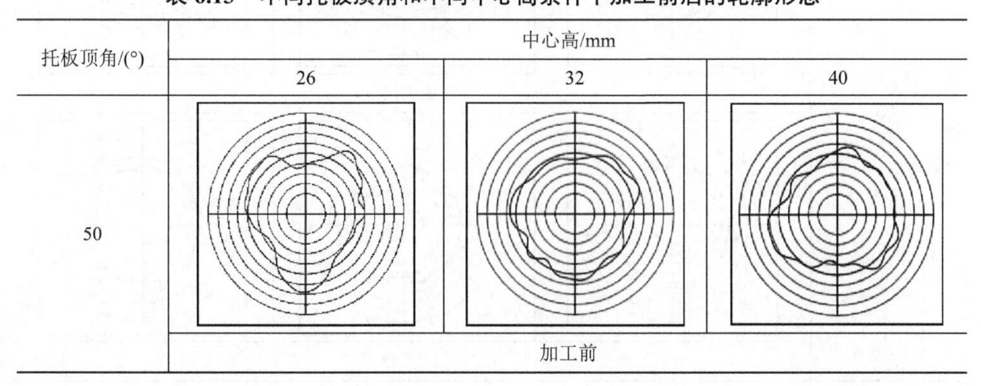

托板顶角/(°)	中心高/mm		
	26	32	40
50			
	加工前		

续表

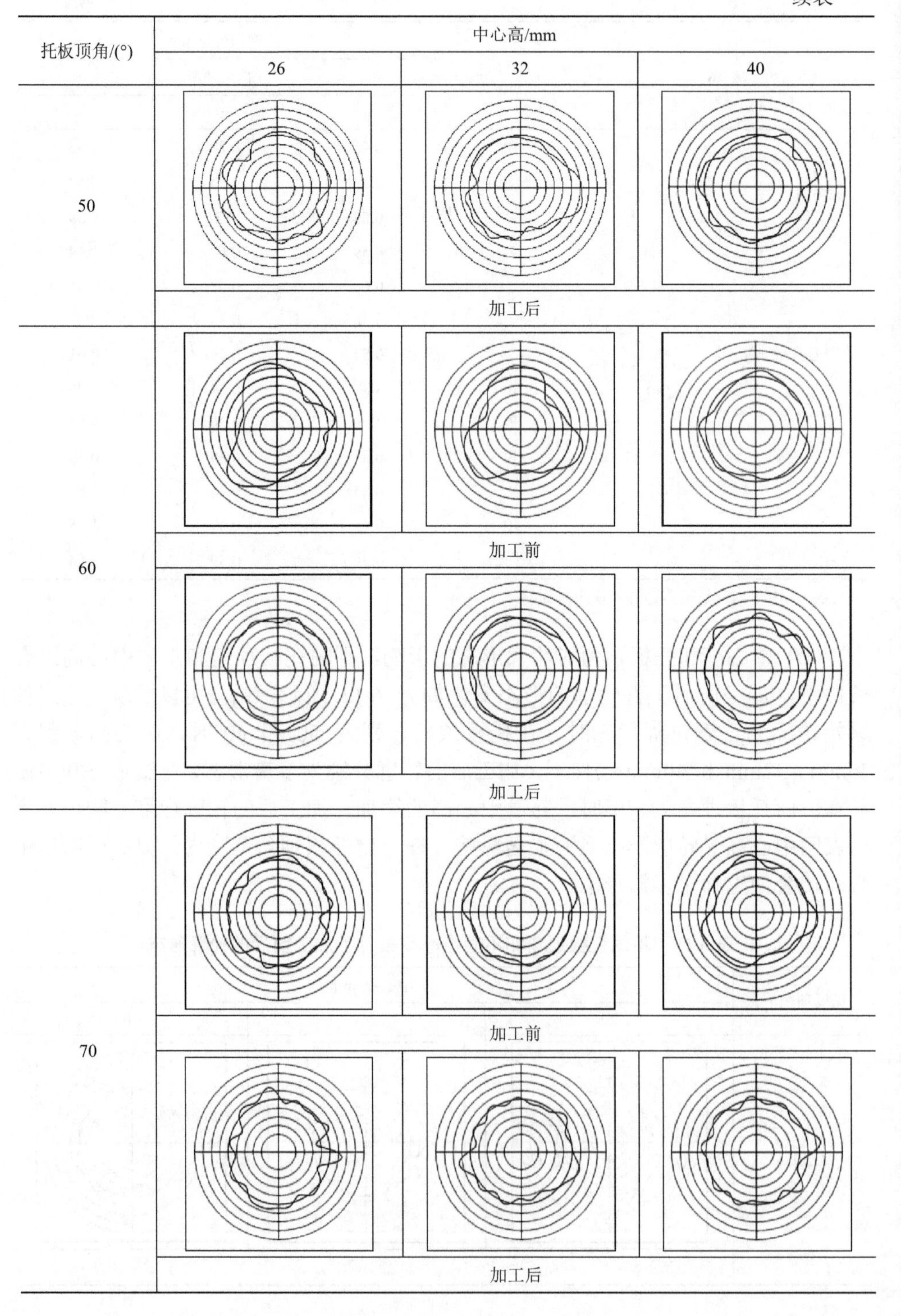

托板顶角/(°)	中心高/mm		
	26	32	40
50			
	加工后		
60			
	加工前		
	加工后		
70			
	加工前		
	加工后		

轮廓形态变化的原因与工件在磨削过程中是否平稳运动有关，工件的平稳运动有利于多瓣轮廓形态的形成。对于某一托板顶角值，如图6.47（a）所示，当中心高使得工件直径低于砂轮和导轮直径位置时，工件与砂轮、导轮及托板之间的摩擦力均比较大，有利于工件运动的稳定，从而容易形成多瓣轮廓。如图6.47（b）所示，中心高增加使得工件直径处于砂轮和导轮直径位置时，工件与砂轮、导轮及托板之间的摩擦减小，加工过程有不稳定的趋势，容易形成三瓣轮廓。但是，随着中心高的进一步增加如图6.47（c）和图6.47（d）所示，中心高高于砂轮和导轮直径位置，此时也有利于形成多瓣轮廓，这可能与摩擦力的方向对工艺系统稳定的影响有关，这个现象也是一个值得深入研究的问题。当托板顶角较大时，工件与砂轮、导轮、托板的相切点之间距离更为均衡，有利于加工稳定，获得多瓣轮廓形态。

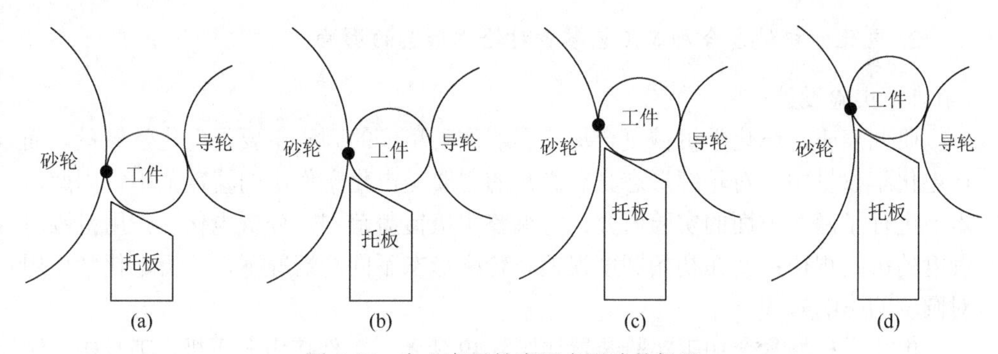

图6.47　中心高对轮廓形态影响的机理

（3）获得不同圆度误差值和轮廓形态的无心磨削参数配置。根据以上分析，在无心磨削阶段，调整托板顶角会显著影响工件的圆度误差。在给定的三种条件下，托板顶角为60°时可以获得较高的圆度精度。中心高和托板顶角的不同组合还会显著改变回转表面的轮廓形态，适当提高和降低中心高，或增大托板顶角，都有利于轮廓向多瓣形态演化。中心高和托板顶角对圆度值与轮廓形态的影响如表6.14和图6.48所示。

表6.14　获得不同圆度误差值和轮廓形态的参数配置

圆度误差值和轮廓形态	托板顶角/(°)	中心高/mm
误差值低、三瓣轮廓	60	32
误差值低、多瓣轮廓	60	26，40
误差值高、三瓣轮廓	50	32
误差值高、多瓣轮廓	50	26，40
	70	26，32，40

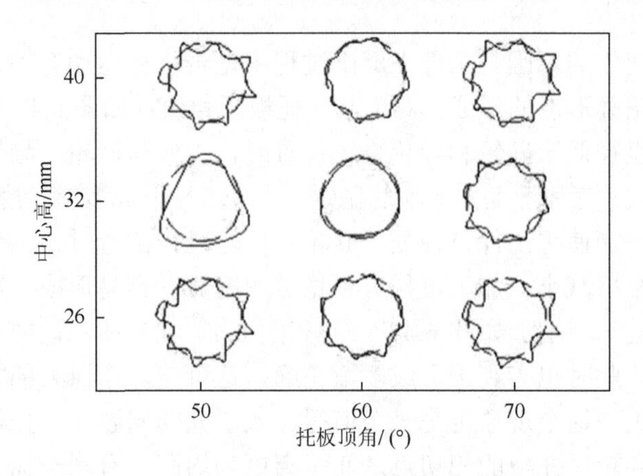

图 6.48　不同托板顶角与中心高条件下的轮廓形态

2. 电化学机械复合加工工艺参量对轮廓形态的影响

1）实验设计

研究表明，电化学机械复合加工影响加工精度的因素主要是电化学参量。而在电化学参量中，对轮廓形态具有影响的主要是电化学作用的覆盖范围。因此，本节进行了两个方面的实验研究：①调整阴极覆盖范围，分析电化学作用范围对圆度的影响规律；②在初始圆度误差和轮廓形态不同的情况下，分析电化学作用对圆度的影响规律。

电化学机械复合加工实验装置如图 6.49 所示。工件接电源正极，工具接电源负极，工件与阴极之间的间隙中通有电解液，磨具依靠气缸施压于工件表面，机床主轴带动工件旋转运动时，工件表面产生电化学作用和机械作用的交替作用，实现工件表面的加工。主要实验参数如表 6.15 所示。选择两种不同的阴极覆盖范围如图 6.50 所示。

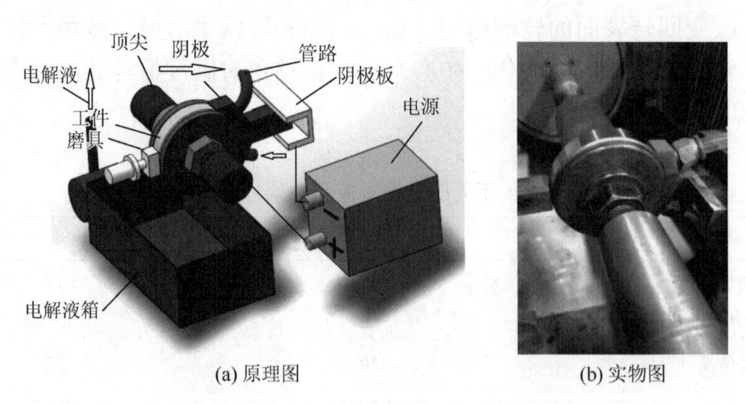

(a) 原理图　　(b) 实物图

图 6.49　电化学机械复合加工实验装置

表 6.15　电化学机械复合加工实验条件

名称	参量	取值范围
阴极	出口尺寸/mm	ϕ12
	材料	2Cr13
	表面粗糙度 *Ra*/μm	1.1～1.3
	阴极覆盖范围/(°)	30，90
试件	尺寸/mm	ϕ75×15
	工件材料	GCr15
电源	输出容量/kVA	20
	额定输入电压/V	380
	输出电压/V	0～30
	最大输出电流/A	100
电解液	流量/(L/h)	300
	压力/MPa	0.030～0.070
	主要成分	$NaNO_3$ + 其他
	质量分数	10%～25%
主要参数取值范围	加工电流/A	20
	加工间隙/mm	0.2
	试件转速/(r/min)	500
	砂带压力/MPa	0.1
	加工时间/s	30
	磨具类型、粒径/μm	砂带，30
测量装置	表面粗糙度仪	YS2205B
	圆度仪	YS2901
	流量计	LZS-15
	压力表	Y-60

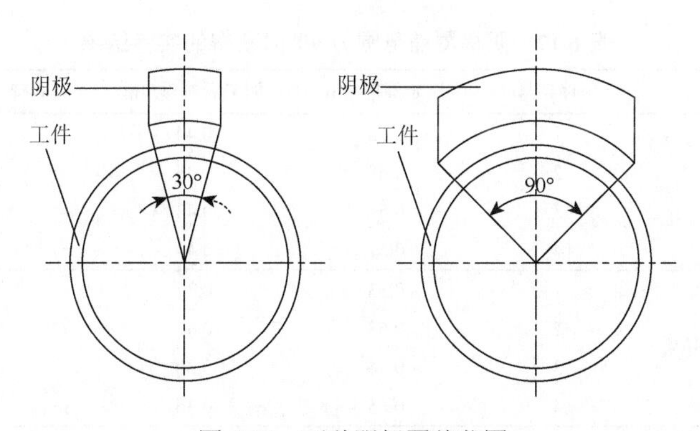

图 6.50　两种阴极覆盖范围

2）结果分析

如表 6.14 所示，根据无心磨削加工后的圆度值和轮廓形态特征，将实验试件分为 4 组：误差值高的三瓣轮廓、误差值高的多瓣轮廓、误差值低的三瓣轮廓和误差值低的多瓣轮廓。每组加工 4 件，测量实验后的圆度轮廓及误差值，每件测量 3 次取平均值，结果如表 6.16 和表 6.17 所示。

表 6.16　阴极覆盖范围为 30°时获得的实验结果

轮廓类型	工件序号	原始圆度/μm	加工后圆度/μm	圆度改善值/μm
误差值高、三瓣轮廓	1	0.85	0.75	0.1
	2	0.51	0.59	–0.08
	3	0.85	0.77	0.08
	4	0.60	0.44	0.16
误差值高、多瓣轮廓	1	0.50	0.56	–0.06
	2	0.57	0.46	0.11
	3	1.35	0.55	0.8
	4	0.48	0.56	–0.08
误差值低、三瓣轮廓	1	0.38	0.40	–0.02
	2	0.41	0.33	0.08
	3	0.40	0.48	–0.08
	4	0.38	0.63	–0.25
误差值低、多瓣轮廓	1	0.35	0.47	–0.12
	2	0.46	0.45	0.01
	3	0.32	0.50	–0.18
	4	0.43	0.64	–0.21

表 6.17　阴极覆盖范围为 90°时获得的实验结果

轮廓类型	工件序号	原始圆度/μm	加工后圆度/μm	圆度改善值/μm
误差值高、三瓣轮廓	1	0.72	0.44	0.28
	2	0.68	0.48	0.2
	3	0.61	0.43	0.18
	4	0.51	0.49	0.02
误差值高、多瓣轮廓	1	0.53	0.37	0.16
	2	0.63	0.48	0.15
	3	0.46	0.30	0.16
	4	0.65	0.35	0.3
误差值低、三瓣轮廓	1	0.34	0.35	–0.01

续表

轮廓类型	工件序号	原始圆度/μm	加工后圆度/μm	圆度改善值/μm
误差值低、三瓣轮廓	2	0.34	0.25	0.09
	3	0.30	0.28	0.02
	4	0.35	0.33	0.02
误差值低、多瓣轮廓	1	0.34	0.32	0.02
	2	0.30	0.30	0
	3	0.38	0.37	0.01
	4	0.43	0.32	0.11

根据表 6.16 和表 6.17，对于原始圆度误差值较高和较低的三瓣轮廓及多瓣轮廓，加工前后的圆度误差值都得到了降低。阴极覆盖范围分别为 30°和 90°时，加工后的三瓣轮廓和多瓣轮廓结果如图 6.51 所示。由图可知，两种不同阴极覆盖范围下，多瓣轮廓工件获得的圆度误差均优于三瓣轮廓。

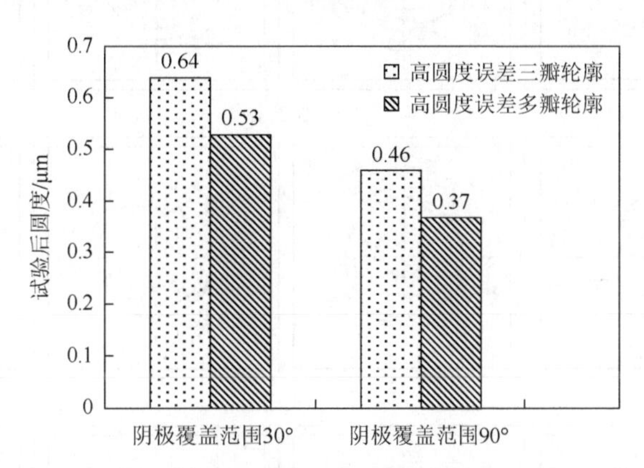

图 6.51　不同阴极覆盖范围下加工前后的圆度误差

3）轮廓形态变化的机理

根据上述实验结果，电化学机械复合加工后，圆度误差均得到改善，但对于不同的轮廓形态，误差改善的程度存在差异，高频次谐波轮廓误差更容易被改善。同时，适当增大阴极覆盖范围也有利于轮廓误差的改善。

为进一步探究产生差异的原因，对阴极覆盖范围为 30°和 90°时获得的轮廓形态进行比较，如表 6.18 和表 6.19 所示。由表可知，电化学机械复合加工后的轮廓形态与原始轮廓形态有关。根据电化学加工理论，当电化学作用达到稳定状态时，试件某点的去除量取决于该点与阴极之间的间隙，而该点处间隙的变化主要受到工件轮廓误差和工艺系统误差这两个因素的影响。阴极覆盖范围决定了同一时刻工件表面上产生电化学作用的区域，因此在某一时刻，工艺系统误差引起的间隙变化在同一阴极覆盖范围内没有差别，但轮廓形态误差导致的间隙变化却会影响工件的去除量。图 6.52 给出了多瓣轮廓和三瓣轮廓误差的纠正原理，三瓣轮廓和多瓣轮廓的本质区别在于多瓣轮廓形态的高低起伏波动频率高，而三瓣轮廓可看作仅起伏三次。在某一时刻，多瓣轮廓形态在整个阴极覆盖范围内会有更多的间隙大小变化，不同加工时刻的轮廓误差的不稳定性在被加工表面上被均化，轮廓瓣数越多，这种误差均化效应越明显，致使同一条件下，多瓣轮廓形态误差的改善效果优于三瓣轮廓形态。

表 6.18 阴极覆盖范围为 30°时加工前后的轮廓形态

	工件轮廓			
误差值高、三瓣轮廓	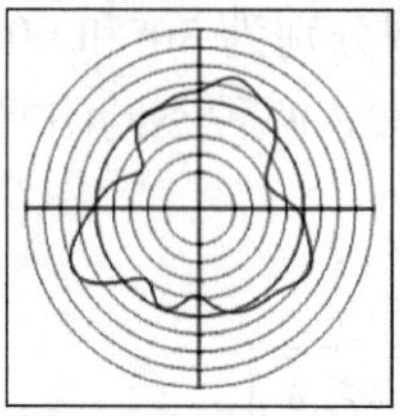	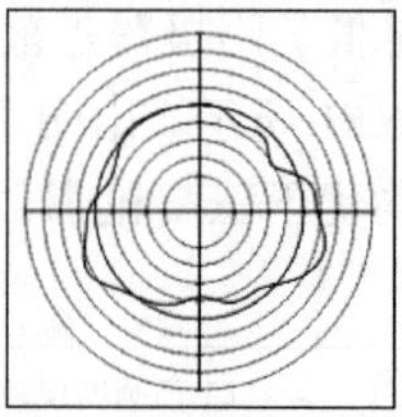	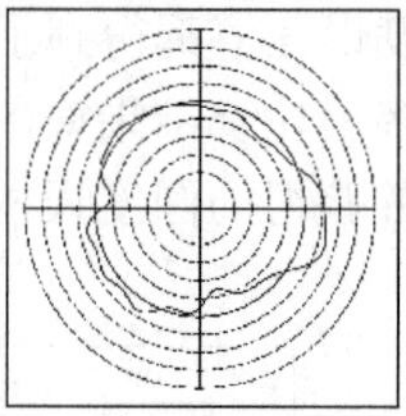	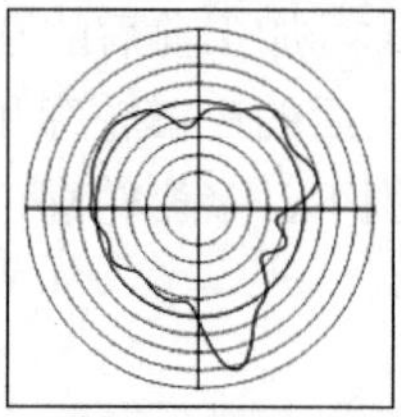
	加工前			
	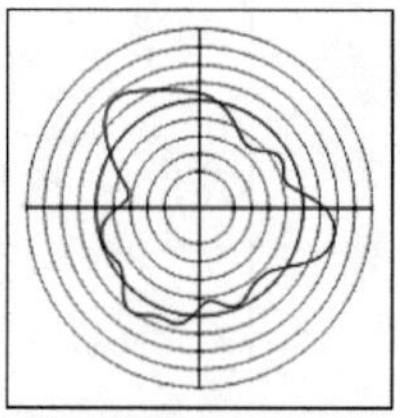	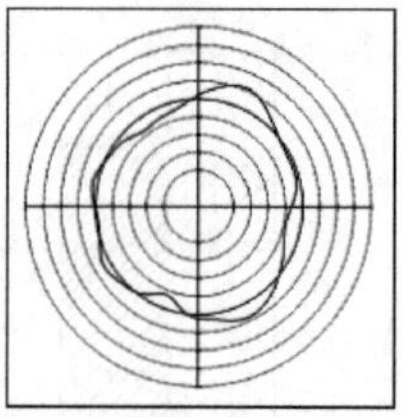	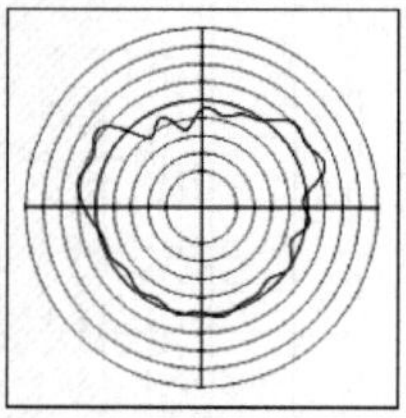	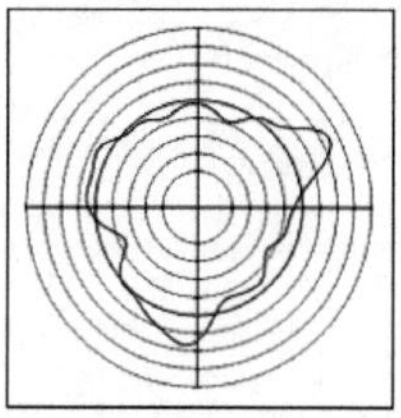
	加工后			
误差值高、多瓣轮廓	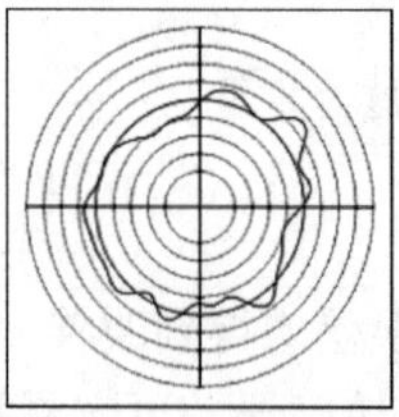	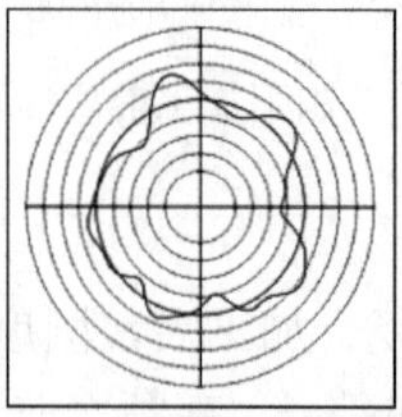	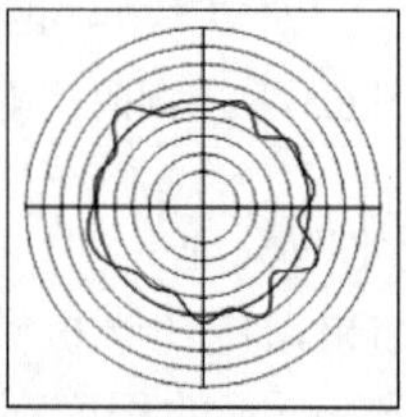	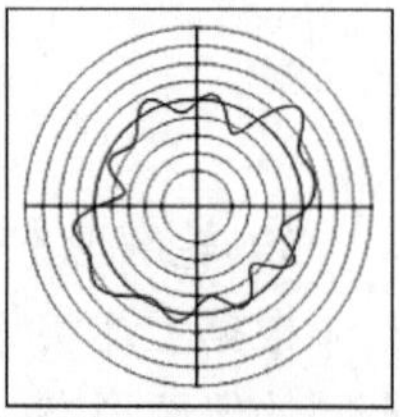
	加工前			
	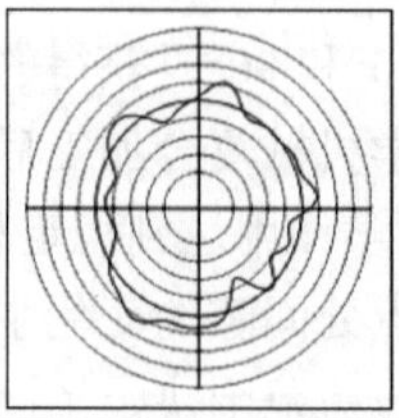	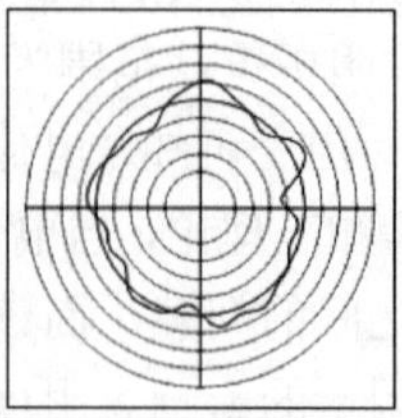	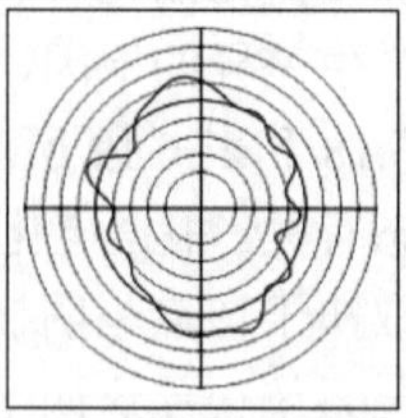	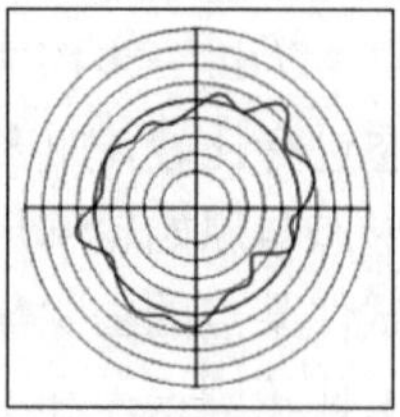
	加工后			

表 6.19　阴极覆盖范围为 90°时加工前后的轮廓形态

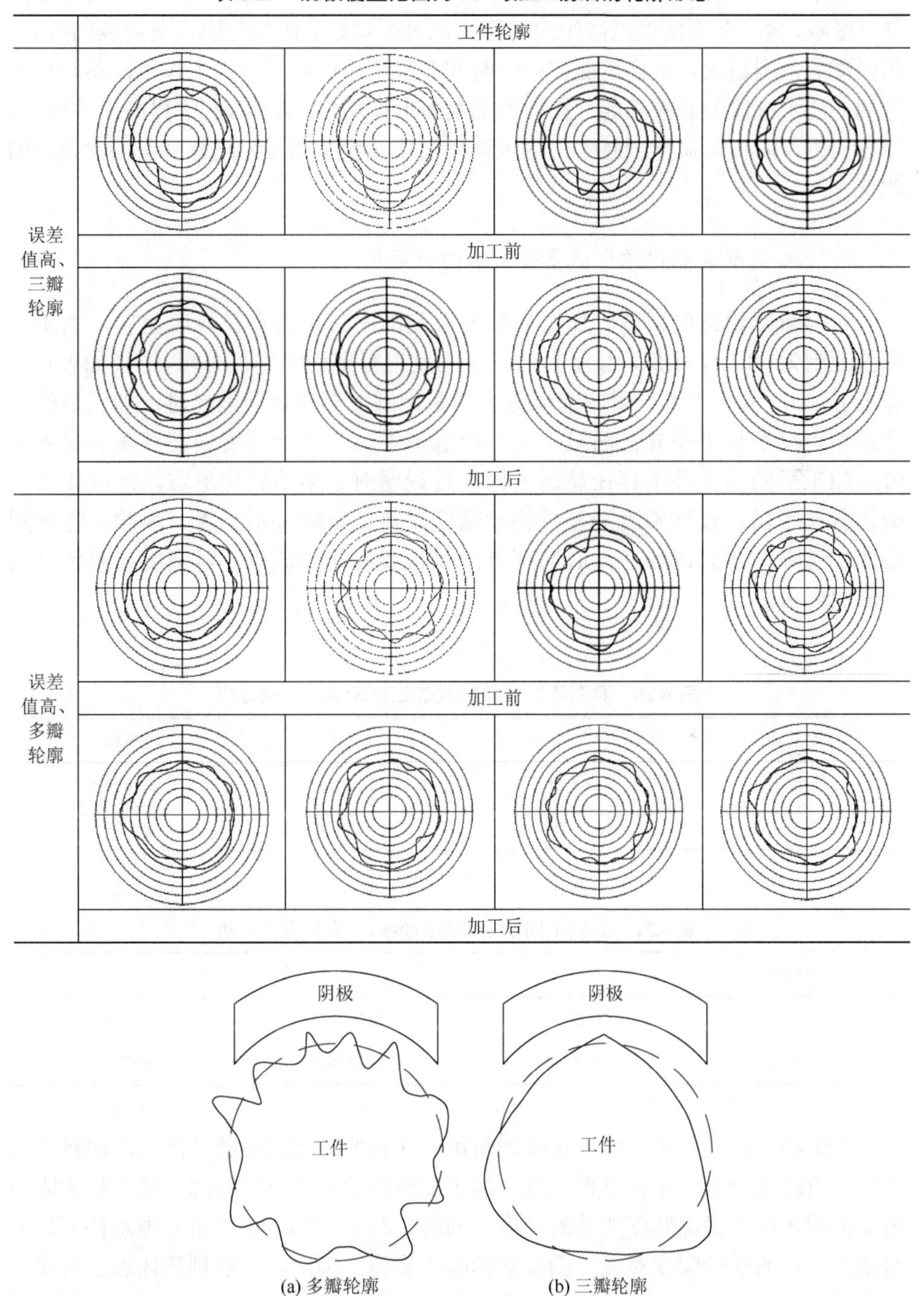

图 6.52　不同轮廓形态的误差纠正原理

根据以上分析，某一时刻工艺系统误差导致的间隙变化对整个阴极覆盖范围具有影响，由工艺系统误差产生的间隙变化对去除量的影响与阴极覆盖范围有关，阴极覆盖范围越大，试件表面在同一时间会有更多区域具有加工作用，不同加工时刻工艺系统误差的不稳定性在被加工表面上被均化，从而有利于提高工件精度。理论上讲，阴极覆盖范围越大，这种误差均化效应越明显，越有利于轮廓误差的改善。

3. 无心磨削和电化学机械复合加工的协同优化

为判断原始圆度误差对加工后圆度误差的影响是否存在显著差异，当阴极覆盖范围为90°时，对原始圆度和加工后圆度进行单因素方差分析，结果如表6.20和表6.21所示。对于三瓣轮廓形态，当原始圆度存在显著差异时，加工后的圆度误差也存在显著差异；而对于多瓣轮廓形态，当原始圆度误差存在显著差异时，加工后的圆度并不存在显著差异。这说明对于多瓣轮廓形态，经电化学机械复合加工后，最终圆度误差受初始圆度误差的影响并不显著。因此，考虑到整体加工效率，只需要在无心磨削阶段获得多瓣轮廓即可，对圆度误差值可适当放宽要求。

表 6.20　具有不同初始圆度的三瓣轮廓的方差分析

分析项	*F*	*P*-value	Fcrit
原始圆度	39.51907	0.000754	5.987378
实验后圆度	33.54085	0.00116	5.987378

表 6.21　具有不同初始圆度的多瓣轮廓的方差分析

分析项	*F*	*P*-value	Fcrit
原始圆度	15.30501	0.007873	5.987378
实验后圆度	1.355444	0.288524	5.987378

在无心磨削过程中，增大托板顶角可以在较宽的工艺参数范围内形成较高频次的多瓣轮廓形态。电化学机械复合加工能有效整平高频波轮廓，适当扩大阴极覆盖范围还可以提高圆度改善的程度。同时，在一定的阴极覆盖范围条件下，多瓣轮廓工件的初始圆度对最终圆度的影响不显著。因此，考虑到整体加工效率，采用“无心磨削 + 电化学机械加工”组合工艺时，只需要在无心磨削阶段获得多

瓣轮廓，而对圆度误差值可适当放宽要求，这显著降低了无心磨削加工的工艺条件，为精密回转件的高效率、低成本精加工提供了一种有效加工手段。

6.6　电场自适应调控实现误差反馈修正

本节围绕电化学加工过程中电化学作用与误差之间的反馈机理，提出误差反馈变电场电化学加工技术思想，通过增强加工过程中的误差—电场—误差之间的反馈效果，可实现误差修正能力的显著提高。下面以偏心套加工为例，进行电场自适应调控误差反馈修正加工的实验研究。

6.6.1　电场自适应调控误差反馈修正原理

电化学加工的电化学作用在纠正误差时，由于非接触加工的定域性问题（加工区域的杂散性）和纠正误差时的“柔性”特征（非接触加工，依赖去除量的累积），其误差纠正所依赖的“误差—间隙—电场—去除量—误差”的反馈机理，即由误差引起的间隙不均匀而产生去除量差异的累积实现误差纠正，在去除量有限的条件下，误差的纠正能力也受到限制。

误差反馈变电场电化学加工技术思想如表 6.22 所示，利用扫描式阴极将零件上不同部位的被加工材料在工件表面空间和加工时间上相互独立与可控，通过调控电场，在不增加系统复杂性的前提下，增强电化学加工的误差—电场—误差之间的反馈效果，使误差纠正更具“刚性”，以实现短时间、小去除量条件下的高精度电化学加工对间隙变化引起的去除量变化实施同向反馈强化调控，进而实现误差修正能力的显著提高。

表 6.22　误差反馈变电场电化学加工技术思想

误差对间隙的影响	误差和去除量之间的反馈	反馈原理
电极　工件 Δ　δ −　脉冲电源　+　A 控制器　电流信号 电压信号　V ω 扫描式加工过程中的误差实时反馈	去除量 $V=\eta\sigma tI$；其中 $I=U\kappa/(\Delta-\delta)$ η 为电流效率，σ 为体积电化学当量，κ 为电解液电导率，U 为间隙电压降，t 为加工时间，Δ 为间隙最大值，δ 为工件误差，I 为加工电流。脉冲效应使 Δ 减小，δ 的变化会使 I 的变化更加显著	加工本身反馈：$I=U\kappa/(\Delta-\delta)$ δ 变化、U 恒定、I 变化、V 变化 外部干预增强反馈： $I=U(\delta)\kappa/(\Delta-\delta)$ δ 变化、$U(\delta)$ 变化、I 变化幅度增大、V 变化幅度增大 *检测信息源＝控制输出对象→自适应调控

6.6.2 电场自适应调控电源

具有电场自适应调控功能的电源是实现电场自适应调控加工的关键，这需要设计电源控制算法和专用电源。

1. 电场自适应调控电源算法设计

电场自适应调控电源是依据加工过程中某一时刻的电流和电压检测信号，决定下一时刻的电压输出。因此，电源设计成两种工作模式：调试模式和加工模式。

（1）调试模式。调试模式用来确定等效电阻的平均值，恒压模式下，在工件转动过程中，采得一段时间不同取样时刻的电压值和电流值，并计算得到不同取样时刻的等效电阻，求得其平均值，此电阻平均值就是在加工过程中与实时等效电阻进行比较的基准电阻值。

（2）加工模式。在工件转动过程中，采得某一时刻的电压值和电流值，并计算该时刻的等效电阻，并将此电阻与调试模式下获得的平均电阻的平均值进行比较，如果前者大于后者，则在下一时刻，输出电压减小；如果前者小于后者，则在下一时刻，输出电压增大。

对上述思想进行数学化描述。电化学加工过程中，由于零件误差引起的极间间隙变化会导致极间电阻的变化，采用恒压电源加工时，极间电流也会随之发生变化，通过电压和实时电流计算某一时刻 t_i 的等效电阻：

$$R(t_i)=\frac{U}{I(t_i)} \tag{6.41}$$

式中，$I(t_i)$ 为极间电流；U 为极间电压；$R(t_i)$ 为极间等效电阻。

在调试模式下，工件转动一段时间，获得该过程中不同时刻 $t_i(i=1, 2, \cdots, n)$ 的电流 $I(t_i)$，再计算该段时间内的平均等效电阻：

$$R_0=\frac{1}{n}\sum_{i=1}^{n}\frac{U}{I(t_i)} \tag{6.42}$$

在加工模式下，电压是数控可调的，某一时刻 t_i 的实时等效电阻为

$$R(t_i)=\frac{U(t_i)}{I(t_i)} \tag{6.43}$$

由于电压数控可调，此时就可以根据实时等效电阻来调整输出电压，在 t_i 时刻的等效电阻要根据在该时刻的采样电压 $U(t_i)$和采样电流 $I(t_i)$进行计算，当计算完成时，t_i 时刻已经过去了，不能做到实时调整，但由于零件的形状误差一般不是突变的，所以可以根据 t_i 时刻的等效电阻决定 t_{i+1} 时刻的输出电压：

$$U(t_{i+1}) = U_0 \cdot \left(\frac{R_0}{R(t_i)} \right) \tag{6.44}$$

式中，U_0 为电源的初始输出电压。

式（6.44）的含义是：将等效电阻 $R(t_i)$和预先确定的 R_0 比较，根据比较的结果决定下一时刻的输出电压 $U(t_{i+1})$，即当某一时刻的等效电阻和平均电阻相等时，$R_0/R(t_i) = 1$，下一时刻的输出电压等于初始输出电压，$U(t_{i+1}) = U_0$；当某一时刻的等效电阻小于平均电阻时，$R(t_i)/\varDelta_0 < 1$，意味着间隙减小，需要多去除材料，如图 6.53 中的 a 点，那么下一时刻的输出电压按照大于初始输出电压输出，$U(t_{i+1}) = U_0 \cdot [R_0/R(t_i)]$，在 a 点附近加大去除量；当某一时刻的等效电阻大于平均电阻时，$R(t_i)/R_0 > 1$，意味着间隙增大，需要少去除材料，如图 6.53 中的 b 点，那么下一时刻的输出电压按照小于初始输出电压输出，$U(t_{i+1}) = U_0 \cdot [R_0/R(t_i)]$，在 b 点附近减小去除量。

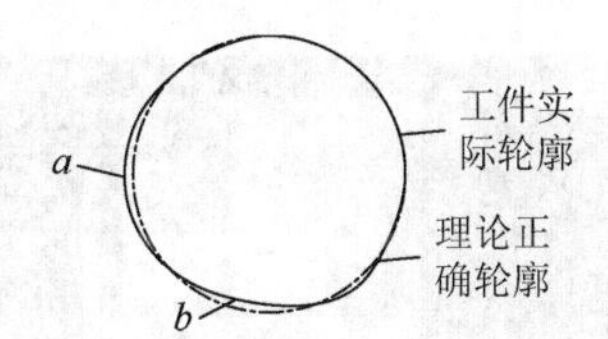

图 6.53　工件轮廓对输出电压的影响

上述算法可以实现误差的强力修正，但缺点是强化修正的能力不可调整，为此设计了可调整误差修正能力的算法：

$$U(t_{i+1}) = U_0 \cdot \left(\frac{R_0}{R(t_i)} \right)^{\lambda} \tag{6.45}$$

通过幂函数的次数 λ 来调整误差修正能力。

2. 电场自适应调控电源设计

关于电源具体的实现方式，可通过设置控制器和传感器实现电源的调控，如图 6.54 所示。通过电压传感器和电流传感器实时采集电压信号和电流信号，信号传输至控制器，经过 A/D 转换为数字量进入主控芯片 MCU，控制程序根据采集的电压数据和电流数据进行计算，得到等效电阻数据（等效电阻 = 电压/电流），对每个采样点的等效电阻数据与最小值做偏差，根据偏差调整电压，进而对输出电流进行调节。

根据以上系统设计思想，开发了电场自适应调控电源，如图 6.55 所示。电源基本功能，即输入：AC220V、50Hz，输出：DC0～36V、0～200A（可调），可以在两种工作模式下工作：一是正常工作模式（恒流、恒压输出模式）；二是反馈调压工作模式。

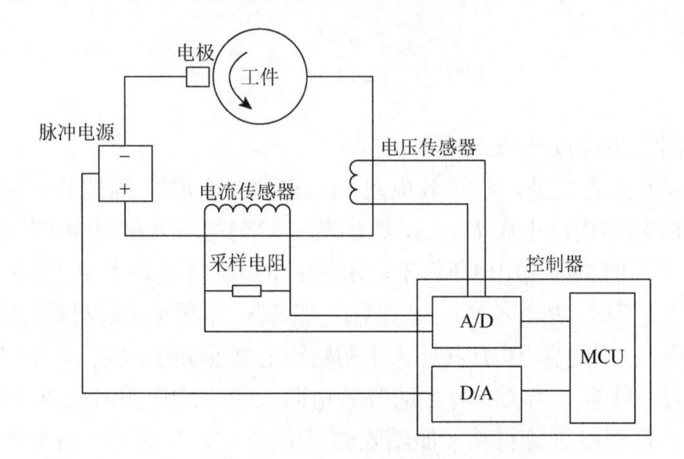

图 6.54　电场自适应调控电源系统

图 6.55　电场自适应调控电源实物

6.6.3　电场自适应调控加工实验

1. 加工条件

由于实际的外圆轮廓是不规则的，为了在低实验成本的前提下达到能放大外圆误差的效果，设计了如图 6.56 所示的偏心套试件，以验证误差修正能力。试件定位孔和外圆加工面之间的偏心量为 1mm，试件绕定位孔中心旋转时，试件外圆能产生的偏心量为 2mm。加工时，以工件最大凸点位置对准阴极设置加工间隙，工件保持匀速转动，加工间隙变化量为 2mm。电场自适应调试加工实验装置如图 6.57 所示，工件接电源正极，工具阴极接电源负极，电解液从喷嘴中竖直向下冲入加工间隙。电场自适应调控加工实验条件见表 6.23。

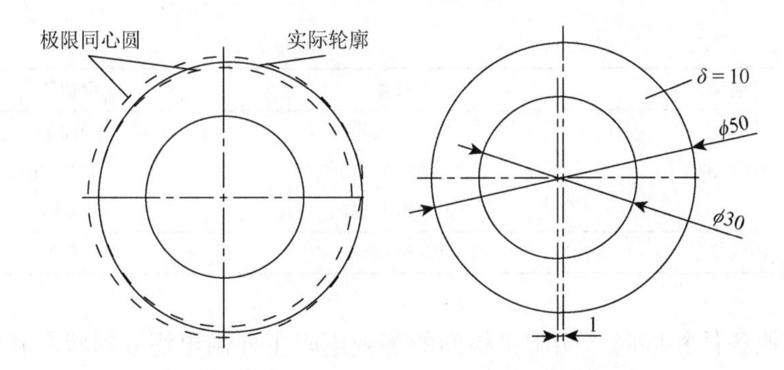

图 6.56　偏心套试件示意图（单位：mm）

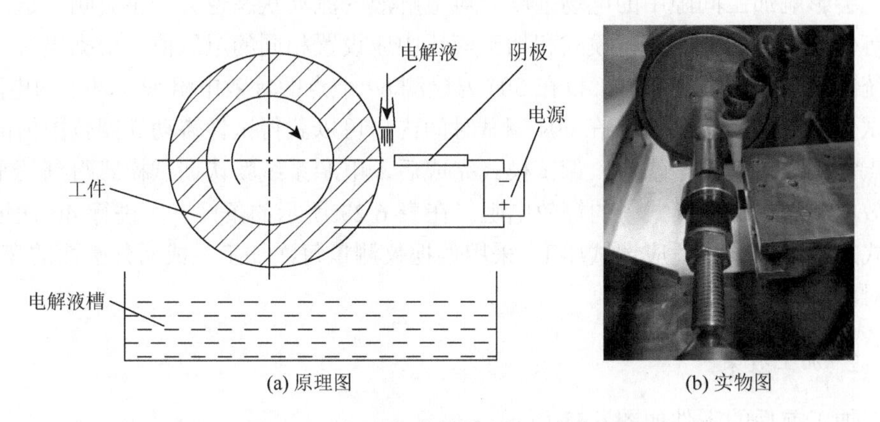

(a) 原理图　(b) 实物图

图 6.57　电场自适应调试加工实验装置

表 6.23　电场自适应调控加工实验条件

名称	参量	取值范围
阴极	材料	304
	厚度/mm	5
试件	材料	304
	形状及尺寸	见图 6.56
主要参数	设定调试电压/V	25
	设定加工电压/V	25
	反馈系数	3
	电压偏移量/V	10
	调试时间/min	1
	单次加工时间/min	20
	加工次数	40
	最小加工间隙/mm	0.5
	工件转速/(r/min)	3

续表

名称	参量	取值范围
电解液	主要成分	$NaNO_3$
	质量分数	18%～20%
	出口压力/MPa	0.18
测量仪器	偏摆检查仪	5025

在其他条件相同时，阴阳极极间的等效电阻主要由电解液的状态和加工间隙的大小决定，因此调试模式时的电压值理论上是可以任意设定的。但是实际上，电压会影响加工间隙中的电场强度，对电解液的流动状态也会产生影响，进而影响等效电阻，所以在调试模式和加工模式中应设置相同的电压值。根据电源控制系统的设定，调试模式时，以在 30s 内检测 64 个点的等效电阻来计算平均电阻，在试件转速为 3r/min 时，在 60s 调试时间内，可以获得试件转动 3 圈范围内的不同点等效电阻值的平均值。调试模式完成后，电源系统默认调试模式得到的平均等效电阻作为加工模式下的等效电阻。在表 6.23 所示的条件下，进行 40 次恒压模式加工和电场自适应调试加工，采用偏摆仪测量每次加工完成后外圆面的变化，并对两者进行对比。

2. 加工效果

加工前后的工件如图 6.58 所示。

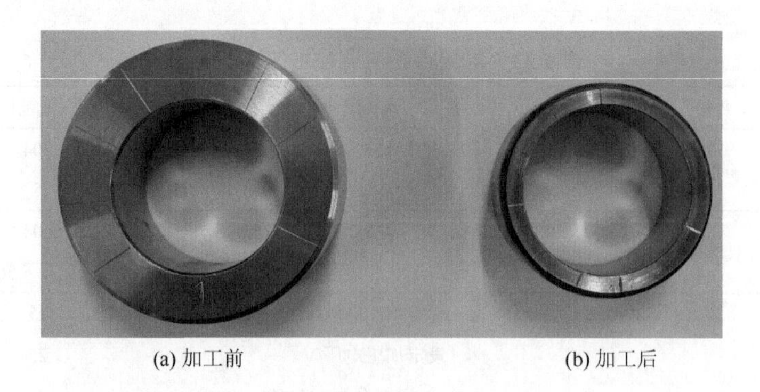

(a) 加工前　　(b) 加工后

图 6.58　电场自适应调控外圆修正加工前后的工件对比

与恒定电压条件下进行外圆修正相比，电场自适应调控加工在工件凸点的位置加工电压大，去除量大，在工件凹点位置加工电压小，去除量少，因此修正速度更快、效率更高。相同的加工条件下，两者加工后工件圆跳动误差对比结果如图 6.59 所示。

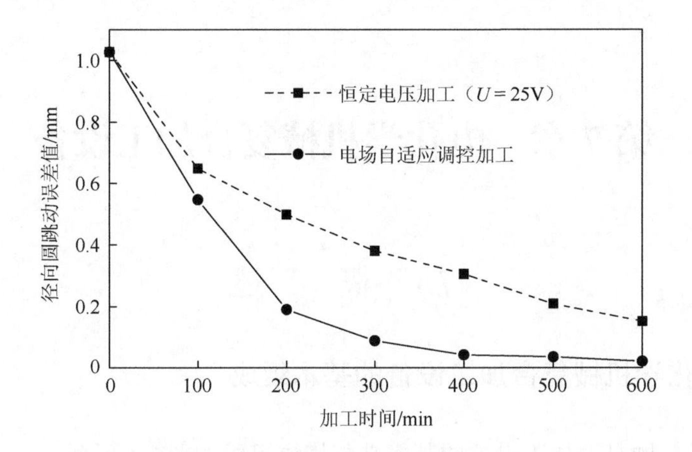

图 6.59　电场自适应调控加工与恒定电压加工结果对比图

从径向圆跳动误差的变化规律来看，在加工过程中，电场自适应调控加工与恒定电压加工得到的径向圆跳动误差的减小速度越来越慢，修正效果降低，这是因为工件的初始径向圆跳动误差最大，间隙不平衡带来的反馈比较明显，两种加工方式的修正能力能得到充分发挥，而随着加工的进行，工件的径向圆跳动误差越来越小，工件最高点和最低点的加工间隙的差值越来越小，去除量的差值随之越来越小。无论何种加工方法，对外圆工件的修圆能力均会随加工的进行而减弱。

需要说明的是，本章所讨论的调控手段，有些是在仅有电化学作用条件下实施的，但是对于电化学机械复合加工，该手段依然适用。

第 7 章　电化学机械复合加工设备

7.1　概　　述

7.1.1　电化学机械复合加工设备的基本组成

电化学机械复合加工设备的基本功能模块组成如图 7.1 所示。

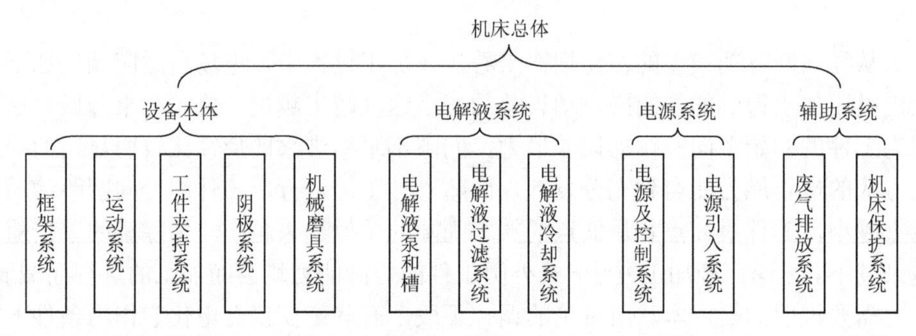

图 7.1　电化学机械复合加工设备的基本功能模块组成

7.1.2　电化学机械复合加工设备的发展

与电化学加工技术及装备的发展类似[33]，电化学机械复合加工设备的发展也是随着加工工艺的发展而发展的。外圆加工工艺、内孔加工工艺、平面加工工艺和曲面加工工艺的研究与发展，促进了相应加工设备的出现。在设备发展的过程中，经历了设备改造向专机研制的过渡。例如，早期的外圆表面加工，一般以车床或磨床为设备本体，对其进行改造，增加电源系统、电解液系统等实现电化学机械复合加工。但是，由于是设备改造，不能从设备设计时就充分考虑电化学机械复合加工的特点和要求，在工艺实现、安全防护、操作使用等方面都具有先天的缺陷。因此，研究人员开始研制专用的电化学机械复合加工装备。

7.1.3　电化学机械复合加工设备的特殊性

常规的机械加工设备仅需要考虑机械场以及由机械场引起的温度场、应力-应变场问题，而电化学机械复合加工设备不仅要考虑机械场因素，还需要考虑电化学反应场、电解液流动场，以及这些场之间的复合协调问题。因此，在其结构、运动设计时，必须充分考虑这些因素可能给加工带来的影响，趋利避害，实现可控加工。

7.2　外圆电化学机械复合加工设备

本节以能实现细长轴加工的外圆电化学机械复合加工设备为例，介绍设备的组成及设计思想。外圆电化学机械复合加工设备由设备本体、电解液系统、电源系统、辅助系统等部分组成，如图 7.1 所示。

7.2.1　电化学机械复合加工设备本体

电化学机械复合加工设备本体是设备的基础部分，用来实现电化学机械复合加工的工件装夹和运动、电化学阳极反应、机械抛磨加工等功能。

1. 框架系统

框架系统是设备的主体结构，主要用来安装工件的装夹和运动机构、电化学阳极系统、机械抛磨工具系统等。

图 7.2 为外圆电化学机械复合加工设备的框架系统，框架总体采用卧式结构，底部有机架作支撑，其上安放托板和导轨，主轴顶尖和尾座顶尖通过顶紧装置夹紧与定位工件，主轴电机带动工件转动，横移装置和进给装置共同作用，实现阴极和磨具位置的调整，形成外圆电化学加工的系统框架。

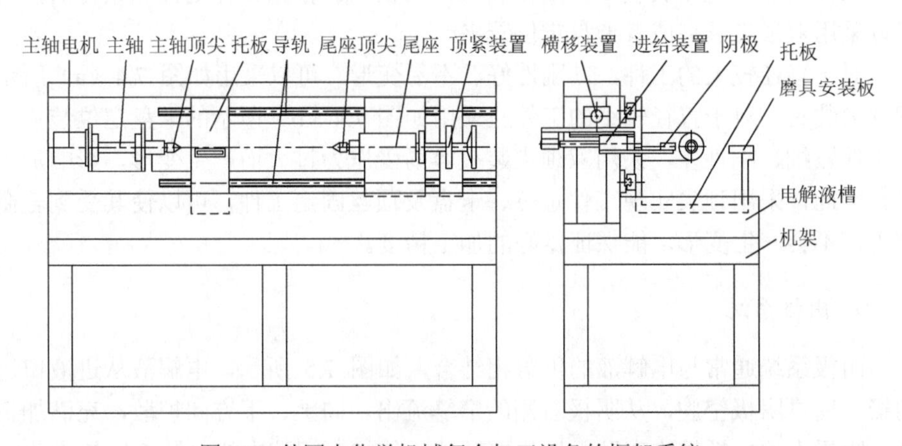

图 7.2　外圆电化学机械复合加工设备的框架系统

2. 运动系统

运动系统是实现阴极、工具和工件运动的机构。如图 7.3 所示，转动手轮可使尾座向工件移动，利用尾座顶尖和主轴顶尖对工件进行夹紧与定位，通过主轴电机、传送带、丝杠导轨等传动部件相结合实现工件的转动，电极进给电机控制阴极的径向进给运动，磨具进给电机控制磨具的径向进给运动，横移电机控制阴极和磨具的轴向横移运动，实现了阴阳极间隙的调整、阴阳极和机械磨具与工件的相对运动等。

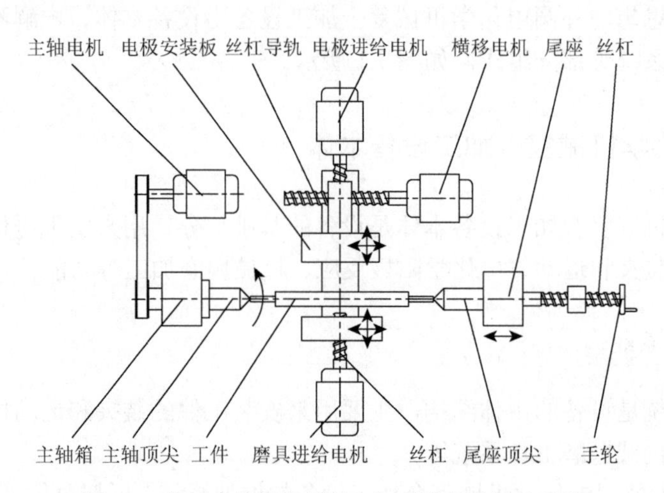

图 7.3　外圆电化学机械复合加工设备的运动系统

3. 工件夹持系统

工件夹持系统是实现工件定位和夹持的机构。根据工件定位和夹持的需要，可以采用双顶尖装夹或者卡盘定位装夹。

对于直径较大的工件，其刚性好、不易变形，可以采用如图 7.4（a）所示的双顶尖装夹。对于直径较小的工件应采用如图 7.4（b）所示的卡盘定位装夹。由于工件较细、刚性差，采用双顶尖装夹容易受压力过大而产生变形，影响加工精度。因此，采用顶尖实现工件定位、卡盘及顶丝固定工件，可以使其受到轻微的拉力，不会产生变形，能保证良好的加工精度。

4. 阴极系统

阴极系统通常与电解液的供给相结合，如图 7.5 所示，电解液从进液口进入阴极，通过阴极空腔，从阴极右侧的窄缝流出，向上、下方向扩散，充满加工间隙。阴极内的挡板结构有助于均化电解液，使加工间隙内的电解液均匀流动。

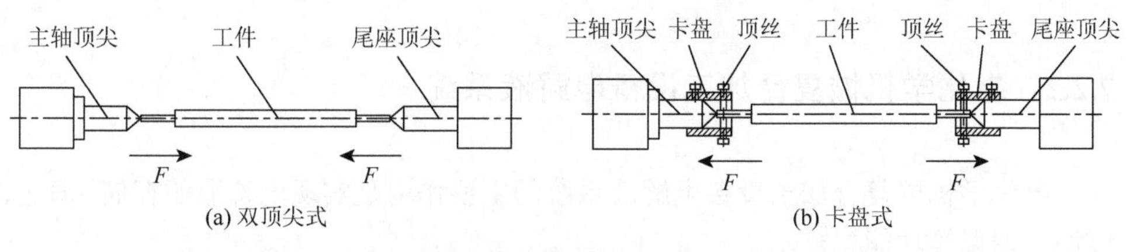

(a) 双顶尖式　　(b) 卡盘式

图 7.4　外圆电化学机械复合加工设备的工件夹持系统

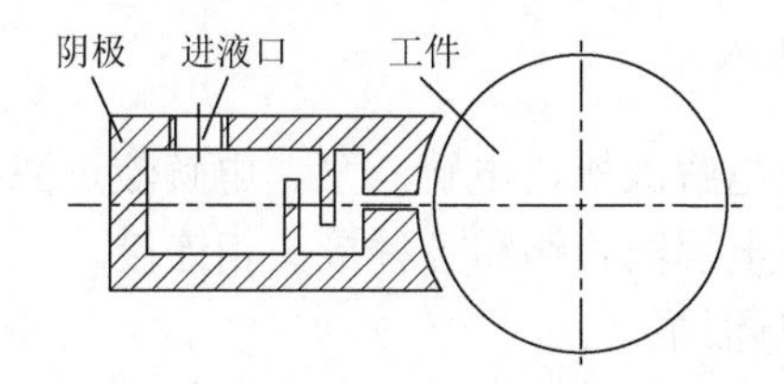

图 7.5　外圆电化学机械复合加工设备的阴极系统

5. 机械磨具系统

机械磨具系统是实现机械磨具定位、安装以及运动的机构。采用不同的机械磨具时，可以采用不同的定位和安装方式，例如，采用油石磨具时，可以采用螺钉固定和夹持，而采用砂纸模具时，可以采用弹性安装板，也可以直接将砂纸抛磨机安装于设备之上。一般地，机械磨具与工件接触时，应当为弹性接触，可采用气动施压或弹簧施压将机械磨具压在工件表面，实现弹性接触。

对于直径较大的轴类零件可以采用如图 7.6（a）所示的大直径机械磨具系统，大直径工件刚性好、不易变形，因此可采用结构较为简单的单边受力磨具系统。而对于容易受力变形的细长轴零件可以采用如图 7.6（b）所示的小直径机械磨具系统，磨具与上下压板贴合，两个压板通过销轴连接，在弹簧的作用下实现对工件的相对运动，工件受到的上下磨具的压力大小相等、方向相反，相互抵消，避免了因刚性差而受力变形。

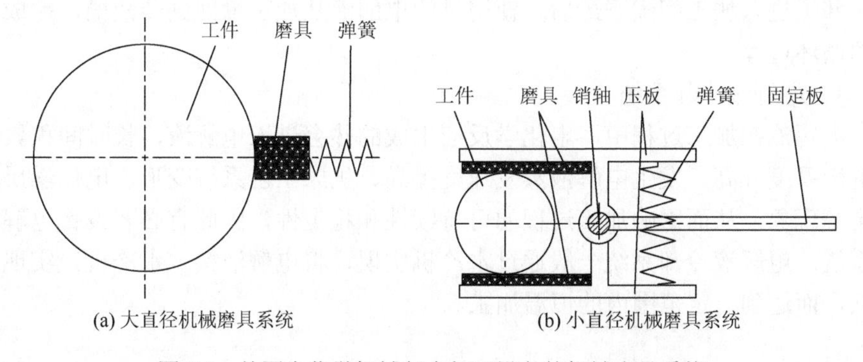

(a) 大直径机械磨具系统　　(b) 小直径机械磨具系统

图 7.6　外圆电化学机械复合加工设备的机械磨具系统

7.2.2　电化学机械复合加工设备电解液系统

电化学机械复合加工设备电解液系统的主要作用是实现电解液的存储、输送、过滤、调温等功能。

1. 电解液系统的构成

电解液系统一般由电解液槽、电解液泵、电解液过滤系统、电解液冷却系统等组成，这些系统通过电解液管路和各种接头相连接。

1）电解液槽和电解液泵

电解液槽分为电解液存储槽和电解液回收槽。电解液存储槽用来存储电解液，电解液回收槽用来将极间间隙内经过电化学反应的电解液收集起来，回流到存储槽中。电解液泵用来将电解液存储槽中的电解液输送至阴阳极间隙之间。电解液泵可以采用自吸泵、叶片泵和螺杆泵等形式。

2）电解液过滤系统

电解液过滤系统用来过滤电解液，实现电解液净化，以使电化学反应过程能持续、稳定地进行。电化学机械复合加工的电解液中包含的固体物主要是电化学反应产物和机械磨具上掉落的磨料。这些物质长期存在于电解液中，会导致电解液泵的磨损，积累过多还会导致管路堵塞，影响加工过程。

图 7.7 为外圆电化学机械复合加工设备的电解液过滤系统，它采用的是离心过滤器与布袋过滤器相结合的过滤方式。储液槽中的电解液在水泵的作用下进入离心过滤器进行第一次粗过滤，在离心过滤器中，电解液以一定的速度沿内壁螺旋向下流动，磨料和电解产物的密度大，会在离心力的作用下沉积到离心过滤器的底部，而过滤后的电解液会经过中心管道向上流出，进入布袋过滤器进行第二次精过滤。在布袋过滤器中，电解液经过过滤网，从底部管道流出，并从阴极或喷头部位进入加工间隙。最后，使用过的电解液从加工槽回到储液槽，完成电解液的循环过程。

3）电解液冷却系统

电解液在加工过程中，电化学反应生成的热会进入电解液，长时间积累会使电解液温度升高，发生电解液蒸发速度提高、机床工艺系统变形、电化学反应不稳定等现象，从而影响加工过程的可持续性和稳定性，因此有必要设置电解液冷却系统。电解液冷却系统一般通过水冷机实现，将电解液接入水冷机，实现温度降低，而达到一定范围内的恒温加工。

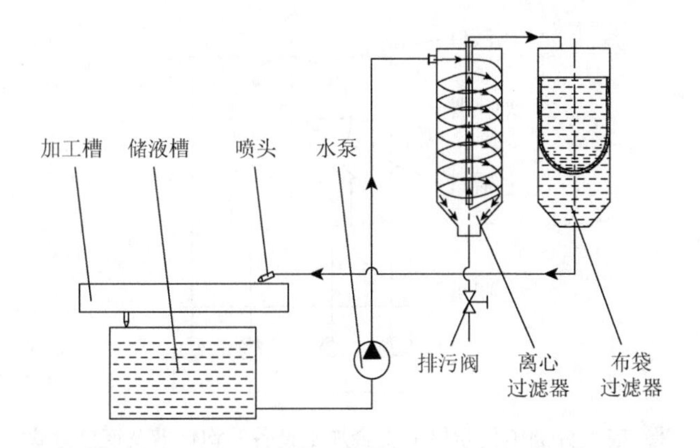

图 7.7　外圆电化学机械复合加工设备的电解液过滤系统

2. 电解液的引入

保证阴阳极间充满电解液是电化学加工能持续的必要条件，电化学机械复合加工与电化学加工引入电解液的结构设置类似，但是电化学机械复合加工使用的电流密度较小，电解液进入阴阳极极间间隙时，不需要太大的间隙压力，因此电解液引入时，可以采用阴极内置式流道，也可以采用外置喷头喷淋式或者将阴阳极极间间隙整体置于电解液中。

1）阴极内置式流道

阴极内置式流道是在阴极内部开设电解液流道，通过流道将电解液引入极间间隙，如图 7.5 所示。在设计流道时，阴极内置式流道结构应当尽可能使流出阴极的电解液在极间间隙内均匀，以保证阴极范围内不同部位的电化学反应均匀一致。电解液从阴极上部进入阴极，通过体积突然增大的均化区再进入靠近阴阳极间隙的窄缝，实现电解液均匀一致地流入极间间隙。

2）外置喷头喷淋式

外置喷头喷淋式电解液入液方式是在极间间隙外部设置电解液喷头，通过电解液喷头将电解液喷入极间间隙。外置喷头喷淋式也应当尽可能地使流出喷头的电解液在极间间隙内均匀，以保证阴极范围内不同部位电化学反应的一致性，为此可在喷头或管路内通过特殊形状或者特殊连接方式实现电解液均化。

图 7.8 为外圆电化学机械复合加工设备的均化器及连接方式。它是通过在管路中设置均化器以及特定的连接方式实现电解液的均化。均化器包括中空圆柱状的均化器身，均化器身的侧面开设有若干个大小完全相同且在侧面均匀分布的均化器出液口，在均化器中心位置设置电解液进液口，每个均化器出液口与相应的导向喷嘴（阴极）进液口通过管道以一对一方式连通。

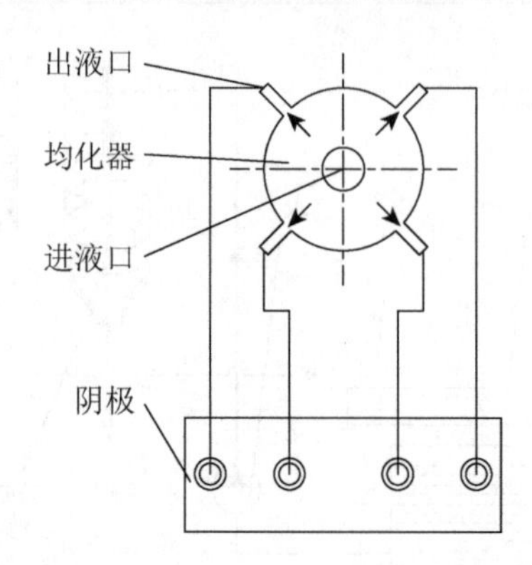

图 7.8　外圆电化学机械复合加工设备的均化器及连接方式

使用时，在电解液传输至阴阳极之间前，电解液会通过均化器进液口先进入均化器，从而多了一次均化的机会。均化器电解液进液口和均化器出液口的间距都相同，所以在每个均化器出液口流出的电解液流量都是相同且均匀的。电解液通过均化器出液口进入导向喷嘴（阴极），最后在导向喷嘴出口处将这些不同方向的电解液都转为一条直线上的电解液；当导向喷嘴（阴极）出口是多个孔时，就是多段“细流”，当导向喷嘴（阴极）出口是一条连续的狭缝时，就是一条连续的“瀑布”；无论是“细流”还是“瀑布”，都可用于细长轴工件电解液的提供。

3）间隙整体浸泡式

间隙整体浸泡式电解液的入液方式是通过在阴极周边设置封闭挡板等措施，将电解液封闭在极间间隙中，以保证电解液能充满极间间隙。例如，在外置喷头喷淋式加工方式中，可以在阴极底部设置封水挡板，以使电解液能充满加工间隙。

7.2.3　电化学机械复合加工设备电源及引入系统

电化学机械复合加工的电源可以采用直流电源或脉冲电源。由于与机械作用在同一过程中的联合作用，电化学机械复合加工的电化学作用工作在钝化区，工作电流相对较低，从材料去除机理角度讲，直流电源或脉冲电源不存在本质区别。但是，脉冲电流加工可以在一定程度上改变某些电解液的极化特性，以及改善间隙流场条件，对于电解液的选择或者加工条件的确定是有益的。

电源的引入是将电源的正极与工件连接，使电流流入工件，再经过电解液和阴极回到电源负极。阴极工具只做平面运动，所以阴极和电源负极可以直接通过导线连接。而外圆电化学机械复合加工过程中阳极工件做旋转运动，不便于导线直接连接，而且电化学加工一般需要引入大电流，这样必然会产生大量的热，因此电源引入装置需要冷却，以达到电流从电源可靠引入工件的目的。

外圆电化学机械复合加工设备的冷却式电源引入装置如图 7.9 所示。冷却式电源引入装置包括固定于主轴的旋转盘，以及固定于主轴箱并与旋转盘平行放置的摩擦盘；旋转盘随着主轴而转动，而摩擦盘不转动。在旋转盘内开设有卡槽，每个卡槽上设置有碳刷，碳刷的一端通过弹簧与卡槽的底部连接，另一端受摩擦盘接触施压从而固定于卡槽内。

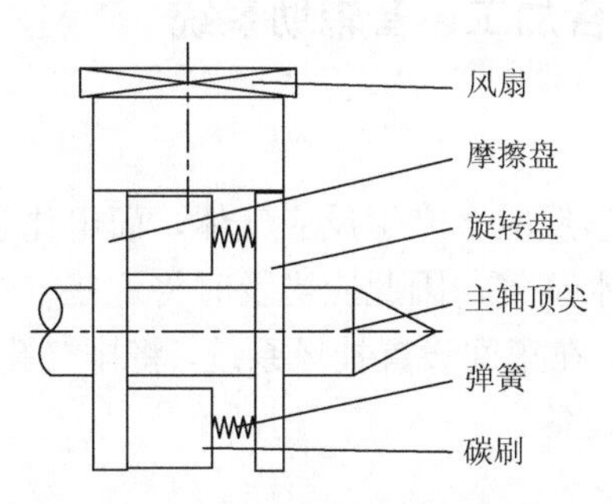

图 7.9　外圆电化学机械复合加工设备的冷却式电源引入装置

电流通过外接电源引入摩擦盘，摩擦盘将电流导入碳刷，碳刷与旋转盘通过弹簧接触，从而将电流传入旋转盘，旋转盘固定在主轴上，进而将电流传到主轴。电化学加工过程中主轴与工件相连，进而将电流传到工件。在电化学加工过程中摩擦盘与碳刷的摩擦，导致摩擦盘发热；电流流经摩擦盘、旋转盘和主轴时，由于材料本身电阻的作用也会产生大量的热，因此采用风扇通过导气筒排风以及旋转盘的导流槽转动引起周围空气的流动，以达到散热的目的。

有些情况下，由于引入电流过大，风冷不足以散去加工过程中产生的大量热量，这时需要采用风冷与水冷相结合的组合冷却式电源引入装置。如图 7.10 所示，在摩擦盘上开设冷却水道，通过温度传感器检测温度，当风扇冷却不足，温度达

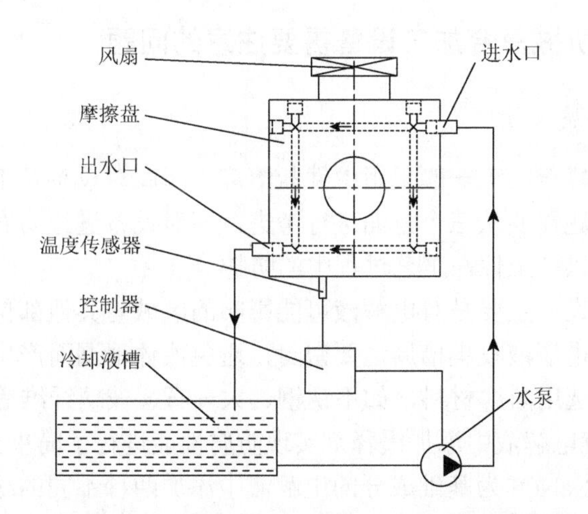

图 7.10　外圆电化学机械复合加工设备的组合冷却式电源引入装置

到一定值时，控制系统控制水泵从冷却液槽中抽取冷却液，经过进水口流入冷却水道。冷却水道内的冷却液吸收大量的热量后经出水口回到冷却液槽，实现水冷与风冷的组合冷却降温。

7.2.4　电化学机械复合加工设备辅助系统

1. 排气系统

加工过程中，电化学反应会产生反应气体，而电化学加工形成的热量也会加速电解液的蒸发而形成水蒸气，因此应当及时将这些气体从设备中排出，所以通常在设备上设置排气孔，在车间设置抽风系统，将排气孔中的气体导入抽风系统，并采用负压将废气引出设备。

2. 监控系统

电源通过碳刷和摩擦盘向阴阳极输送电流，由于摩擦条件下导电会使摩擦盘产生快速的热量积累和温度上升，影响主轴运动精度，同时热量会通过主轴向工件传递给电解液，电解液受热会加速蒸发，影响工作环境及电解液浓度，从而影响加工稳定性。因此，需要设置温度监控装置进行实时监控，可选用接触型或非接触型温度传感器，同时将温度数值显示在控制屏幕中，以便操作者实时监控。

电解液由电解液泵产生一定的压力经过滤系统和输送管路进入阴阳极之间，过滤系统会随着使用时间的增加产生堵塞而增大系统压力，因此需要实时监控系统压力，可以在管路系统中设置压力表或传感器。与机械加工设备类似，对电化学机械复合加工设备的运动参数、位置参数也需要进行相应的监控。

7.2.5　电化学机械复合加工设备需要注意的问题

1. 设备的防腐设计

电化学机械复合加工一般采用中性盐溶液，因此对设备及工件具有一定的腐蚀。解决这一问题需要从三个方面进行考虑，即对设备进行防腐设计、电解液中添加防腐成分，以及工件在工艺过程中的防护。

设备的防腐设计主要是对电解液可能影响的区域与其他部位进行严格隔离，例如，设备中的电解液收集槽周边要密封，避免液体泄漏而产生腐蚀。与电解液接触的设备材料选用防腐材料，如不锈钢、大理石、玻璃纤维等。

第 2 章中就电解液中添加缓释剂实现防腐性能进行了简单介绍。图 7.11 是 Q235 材料在以 $NaNO_3$ 为基础成分的电解液中添加两种不同的缓释剂获得的腐蚀情况。不同缓释剂成分及按不同比例配制的电解液，其防腐性能并不相同，通过选择合适的缓释剂，进行少剂量添加，如浓度为 2%时就可以获得很好的防腐效果。具体采用何种缓释剂，根据不同的设备材料和要达到的防腐效果，结合实验进行选取。

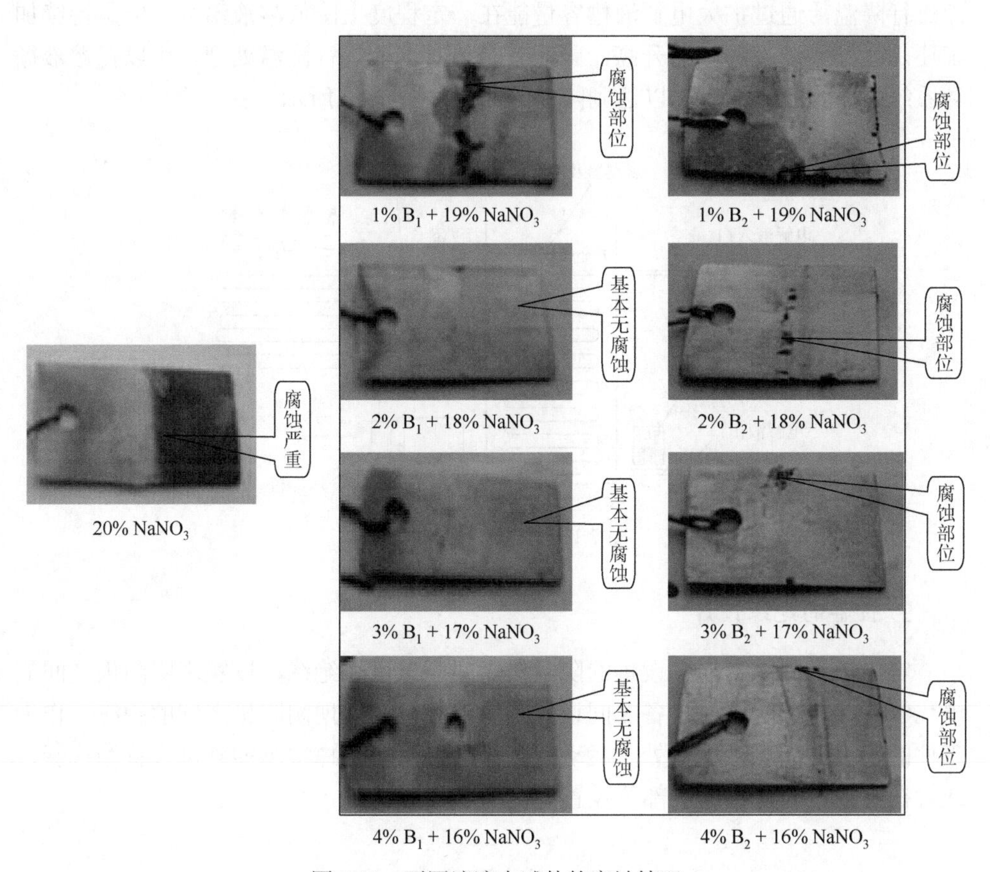

图 7.11　不同溶液中试件的腐蚀情况

电解液中添加防腐剂对工件可以起到一定的保护作用，但是加工完毕后，工件需要清洗等操作，也会产生腐蚀风险。因此，在整个工艺过程中都要考虑其防护问题，可以将加工后的工件置于防腐液中一段时间以保护工件。

2. 设备的热平衡设计

如前所述，电化学机械复合加工会生产大量热量，热量主要来自两个方面：一方面电源引入时碳刷和摩擦盘导电摩擦会产生热量；另一方面电化学反应过程本身会产生大量热量。热量的直接影响区域是主轴和工件，热量的聚集会导致主轴和工件的温度升高，对加工精度和工艺稳定性都会产生不利影响，因此需要将热量排出，以及对电解液进行降温处理。

将热量从加工区域排出，可以通过设备外罩上设置的抽风风扇吸走一部分热量，同时可以在主轴碳刷附近设置风扇进行风冷，或接入冷水进行水冷，利用冷却泵将冷水送入摩擦盘的水流通道中，以降低主轴温度，如图 7.10 所示；对电解液进行降温，通过扩大电解液槽容量能在一定程度上降低溶液温度，但是持续加工还是会导致溶液温度的升高，因此有必要对溶液进行降温处理，可以在溶液循环系统中设置冷却系统，以达到降温目的，如图 7.12 所示。

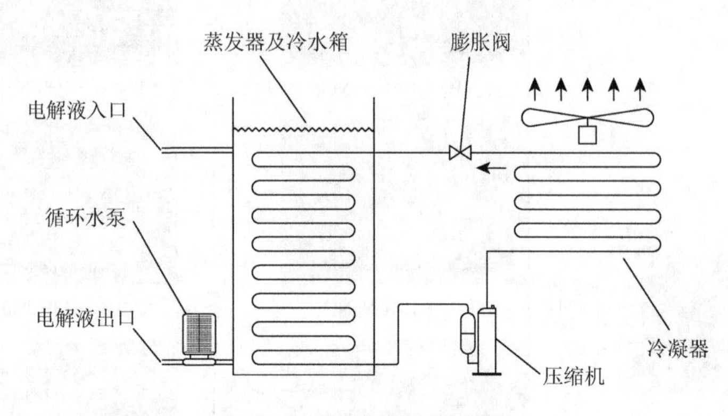

图 7.12　电解液的冷却系统

3. 设备的绝缘设计

电化学机械复合加工设备的阴阳极之间应该可靠绝缘，以实现阴阳极之间的电化学反应。在阴极与设备之间设置绝缘板，可以实现阴阳极之间的绝缘，作为工件的阳极在加工过程中处于运动状态，所以可在支撑轴承的外部设置绝缘套，或者在主轴箱与设备连接部位设置绝缘垫以实现绝缘。

7.3　实 际 案 例

7.3.1　外圆电化学机械复合加工设备案例

图 7.13 为本书作者庞桂兵教授主持研发的外圆电化学机械复合加工设备，该设备由电化学加工设备主体系统、电解液系统、电源系统等组成。设备整体采用卧式、封闭式结构，外罩上设置有排风系统，主轴上设置有温度监控与冷却系统，采用袋式在线粗过滤和压滤机离线精过滤相结合的方式实现电解液过滤。电解液系统设置有冷却装置，控制系统采用单片机为下位机和触摸屏为上位机相结合的方式。该设备既可进行电化学加工，也可进行电化学机械复合加工，能实现外圆光整加工或成型加工等工作。

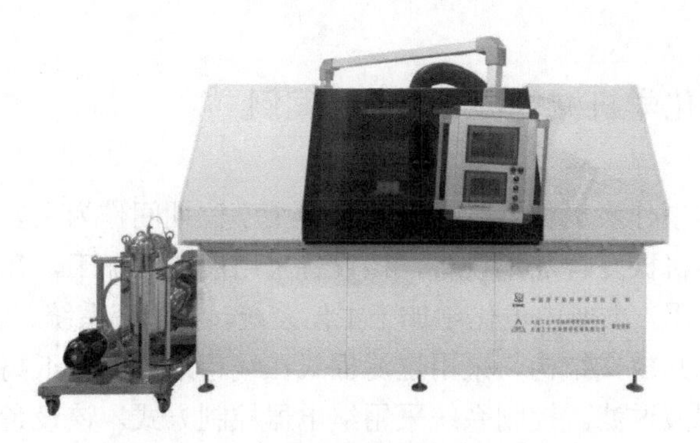

图 7.13　外圆电化学机械复合加工设备

7.3.2　内孔电化学机械复合加工设备案例

图 7.14 为本书作者庞桂兵教授主持研发的内孔电化学机械复合加工设备，该设备由电化学加工设备主体系统、电解液系统、电源系统等组成。设备主体系统为立式开放式结构，主轴上设置有冷却系统，采用袋式在线粗过滤和压滤机离线精过滤相结合的方式实现电解液过滤。电解液系统设置有冷却装置，控制系统采用单片机为下位机和触摸屏为上位机相结合的方式。该设备既可进行电化学加工，也可进行电化学机械复合加工，能实现内孔光整加工或成型加工等工作。

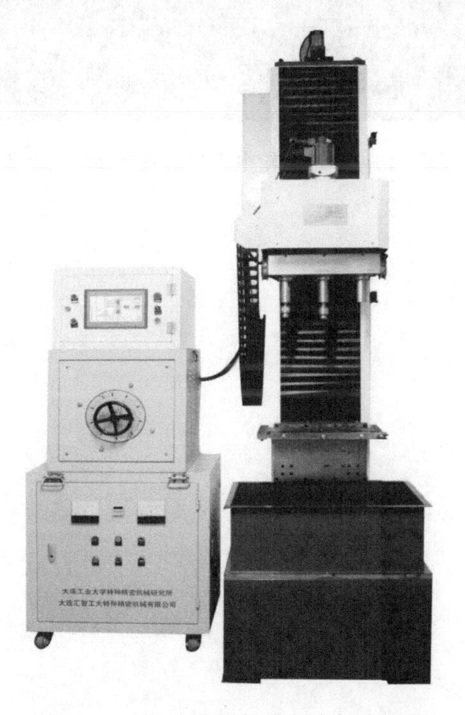

图 7.14　内孔电化学机械复合加工设备

7.3.3　齿轮电化学机械复合加工设备案例

图 7.15 为本书作者庞桂兵教授在攻读博士学位期间作为主要研究人员研制的圆柱齿轮电化学机械复合加工设备。该设备采用展成法加工，在齿轮珩磨的基础上加入电化学作用，主要由电化学加工主体系统、电解液系统、电源系统等组成。设备主体为立式开放式结构，采用过滤棉式在线粗过滤和滤纸离线精过滤相结合的方式实现电解液过滤。控制系统采用继电器控制方式。该设备可实现圆柱直齿轮和圆柱斜齿轮的表面光整加工。

图 7.15　圆柱齿轮电化学机械复合加工设备

参考文献

[1] 王建业，徐家文. 电解加工原理及应用[M]. 北京：国防工业出版社，2001.

[2] 王至尧. 中国材料工程大典，第 24 卷：材料特种加工成形工程（上）[M]. 北京：化学工业出版社，2006.

[3] 余承业. 特种加工新技术[M]. 北京：国防工业出版社，1995.

[4] 杨连文，周锦进，王续跃. 电化学机械加工在化工容器制造中的应用[J]. 化工机械，1996，23（2）：108-109.

[5] 前畑英彦，大工博之，马场吉康. 电解复合镜面研磨技术による金属表面のクリーン化[J]. 表面技术，1989，40（3）：394-399.

[6] 魏泽飞. 非均匀机械作用电化学机械加工技术关键问题研究[D]. 大连：大连理工大学，2013.

[7] 陶彬. 轴承滚道电化学机械凸度成型与光整加工技术基础研究[D]. 大连：大连理工大学，2009.

[8] 朱树敏，陈淑芬，张海岩. 低浓度复合电解液的性能及应用[J]. 电加工与模具，1985，6：1-9.

[9] Goswami R N，Mitra S，Sarkar S. Experimental investigation on electrochemical grinding（ECG）of alumina-aluminum interpenetrating phase composite[J]. The International Journal of Advanced Manufacturing Technology，2009，40（7-8）：729-741.

[10] 徐文骥. 复合轨迹电解磨料镜面加工工艺研究[D]. 大连：大连理工大学，1992.

[11] 翟小兵，周锦进，庞桂兵，等. 脉冲电化学加工表面形貌与摩擦磨损[J]. 起重运输机械，2003，（12）：29-31.

[12] 庞桂兵. 脉冲电化学及电化学机械齿轮光整与修形加工技术研究[D]. 大连：大连理工大学，2005.

[13] Xu W J，Pang G B，Fang J C，et al. A basic study on precision in electrochemical abrasive lapping of plate[J]. Key Engineering Materials，2006，304-305：374-378.

[14] Pang G B，Adayi X，Ma N，et al. Modeling and experiment of anodic smoothening in electrochemica finishing based on lateral direction dissolution[J]. Advanced Materials Research，2008，53-54：21-26.

[15] 周锦进，王晓明，庞桂兵. 非传统光整加工技术研究[J]. 大连理工大学学报，2003，43（1）：51-56.

[16] Xu W J，Tao B，Pang G B，et al. Crown modification of cylinder-roller bearing raceway using electrochemical abrasive belt grinding[J]. Key Engineering Materials，2008，359-360：335-339.

[17] Tehrani A F，Atkinson J. Overcut in pulsed electrochemical grinding[J]. Proceedings of the Institution of Mechanical Engineers Part B，Journal of Engineering Manufacture，2000，214（4）：259-269.

[18] 庞桂兵，翟小兵，徐文骥，等. 模具型腔表面电化学机械光整加工技术[J]. 模具工业，2009，

35（3）：55-59.
[19] 赵玉刚，江世成，周锦进. 新型的复杂曲面磁粒光整加工机床[J]. 机械工程学报，2000，36（3）：100-103，106.
[20] 周锦进，范若松. 冷轧机工作辊电化学机械加工新工艺[J]. 电加工，1985，（3）：1-4，37.
[21] 庞桂兵，李殿明，齐学智，等. 电化学蚀除法调控 1Cr18Ni9Ti 表面润湿性的研究[J]. 机械工程学报，2012，48（21）：105-109.
[22] 周锦进，阿达依·谢尔亚孜旦，安晓刚. 电化学机械加工在碳钢管内孔光整中的应用[J]. 农业机械学报，2005，36（10）：145-148.
[23] 清宮紘一. 電解砥粒研磨法による鏡面仕上げ[J]. 防食技術，1989，38（2）：126-129.
[24] 李邦忠. 大面积薄板和粗糙表面电化学机械光整加工技术研究[D]. 大连：大连理工大学，2004.
[25] 木本康雄，垣野義昭，中川眞二. 高精度電解複合鏡面加工の研究[J]. 精密工学会誌，1988，54（2）：353-358.
[26] Shaikh J H，Jain N K. Effect of finishing time and electrolyte composition on geometric accuracy and surface finish of straight bevel gears in ECH process[J]. CIRP Journal of Manufacturing Science and Technology，2015，8：53-62.
[27] 陈震. 齿轮电化学机械光整加工的机理研究和应用技术[D]. 大连：大连理工大学，2000.
[28] 庞桂兵. 电化学光整加工技术及在航空制造领域的应用探讨[J]. 航空制造技术，2018，61（3）：26-32.
[29] 杨连文，徐中耀，周锦进. 模具电化学机械光整加工[J]. 模具工业，1993，（10）：53-56.
[30] 庞桂兵，徐文骥，周锦进. 电化学机械精准光整加工技术研究[J]. 中国机械工程，2016，27（19）：2589-2593，2601.
[31] 王晓明. 脉冲电化学及其复合光整加工机理和表面特性的研究[D]. 大连：大连理工大学，2002.
[32] Pang G B，Chen W X，Fan S J，et al. Experimental study on correcting the contour error of a rotary surface machined by electrochemical mechanical machining[J]. The International Journal of Advanced Manufacturing Technology，2019，104（13）：2827-2838.
[33] Rajurkar K P，Zhu D，McGeough J A，et al. New developments in electro-chemical machining[J]. Annals of the CIRP，1999，48（2）：567-579.

后　记

满江红·特种加工

庞桂兵

电化声光，多能场、去除连接。
高效率，刻微蚀纳，硬柔何怯？
制造极端凭手段，多场联用可迁跃。
无接触、能量跨空输，瞬时邂。
高精度，逼限界。优表面，防断裂。
探机理机制，免磨避锲。
水陆空天封锁破，军工核电难题解。
看今朝、前进克艰难，心欣悦。

解释：

特种加工的能量利用方式，包括电能、化学能、声能、光能等多种能量场，可实现去除、变形、连接等多种加工。

特种加工效率高，能实现微细加工乃至纳米加工，适用于超硬材料或低刚度零件的加工。

特种加工是极端制造的重要手段，通过能量场的复合、创新加工机理，可以实现事半功倍的加工效果。迁跃：通过进化，达到更高层次的组织或控制，此处指通过复合具有新的加工机理。

特种加工一般为非接触加工，能量隔空传输，光能、电能等瞬时影响加工部位，热影响区域小。邂：原意相遇，此处引申为能量对工件的影响。

特种加工能实现高精度加工，不断逼近和突破加工的极限，能获得优良的表面特性，提高零件的疲劳强度。

特种加工具有这种特性，是因为从加工机理上，避免了机械力强力去除材料可能引发的问题。锲：雕刻，此处引申为机械力加工。

特种加工是突破国外封锁、解决包括航空、航天、核电、军工等领域国之重器加工难题的重要手段。

今天我国制造业处在上台阶、上水平的历史阶段，特种加工从业者当不畏艰难、克服困难、报效国家。事业成功之时，欣慰而欢悦。

2022 年 10 月 17 日　于大连